入門
統計的回帰とモデル選択

数理とRによる仕組みの理解

萩原克幸

共立出版

まえがき

近年，データサイエンスの重要性が認識される中で，統計解析ソフトウェアを有効に活用してデータ分析を行う人材が求められている．統計解析ソフトウェアにはデータ分析の様々な方法が組み込まれており，また，その利用方法についての書籍も多いため，データさえあればすぐに使ってみることができる．しかしながら，データ分析の方法を適用する場合，その状況・結果の妥当性を判断したり，結果を解釈したりする上で，その方法の仕組みを理解していることが望ましい．すなわち，データ分析を行う際には，様々な方法を理解した上で，状況に応じた方法を選び，統計解析ソフトウェアを適切かつ有効に利用することが必要となる．

データ分析の問題は，目的に応じて，回帰，パターン識別，クラスタリング，特徴抽出など様々である．本書では，回帰の問題に焦点を絞って，そのための方法の仕組みとそのモデル選択の問題を理解することをテーマとしている．

本書では，様々な回帰の方法やモデリングの数理を説明するとともに，統計解析ソフトウェアRによる実装例と数値例を示す．一般に，データ分析の方法は数式によって記述されており，その数式を通して，データ分析の仕組みを直感的・定性的に理解できる場合が多い．そのためには，ベースとして，確率，微分・積分，線形代数の基本的な知識が必要である．一方で，統計解析ソフトRによる実装例では，数式をプログラムに落とし込むというプロセスを学べる．アルゴリズムをプログラムという形で明確に記述することは，そもそも，方法の理解に役立つ．加えて，数値例を通して，方法の性質をより直感的・具体的に理解することができる．さらには，その数値例をベースにして，読者が試行錯誤的な数値実験を行うことで，より深い理解が得られることも期待している．これらは，本書で扱う回帰の方法の理解に役立つだけでなく，統計解析ソフトウェアRの応用的な使い方を習得するのにも有益である．本書は，確率の基礎的なことを含め，微分・積分・行列などを（簡単にでもよいので）学んだ方を対象としている．ただし，内容としては，過度に数学的ではなく，あくまでデータ分析法のユーザが対象である．したがって，大学生・社会人を問わず，医学・工学や自然科学に携わる中で，統計的回帰の仕組みを知った上で，実践したいと考えている方に適している．また，Rについては基本的なことを知っている方が望ましいが，本書の付録において初歩的なところからまとめておいたので，そこで学ぶことができると思う．

本書の構成は以下のとおりである．まず，序章では，統計的回帰の概要を述べる．この章は，それ以降の章で解説する方法の位置づけなどを説明しており，本書の全体像が把握できる構成となっている．第1章では，基本的な線形回帰について述べる．ここでは，線形回帰を定式化し，パラメータの最小二乗推定から，推定された回帰式の評価までをプロセスに沿って解説する．統計的回帰では，対象についての入出力関係（説明変数と目的変数の間の関係）をデータに基づきモデル化して，対象について予測と分析を行うことを目的としている．そのために必要不可欠となる「モデル選択」について，第 2 章と第 3 章において詳しく述べる．モデル選択の問題はすべてのタイプの回帰に共通しているが，予測との関係などを理論的な観点からある程度正確に議論することで理解が深まると考えたので，特に，第 2 章において，線形回帰の変数選択を例として詳しく解説する．なお，この章は，第 1 章の線形回帰のモデリングにおける変数選択の手順の解説としても位置づけられる．第 3 章では，加えて，subset selection，正則化法，クロス・バリデーションなど，モデル選択に係わるテーマについて解説している．第 4 章では，確率分布に回帰式を組み込むかたちで構成する一般化線形モデルについて，そのパラメータ推定を含めて説明する．一般化線形モデルでは，用途（問題設定）に応じてモデルのタイプが異なる．その中でもよく利用されるロジスティック回帰については，目的変数が多変数の場合も含めて詳しく述べる．第 5 章ではノンパラメトリック回帰について述べる．ここでは，いわゆる局所平均による回帰式の構成についても触れるが，特に，信号処理などでよく知られる離散ウェーブレット変換について詳しく説明する．また，機械学習分野から，ベイズ的なガウス過程回帰についても紹介する．第 6 章では非線形回帰を取り上げる．非線形回帰モデルは多様すぎるので，本書では，汎用的な非線形回帰モデルの典型的なものとして，階層型ニューラルネットワークについて解説する．これは決して特殊なモデルではなく，その中には非線形回帰特有の一般的な問題が内包されている点は強調したい．階層型ニューラルネットワークは，ニューロコンピューティング分野や機械学習の分野で研究されてきて，近年の人工知能の発展のベースをなす技術でもある．なお，付録では，本書を読む上で必要となる確率・統計と R についての基本的な事項をまとめた．本論への準備として最初に読むなど，必要に応じて参照してほしい．

R では，統計的回帰の方法がコマンドとして用意されている場合が多い．しかしながら，本書では方法の理解を目的としているため，その方法を具体的にスクリプト（プログラム）として実装している．スクリプトは，アルゴリズムの構造が明確になるように記述してあり，そのためにエラー処理や変数のチェックなどは省いている．また，この目的のために，素性のわかる人工的データに対する数値例を示し，方法の振る舞いを解説している．ここでの実装例と数値例を参考にして，R を活用することでデータ分析の方法の理解を深めてほしい．なお，本書に掲載してある R コードについては，サポートページ：

`https://github.com/mll-dof/introduction_to_regression`

で公開している．

本書を執筆するにあたり，国立研究開発法人産業技術総合研究所　赤穂昭太郎先生には多くの本質的な助言を頂いた．また，共立出版編集部　大谷早紀氏には出版に向けて大変お世話になった．この場にて謝意を表したい．

昨今のディープ・ラーニングを主流とする最先端の流れもあるが，本書では，機械学習も関係する現代のデータサイエンスの基本的かつわかりやすい部分について，できる限り丁寧に説明したので，本書がデータサイエンスに係わる皆さんの糧になれば幸いである．

2022 年 12 月　萩原克幸

目　次

序　章

統計的回帰は，一般に，説明変数と呼ばれる変数群と目的変数と呼ばれる変数群について，説明変数を入力として，目的変数を出力とした場合の両者の間の不変的な関係を適当な関数（式）によって記述するものである．その関係についての情報は，説明変数と目的変数の組についてのデータとして与えられるから，その関数はデータから求める必要がある．その関係がデータから推測できれば，説明変数と目的変数の間の関係の分析（あるいはその背景にある対象の性質の分析）が可能になるとともに，説明変数の値が与えられたときの目的変数の値の予測が可能になる．逆に言うと，そうした目的のために統計的回帰が有用となる．

統計的回帰は，古くから統計分野で研究されてきた．一方，工学において，画像・音声の認識，自然言語処理など，データに基づく推論の方法の開発を担う分野として機械学習があり，人工知能とも関係して注目されている．例えば，画像認識の問題は，画像とその画像が何の画像であるかを示すラベルの組（例えば，手書き数字と数字の組）がデータとして与えられており，画像からラベルを予測する問題である．この際，画像とラベルの間の関係をデータから推測することになる．この問題は，応用上は識別問題になるが，統計的回帰の問題として考えることもできる．

機械学習の分野では，説明変数（入力）と目的変数（出力）の間の関係をデータから求めることを教師あり学習 (supervised learning) という．教師あり学習の方法は簡単なものから複雑なものまで多様である．しかしながら，分析や予測を目的として，説明変数と目的変数の間の関係をデータから推測するという点は不変である．極端に言えば，その間の関係を記述する式の構成が異なるだけである．本書は，統計的回帰の入門書であるが，それは，機械学習分野における教師あり学習の基本的な部分でもある．

本章では，統計的回帰の概略を解説する．その内容は総括的なものであるため，（例えば，本書を読み進んだ上で）統計的回帰についての知識がある程度備わっていれば，その全体像をより明確に理解できるものとなっている．

0.1　統計的推測について

ここでは，統計的回帰の話に先立って，そもそも，統計的推測とはどういうものかを説明してみる．

いま，サイコロ投げを考える．これは，大雑把に言うと，ある確率的な法則に従って，$\{1, 2, 3, 4, 5, 6\}$ の中のいずれかの目が出る試行である．例えば，このサイコロを 5 回投げると $2, 5, 1, 1, 6$ のようにサイコロの目の列が得られる．しかしながら，別の機会に 5 回投げても同じ値の列が得られることは稀である．したがって，多くの人は感覚的に，その試行が確率的に変動するものであると考えている．これをさらに詳しく考えてみる．

サイコロの目がとりうる値の集合は $\Omega = \{1, 2, 3, 4, 5, 6\}$ である．サイコロ投げの試行には，ある確率的法則が一つ定まっている．この場合，k の目が出る確率を p_k と表すと，その確率的法則は $\{p_1, \ldots, p_6\}$ によって定まる．このとき，$p_1 + \cdots + p_6 = 1$ が成り立っている．フェアなサイコロの場合，どの k に対しても $p_k = 1/6$ となる．ところが，$p_1 = 0.5$ で，それ以外の k では $p_k = 0.1$ となっているサイコロがあるかもしれない．これは，1 の目が出やすい「いかさま」サイコロである．一般に，我々は，あるサイコロを目の前にしたとき，そのサイコロの確率についての情報を全く持っていない．したがって，その情報は，そのサイコロを振って初めて得られる場合がほとんどである．

いま，サイコロを n 回振って出た目の列を $\boldsymbol{x} = (x_1, \ldots, x_n)$，$x_i \in \Omega$ と表す．このとき，1 の目が出た回数を n_1 回とすると $\widehat{p_1} = n_1/n$ は 1 の目が出た相対頻度である．n が十分大きく，この相対頻度が例えば 0.8 であったとき，このサイコロは 1 が出やすい「いかさま」サイコロであると結論付けるのは妥当である．そうすると，このサイコロを使って賭けをする場合，1 に賭け続ければ優位になるだろう．このことは，相対頻度で 1 の目が出る確率 p_1 を推定していることに他ならない．

ここで改めてわかることは，確率とはそもそも対象自体に定まっているものであり，かつ，未知なものであるということである．さらに，それは，対象についての試行の結果から推測できるものである．サイコロ投げを「統計的推測」の問題としてとらえると，$\boldsymbol{x}$ が「サンプル」あるいは「データ」である．そして，サイコロ投げは，サンプルから構成した相対頻度により，1 の目が出る確率を推測する問題となっており，この推測に基づいて対象に関する情報を得て，未来の予測に役立てることができる．このとき，相対頻度は「統計量」の一種であり，特に，確率の「推定値」である．したがって，ここでの統計的推測の問題は，統計的推定の問題である．なお，データとサンプルという用語についてはその違いをあまり意識せずに用いる．

一方，適当な値 μ に対して，$p_1 = \mu$ であるかどうかを調べる問題を考える．例えば，$\mu = 1/6$ として，$p_1 = 1/6$ かどうかを調べることにより，少なくとも 1 の目に関してはフェアであるかどうかがわかる．重要なことは，この場合にも，対象についての情報はサンプルのみであるから，このことをサンプルに基づいて調べる必要があるという点である．こうした問題は，統計的検定の問題である．例えば，$\widehat{p_1}$ が $1/6$ に近ければ，$p_1 = 1/6$ は正しそうに思える（このとき，$\widehat{p_1}$ がちょうど $1/6$ となったとしても，それは偶然であると考えるのが妥当である）．しかしながら，100％ の確率でこのことが正しいとはいいきれないだろう．したがって，統計的検定では，結論の信頼性を確率で評価することが必要となる．

本書で扱う統計的回帰も，本質的には，上のサイコロの例でみた統計的推測の問題である．そのことについては次節で説明する．

0.2　統計的回帰

いま，中古マンション（の部屋）について，その価格と築年数のデータが与えられているとき，築年数と価格の間の関係を推測することを考える．一般に，築年数が増えると価格は減少することから，その減少の傾向を直線で表すことを考える．これは，すなわち，データに対する直線の当てはめの問題である．こうした直線が得られれば，データにない中古マンションについて，築年数をその式に代入することで，相場の価格を予測することができる．また，築年数の増加に伴い価格が減少することがその傾きから客観的に明らかにできるとともに，築年数あたりの価格の減少の割合などを分析することができる．この直線の当てはめの問題は，築年数を**説明変数**，価格を**目的変数**とする統計的回帰の問題であり，**直線回帰**と呼ばれている．直線回帰は，説明変数と目的変数の間の不変的な関係（この場合は減少の傾向）を説明変数の一次式で推測するものである．一般に，説明変数と目的変数の間の不変的な関係を表すための式を**回帰式**ということにする．したがって，その不変的な関係を**真の回帰式**ということにする．この例からもわかるように，統計的回帰の目的は，真の回帰式の推測であり，それに基づく予測と分析にある．

ここでは，説明変数として築年数を考えたが，実際のところ，これだけを利用して回帰式を構成しても，価格の傾向を的確にとらえることはできない．例えば，価格を決める要因としては，広さ，階数，駅からの距離，立地条件など様々なものが考えられる．したがって，説明変数は一般に多変数である．ここでは，m 変数の場合を考え，説明変数を $\boldsymbol{x} = (x_1, \ldots, x_m)$ と表す．一方，目的変数も多変数としてよいが，ここでは 1 変数として，それを y で表す．説明変数が多変数の場合，その重み付き和として回帰式を構成する**重回帰**が古くから知られている．このとき，1 変数の場合の重回帰は直線回帰となる．重回帰については第 1 章で詳しく説明する．なお，マンションの価格は不動産業者が様々な情報を基に経験的に決めている．いま，そのマンションの価格とそれを決める要因がデータ化されていれば，重回帰を利用して，査定の自動化（予測の自動化）が可能となる．もちろん，それらの関係を記述できるのであれば，回帰式は重回帰式である必要はない．一般的に，医療診断などの自動化の仕組みを人工知能分野ではエキスパート・システムと呼んでいた．上述した予測の自動化は，こうした仕組みがデータ分析によっても実現できることを意味しており，人工知能における統計的方法の役割の一つの例とみなせる．

このマンションの問題において，目的変数を推測するために十分な説明変数が用意されていたとしても，例えば，業者によってなど，査定した価格は若干変動すると考えるのが自然である．したがって，目的変数は不変的な部分を持ちながらも，確率的な変動分を伴うと考えるべきである．この問題を少し数理的に考えてみる．

いま，説明変数 $\boldsymbol{x}$ と目的変数 y の組 $(\boldsymbol{x}, y)$ についての n 組のデータが与えられているとする．ここで，これらのデータは確率分布 $P(\boldsymbol{x}, y)$ からのランダムなサンプルと考える．表現は正確ではないが，そうすると，$\boldsymbol{x}$ が与えられた下で，y は条件付き確率分布 $P(y|\boldsymbol{x})$ に従って確率的に変動すると考えることができる．このとき，その不変的な部分として条件付き期待値 $f^*(\boldsymbol{x})$ に注目する．統計的回帰は $\boldsymbol{x}$ の関数である条件付き期待値 f^* を求める問題といえる．すなわち，条件付き期待値が真の回帰式である．真の回帰式についての情報はサンプルとして与えられているため，サンプルから真の回帰式を求める，すなわち，推定することになる．

これは，$\boldsymbol{x}$ に応じて y が決まる規則をサンプルから推定する問題であるが，別のいい方をすると，背後にある確率分布 $P(y|\boldsymbol{x})$ によって決まる不変的な $f^*(\boldsymbol{x})$ をサンプルから推定する問題である．サイコロの例では，それぞれの目の出る確率が背後にあり，それに従って出た目をサンプルとして，そのサンプルから確率という不変的な量を求める推定の問題であった．統計的回帰についても，問題の本質的な構造はそれと全く同じである．

統計的回帰の典型的な定式化として，y が，各 $\boldsymbol{x}$ において，確定的な部分 $f^*(\boldsymbol{x})$ と確率的に変動する部分 ε の和として表される加法雑音モデルがある．つまり，$y = f^*(\boldsymbol{x}) + \varepsilon$ と仮定する．このモデルは，$\boldsymbol{x}$ に対して y を観測するときに，本来なら $f^*(\boldsymbol{x})$ が得られるはずであるが，加法雑音 ε により，その観測が乱される場合を想定したものといえる．このため，y は確率的変動を伴うことになる．このモデルでは，ε を確率変数とみたときの平均が零であれば，$\boldsymbol{x}$ が与えられた下での条件付き期待値は $f^*(\boldsymbol{x})$ となる．

一般に，説明変数に基づく目的変数の生成機構に対するモデルを**回帰モデル**という．回帰モデル自体は，回帰式の設定や，データの生成機構に対する仮定（例えば，確率分布の仮定や加法雑音の仮定など）を含めた表現である．ただし，直線回帰のように，単に，回帰式をデータに当てはめる場合でも回帰モデルということも多い．また，回帰モデルを通したデータの分析を**回帰分析**という．

さて，真の回帰式を求めることが統計的回帰の目標であるが，ほとんどの場合，それについての情報はデータ以外に与えられていないので，データに基づいて求める必要がある．しかしながら，何の仮定もなしにそれを求めることは難しい．そこで，通常は，真の回帰式を表現するのに妥当だと考えられる既知の関数（式）の集まり $\mathcal{F}$ を用意し，その中から妥当な関数をデータに基づいて選ぶことを考える．例えば，上述した直線回帰では，真の回帰式が一次式で表されると考え，切片と傾きの異なる一次式の全体を $\mathcal{F}$ として考えたことになる．本書では，データに基づいて妥当な回帰式を求める過程を**回帰式の推定**ということにする．

0.3 パラメトリック回帰とノンパラメトリック回帰

重回帰は，回帰式を説明変数の重み付き和で表すものと述べた．これを式で書くと，$\beta_0, \beta_1, \ldots, \beta_m$ を実数として，$\beta_0 + \beta_1 x_1 + \cdots + \beta_m x_m$ と書ける．このように回帰式の形状を決める実数を**パラメータ**という．パラメータをもつ回帰式による回帰を**パラメトリック回帰**と呼ぶことにする．ここで，$\boldsymbol{\beta} = (\beta_0, \beta_1, \ldots, \beta_m)$ とベクトル表記して，これを**パラメータベクトル**という．ただし，混乱がなければ，パラメータベクトルを，単にパラメータと呼ぶ．パラメトリック回帰の回帰式はパラメータで決まるので，回帰式の推定は，そのパラメータ値を求めることに帰着される．データに基づいてパラメータ値を求める過程を**パラメータ推定**ということにする．パラメトリック回帰では，一般には，回帰式の自由度（複雑さ）はパラメータの数によって決まる場合が多い．例えば，説明変数 x の多項式による曲線の当てはめを考える．この場合，$\beta_0, \beta_1, \ldots, \beta_m$ をパラメータとして，回帰式は $\beta_0 + \beta_1 x + \cdots + \beta_m x^m$ と書ける．この式を用いた回帰を多項式回帰という．このとき，1 次の項までを考えると直線回帰である．多項式回帰でパラメータ数を増やすということは，次数の高い多項式を回帰式とすることになるため，それによって複雑な曲線を表現できるようになるだろう．

一般に，パラメトリック回帰では，パラメータ数はデータ数と比較して少ない．このため，むしろ，パラメトリック回帰の仮定が妥当ならば（パラメトリック回帰でデータをうまく説明できるのであれば），それによって推定が容易になったり，少数のパラメータにデータの情報を縮約することで予測性能が高くなったり，分析がしやすくなったりするというメリットもある．

第1章で扱う線形回帰，第4章で扱う一般化線形モデル，第6章で扱う階層型ニューラルネットワークは，基本的にパラメトリック回帰である．ただし，線形回帰や一般化線形モデルの場合は，パラメータと説明変数が対応しているのに対して，階層型ニューラルネットワークの場合は，そのような対応関係はないため，パラメータの意味合いの点で立ち位置が異なる．

一方で，パラメータを仮定しないで，データを直接利用して回帰式を構成する方法もある．こうした方法を，一般に，**ノンパラメトリック回帰**という．また，パラメータ数の非常に多いパラメトリック回帰もノンパラメトリック回帰という．このことからも理解できるように，一般に，ノンパラメトリック回帰は，自由度の高い回帰式を利用する統計的回帰である．したがって，対象の分析や解釈性よりも，複雑な真の回帰式を的確に表現することに重点を置いているといえる．ノンパラメトリック回帰については第5章で扱う．なお，第4章の一般化線形モデルはパラメトリック回帰であると述べたが，その枠組みで，回帰式をノンパラメトリックあるいは後述する非線形なかたちで構成するモデルも考えることができる．

0.4 回帰式の推定

一般に，真の回帰式に近い回帰式は予測性能が高く，逆も言える．したがって，真の回帰式に近い回帰式を求めることは，予測性能の高い回帰式を求めることと同じである．直線回帰の例からもわかるように，統計的回帰の目的は，対象についての予測と分析にある．したがって，予測性能の高い回帰式を求めることは応用の意味でも妥当である．

直線回帰の場合，回帰式はパラメータをもつため，回帰式の推定はパラメータ推定に帰着される．パラメータ推定の典型的な方法として，**最小二乗推定**がある．最小二乗推定は，回帰式とデータとの二乗誤差の全サンプルに対する和を最小化するパラメータ値を求める方法である．これは，データによく合う回帰式を求める方法となっており，データの傾向を表す直線を求める場合には妥当な方法であるといえる．最小二乗推定は，線形回帰（重回帰）や非線形回帰を含む様々なタイプの統計的回帰において採用されている．線形回帰については第1章で，非線形回帰である階層型ニューラルネットワークについては第6章で述べる．

ただし，一般には，パラメータ値を適切に推定すれば良い回帰式が求められるというわけではない．重回帰の場合を考える．重回帰の場合，回帰式に組み込む説明変数の組が決まれば，パラメータ推定に帰着されるので最小二乗推定が適用できる．このとき，例えば，中古マンションの例で考えると，価格を決める要因としては，築年数，広さ，階数，駅からの距離，景観などが挙げられるが，どれが必要かは必ずしも明白ではない（実は，直線回帰の場合も同じであり，直線の傾きが零であることがわかれば，説明変数は目的変数の変動に寄与していないことになる）．条件付き期待値を不変な関係と考えて回帰式を推定するということは，説明変数の組が，目的変数を説明するのに適切である（あるいは十分である）ことが暗に仮定されている．しかしながら，一般には，目的変数を説明するのに必要な説明変数は未知であるため，これもデータから推測する必要がある．これを変数選択の問題という．例えば，中古マンションの価格を決める要因として駅からの距離のみを説明変数としても，価格を的確に表現できないことは明らかである．一方で，必要でない変数を含む回帰式は冗長であり，分析におけるミスリードの可能性が生じるし，パラメータ推定の方法によっては，データに過剰にフィットするオーバーフィッティングという問題が生じるため，予測精度の低い回帰式が推定されてしまう．統計的回帰の目的が，予測と分析にあったことを考えると，これは望ましくない．この点については，第2章で詳しく述べる．こうしたことから，一般には，適切な説明変数の組とその下での適切な回帰式（パラメータ推定など）を求める過程が回帰式の推定となる．

重回帰の場合は，説明変数とパラメータが対応するため，変数選択によって回帰式は一意に決まる．しかしながら，例えば，多項式回帰では，説明変数が一つであっても，次数に応じて，自由度（複雑さ）の異なる回帰式を構成できる（1次までの多項式より2次までの多項式の方が複雑な式を構成できる）．この場合，説明変数が適切であっても，次数が適切でなければ，予測や分析に大きく影響する（例えば，真の回帰式が2次の多項式の場合，1次の多項式では不十分だし，3次の多項式では冗長である）．これは次数選択の問題である．ただし，1次の項，2次の項などを変数とみれば，この場合も変数選択の問題としてとらえられる．以上のことから，適切な回帰式を推定するためには，パラメータ推定だけでなく，変数選択や回帰式の形状の選択などが必要となる．これらを一般にモデル選択の問題という．モデル選択という言葉は，変数選択の問題だけでなく，第3章で説明する正則化などを含む．

モデル選択の手順の典型的な例としては，自由度の異なる回帰式や説明変数の異なる回帰式のそれぞれに対して最小二乗法によってパラメータ推定を行い，パラメータ推定された回帰式の中から適当な規準に従い一つの回帰式を選択する方法がある．この場合，後者がモデル選択となる．一方で，正則化法と呼ばれるパラメータ推定法があり，ℓ_1 正則化や ℓ_2 正則化が広く知られている．**$\boldsymbol{\ell_1}$ 正則化**は，パラメータ推定において，必要でない説明変数の係数を零とすることで変数選択も同時に行う方法である．これに対して，**$\boldsymbol{\ell_2}$ 正則化**は，予測精度を高めるために回帰式の出力を滑らかにするようにパラメータ推定を行う方法である．本書で触れるように，こうした方法についても，妥当な回帰式を構成するためにはモデル選択が必要となる．これらについては第3章で説明する．一方，第5章で扱うノンパラメトリック回帰の場合は，そもそも回帰式の自由度が高いので，常に，モデル選択の問題を考える必要がある．

0.5 線形回帰と非線形回帰

直線回帰や重回帰のように，パラメータ（係数）が入出力関係に関して「線形」である回帰を**線形回帰**という（ただし，第1章に述べるように，重回帰は線形回帰と本質的に同じである）．例えば，曲線の当てはめを目的とした多項式回帰については，入出力関係は非線形であるが，パラメータは入出力関係に関して線形である．したがって，多項式による曲線の当てはめは線形回帰に分類される．ただし，第1章で触れる時系列予測のための自己回帰モデルは，過去のサンプルの重み付き線形和で未来のサンプルを予測するものであり，パラメータに関して線形ではあるが，説明変数が目的変数と関連しているため，単純な線形回帰とは異なる扱いが必要となる．

一般に，回帰式はこの形に限定されることはなく，例えば，第6章に述べる階層型ニューラルネットワークなどのように，もっと複雑な形の回帰式も考えることができる．階層型ニューラルネットワークでは，パラメータが入出力関係に関して非線形に含まれることから，**非線形回帰モデル**に分類される．非線形回帰モデルは，線形回帰より柔軟に入出力間の関係を表現できるという利点があるが，パラメータ推定が難しいという問題がある．これに対して，線形回帰はパラメータ推定は比較的容易であるが，回帰式の制約は強いといえる．

一方で，線形回帰の場合，例えば重回帰を考えると，パラメータが説明変数の係数であるため，推定されたパラメータの様子から，変数の影響を直接考えることができる．これは解釈・分析におけるメリットである．これに対して，非線形回帰の場合，成長曲線のように問題に応じた形状の回帰式ではパラメータの意味が明確であったりするが，階層型ニューラルネットワークのような汎用的な非線形回帰については，解釈性・分析性についての課題は多い．

0.6 統計的回帰と確率分布の推定

回帰式は説明変数と目的変数の間の関係を表すものであり，直線回帰の場合はサンプルに直線を当てはめる問題として直感的にも単純である．一方で，説明変数が与えられた下での目的変数の条件付き確率分布 $P(y|\boldsymbol{x})$ に回帰式を組み込んで考える場合も多い．

例えば，加法雑音モデルは $y = f^*(\boldsymbol{x}) + \varepsilon$ であったが，ε が平均 0 であるとすると，説明変数 $\boldsymbol{x}$ が与えられた下での y の条件付き確率分布 $P(y|\boldsymbol{x})$ の平均は $f^*(\boldsymbol{x})$ となる．このとき，平均は $\boldsymbol{x}$ に応じて決まるので，これを回帰式で表すことを考える．このことは，確率分布のパラメータである平均を，回帰式を組み込んで推定することを意味する．このとき，回帰式がパラメトリックならば，そのパラメータは条件付き確率分布（の平均）を決めるものとなる．一般に，確率分布のパラメータの推定法としては**最尤法**が知られている．したがって，確率分布のパラメータ（平均など）をパラメトリックな回帰式で表す場合には，回帰式のパラメータ推定に最尤法を考えればよい．

もう少し具体的な例を述べる．マンションの価格など目的変数が量的変数（値が数値）の場合は重回帰などの統計的回帰が利用できる．しかしながら，目的変数が受験の「合否」や疾病の「有無」など質的変数（値がカテゴリ）の場合には，こうした方法は利用できない．そのような問題設定の典型的な例として，ロジスティック回帰がある．ロジスティック回帰では，合否や有無を $\{0,1\}$ の 2 値で表し，説明変数が与えられた下での目的変数の条件付き確率分布をベルヌイ分布で記述する．このとき，目的変数が 1 となる確率がベルヌイ分布のパラメータであり，そのパラメータは説明変数によって決まるので，それをパラメトリックな回帰式で記述する．このように定式化することで，組み込んだ回帰式のパラメータは，最尤法によって推定することができる．

一般に，確率分布のパラメータを回帰式で表現するモデルとして一般化線形モデルがあり，ロジスティック回帰や線形回帰は，その特別な場合として定式化できる．一般化線形モデルについては第 4 章で扱う．

0.7 記号の定義

ここでは，本書で使う行列・ベクトルについての記号の定義をまとめておく．定義については，スムーズに読めるように，本文中にもなるべく記述するようにしてある．

実数全体を $\mathbb{R}$ で表し，m 次元ベクトルの全体を $\mathbb{R}^m$ で表す．$\mathbf{0}_m$ を 0 を m 個並べた縦ベクトル，$\mathbf{1}_m$ を 1 を m 個並べた縦ベクトルとする．$\top$ によって行列の転置を表す．$\mathbf{I}_m$ によって $m \times m$ 単位行列を表す．$\mathbf{O}_{m,n}$ によって $m \times n$ 零行列を表す．正方行列 A に対して，トレースを $\mathrm{tr}\ A$，行列式を $|A|$ で表す．m 次元ベクトル $\boldsymbol{x} = (x_1, \ldots, x_m)^\top$ と $\boldsymbol{y} = (y_1, \ldots, y_m)^\top$ に対して，$\boldsymbol{x}^\top \boldsymbol{y} = \boldsymbol{y}^\top \boldsymbol{x} = \sum_{i=1}^m x_i y_i$ は内積である．また，$\|\boldsymbol{u}\|^2 := \boldsymbol{u}^\top \boldsymbol{u} = \sum_{k=1}^m u_k^2$ および $\|\boldsymbol{u}\|_1 := \sum_{k=1}^m |u_k|$ と定義しておく．確率に関する定義は，付録 B を参照してほしい．

第 1 章

線形回帰

回帰式を説明変数の重み付き和で表す重回帰は，最も基本的で古くから研究されている統計的回帰の方法である．一般に，回帰式を説明変数の適当な関数の重み付き線形和で表す回帰モデルを線形回帰モデルという．したがって，重回帰モデルは線形回帰モデルの一つという見方もできるが，本質的には変わらない．本章では線形回帰について，古くからよく知られていることで，一通りのモデリングに係わる基本的事項をまとめておく．

1.1　線形回帰モデル

1.1.1　重回帰

変数 $y \in \mathbb{R}$ が変数 $\boldsymbol{x} = (x_1, \ldots, x_m) \in \mathbb{R}^m$ に影響を受けるような状況を考える．一般に，いくつかの呼び方があるが，ここでは，y を**目的変数**，$\boldsymbol{x}$ を**説明変数**と呼ぶことにする．以下では，変数のことを変量という場合もある．

前章でも述べたが，例えば，y が中古マンションの（部屋の）価格であり，x_1 が築年数，x_2 が部屋の広さなどである．このとき，中古マンションの価格は，築年数，広さ，駅からの距離，階数，景観など，いくつかの要因である程度は決まるが，例えば，査定する業者によるバラツキなどは生じてしまうと考えられる（ただし，実際は，それほど単純ではないだろう）．すなわち，要因と価格の間には不変的な関係はありそうだが，実際の価格はその関係に確率的な変動分が加わって決められると考えられる．

大雑把に言うと，目的変数が説明変数に影響を受けているとき，その間の不変的な関係を説明変数の関数として記述する問題が**統計的回帰**である．このとき，もちろん，対象の不変的な関係をその関数によって獲得できることを仮定している．

本書では，不変的な関係を記述する関数（式）を**回帰式**ということにする．ここでは，$\boldsymbol{\beta}_{m+1} = (\beta_0, \beta_1, \ldots, \beta_m) \in \mathbb{R}^{m+1}$ として，

$$f_{\boldsymbol{\beta}_{m+1}}(\boldsymbol{x}) := \beta_0 + \sum_{k=1}^{m} \beta_k x_{i,k} \tag{1.1}$$

なる回帰式を考える．これを**重回帰式**という．すなわち，重回帰式を採用するということは，不変的な関係を説明変数の重み付き線形和で表現しようということである．重回帰式は最も基本的かつ重要な回帰式である．このとき，$\boldsymbol{\beta}_{m+1}$ は回帰式の係数（重み）である．

一般に，$\boldsymbol{\beta}_{m+1}$ のように回帰式の形状を決める実数の組を**パラメータベクトル**といい，その要素を**パラメータ**という．ただし，以下では，パラメータベクトルを単にパラメータと呼ぶこともある．このときの $m+1$ はパラメータ数である．m を特に意識することがないときは，$\boldsymbol{\beta}_{m+1}$ を単に $\boldsymbol{\beta}$ と書くことにする．

説明変数と目的変数の不変的な関係を適当な回帰式で記述する場合，その関係についての情報は，一般には，対象についてのデータとして与えられている．具体的には，説明変数と目的変数の組 $(\boldsymbol{x}, y)$ についての n 個のサンプル：

$$\{(\boldsymbol{x}_i, y_i) \mid i = 1, \ldots, n\} \tag{1.2}$$

が得られているとする．ただし，$\boldsymbol{x}_i = (x_{i,1}, \ldots, x_{i,m})$ である．これは，上述の中古マンションの例だと，不動産業者がこれまでに扱った n 件の中古マンションの部屋についての状況（築年数，広さなど）$\boldsymbol{x}$ と価格 y のサンプルを考えればよい．

不変的な関係を記述する回帰式はこのデータから求める必要がある．これを**回帰式の推定**ということにする．重回帰式はパラメータによって決まるので，データに基づいて妥当な重回帰式を推定することは，妥当なパラメータ値を求めることに他ならない．すなわち，回帰式の推定にはパラメータの推定が必要である．パラメータの推定法については後述する．

さて，データに基づき妥当な回帰式が推定されたとすると，いくつか嬉しいことがある．上述の例で考えてみる．いま，与えられているデータから妥当な重回帰式が推定できたとする．このとき，そのデータにない新たなマンションの情報（築年数，広さなど）を，推定した重回帰式に入力すれば，その出力として妥当な価格が得られる（ただし，厳密には，妥当な価格として信頼できる区間なども考慮する必要がある）．この操作は不動産業者でなくても可能であるから，素人が利用できる中古マンション査定アプリも作成できることになる．不動産業者は様々な情報を基にして，経験的にマンションの価格を決めていると考えられる．上のシナリオは，それがデータ化されていれば，回帰モデルを利用して，査定の自動化が可能となるというものである．前節でも述べたが，一般に，人工知能分野では，医療診断などの自動化の仕組みとしてエキスパートシステムが古くから研究されていた．ここで述べた査定アプリによる価格予測の自動化は，エキスパートシステムの仕組みをデータ分析によって実現できることを意味しており，人工知能における統計的方法の役割の一つの例を示しているといえる．

この話は，重回帰式を推定できれば，それによる価格の予測が可能となることを述べている．一方で，推定した重回帰式において，広さに対応する説明変数の係数が正，築年数に対応する説明変数の係数が負となったとする．このとき，価格は，部屋が広いほど上昇し，築年数が古いほど下降するというように，説明変数の目的変数への影響の及ぼし方を調べることができる．特に，どのような説明変数が目的変数に大きく影響を及ぼすのかを調べたりすることも可能となる．すなわち，妥当な回帰式が推定できれば，対象についての分析ができる．以上のことから，統計的回帰の目的は予測と分析にあるといえる．

このとき，重要なことがある．例えば，中古マンションの価格について，駅からの距離だけでは，価格を決めるのに不十分であると考えられる．さらに，不必要な説明変数を導入することは，分析でのミスリードにつながるとともに，後述するオーバーフィッティングという問題によって回帰式の予測精度の悪化につながる．したがって，応用上の予測と分析の観点から，妥当な説明変数を決める必要があり，この問題を変数選択という．変数選択については，第 2 章で詳しく述べる．ここでは，少し曖昧な表現であるが，用意した説明変数は，目的変数の確定的（不変的）な変動を回帰式で記述するのに妥当であることを仮定しておく．

ここでは，具体的なパラメータ推定の説明をする前に，統計的回帰の設定をもう少し数理的に整理しておく．

1.1.2　加法雑音モデル

一般に，説明変数と目的変数の組 $(\boldsymbol{x}, y)$ は確率分布 $P(\boldsymbol{x}, y)$ に従う確率変数と考え，データは P からのランダムなサンプルとみなす．以下では，「データ」と「サンプル」の用語の使い分けはあまり気にしないことにする．特に，$\boldsymbol{x}$ の y に対する影響は条件付き確率分布 $P(y|\boldsymbol{x})$ によって決まり，その影響の不変的な部分は条件付き期待値 $\mathbb{E}[y|\boldsymbol{x}]$ によって決まると考えられる．これが統計的回帰の興味の対象である．この設定をもう少し具体的に考える．

各説明変数のサンプル $\boldsymbol{x}_i$ に対して，目的変数のサンプル y_i は，

$$y_i = f^*(\boldsymbol{x}_i) + \varepsilon_i, \quad i = 1, \ldots, n \tag{1.3}$$

によって生成されるものとする．ここで，f^* は適当な関数であり，$\boldsymbol{x}_i$ によって確定的に決まる部分を記述するものである．ε_i は確率的変動を表す部分であり，これを加法雑音と呼ぶ．すなわち，目的変数は，説明変数の確定的な関数に雑音という確率的変動分が重畳して得られることを仮定する．こうした仮定を**加法雑音モデル**という．一般には，ε_i は確率分布 P_ε に従うサンプルとし，P_ε については，

$$\mathbb{E}[\varepsilon_i] = 0 \tag{1.4}$$

$$\mathbb{E}[\varepsilon_i \varepsilon_j] = \begin{cases} \sigma^2 & (i = j) \\ 0 & (i \neq j) \end{cases} \tag{1.5}$$

を仮定する．σ^2 を**雑音分散**といい，$0 < \sigma^2 < \infty$ とする．この仮定，すなわち，平均が零であることと各点で無相関であることは，各サンプリングにおける雑音の偶発性を表現しているといえる．なお，加法雑音の独立性を仮定すれば無相関性は満たされる．式 (1.4) の下で，

$$f^*(\boldsymbol{x}_i) = \mathbb{E}[y_i|\boldsymbol{x}_i]$$

となることは明らかである．統計的回帰の目標は，与えられたサンプルに基づき，確定的な部分である f^* を知ることにある．前述したように，応用上は変数選択の問題があり，どの説明変数が目的変数に影響しているかを明らかにする必要がある．ただし，式 (1.3) は，説明変数 $\boldsymbol{x}$ が目的変数を表すのに十分であることを仮定していることに注意する．

通常は，f^* についての情報はサンプルとしてのみ与えられているので，f^* はサンプルから推定する必要がある．しかしながら，それを何の仮定もなく行うことは難しい．そこで，通常は，既知の関数の集まり $\mathcal{F}$ を考え，その中から f^* に近いものを見つけることになる．$\mathcal{F}$ の要素は回帰式で

あり，f^* に近い妥当な回帰式を見つける過程が回帰式の推定である．また，この意味で，f^* を**真の回帰式**ということにする（一般には，f^* を回帰式という場合があるが，ここでは，説明変数と目的変数の間の関係を記述する式を一般に回帰式と呼び，推定すべき不変的な関係 f^* を真の回帰式と呼ぶことにする）．重回帰は，式 (1.1) の $f_{\boldsymbol{\beta}}$ を重回帰式とするとき，$\mathcal{F} = \{f_{\boldsymbol{\beta}} \mid \boldsymbol{\beta} \in \mathbb{R}^{m+1}\}$ としたことに他ならない．

一般に，説明変数に基づく目的変数の生成機構に対する仮定を**回帰モデル**という．回帰モデル自体は，回帰式の設定を含み，データの生成機構に対する仮定（例えば，確率分布の仮定や加法雑音の仮定など）を含めた表現である．重回帰式を用いる場合の回帰モデルを**重回帰モデル**という．ただし，特に混乱がない限り，そうした仮定を考えずに，回帰式をデータに当てはめる問題や回帰式自体のことも回帰モデルあるいは単に**モデル**ということもある．回帰モデルを通したデータの分析を**回帰分析**という．

厳密に言えば，重回帰モデルは，f^* が説明変数の重み付き線形和で記述できることを仮定している．すなわち，$\boldsymbol{\beta}^* = (\beta_0^*, \ldots, \beta_m^*)$ が存在して，任意の $\boldsymbol{x} \in \mathbb{R}^m$ において $f^*(\boldsymbol{x}) = f_{\boldsymbol{\beta}^*}(\boldsymbol{x})$ が成り立つことを仮定している．この $\boldsymbol{\beta}^*$ を**真のパラメータ値**（**パラメータの真値**）と呼ぶ．

このとき，データから妥当なパラメータ値を求める問題を統計的推測として考えることができる．サイコロの例で考えると，$k = 1, \ldots, 6$ について k の目が出る確率 p_k が決まっており，これは確定しているが未知である．p_k についての情報はないので，我々はサイコロを n 回振って，k の目が出た回数 n_k をカウントし，相対頻度 $\widehat{p}_k = n_k/n$ により，p_k を推測することになる．これが，サイコロに係わる統計的推定の問題（確率を相対頻度で推定する問題）である．

いま，ここでの仮定は，任意の $\boldsymbol{x} = (x_1, \ldots, x_m)$ に対して，

$$f^*(\boldsymbol{x}) = f_{\boldsymbol{\beta}^*}(\boldsymbol{x}) = \beta_0^* + \sum_{k=1}^{m} \beta_k^* x_k \tag{1.6}$$

であり，データの生成について，$\boldsymbol{\beta}^*$ は確定しているが未知である．これに対して，回帰式 (1.1) を想定して，そのパラメータ値をデータから求めるということは，$\boldsymbol{\beta}^*$ をデータから推定する問題であり，サイコロの例と同じものであることがわかる（$\boldsymbol{\beta}^*$ を $\{p_1, \ldots, p_6\}$ と考えればよい）．正確には，$\boldsymbol{\beta}^*$ の推定をパラメータ推定と呼ぶのかもしれないが，ここでは，少しあいまいに，回帰式の妥当なパラメータ値を求める過程を**パラメータ推定**ということにする．ただし，一般に，与えられたデータについて，真の回帰式がこの形で表されるかどうかは，誰も知らない．応用では，$f_{\boldsymbol{\beta}}$ による記述がある程度妥当であるという推測の下で重回帰モデルを適用し，後述する寄与率などに基づいて，パラメータ推定後にモデルの妥当性を検証することになる．一方で，本章や第 2 章において重回帰モデルを理論的に取り扱う際には，パラメータの真値の存在を仮定する場合も多い．

1.1.3　直線・曲線の当てはめ

いま，変数の組 $(u, y) \in \mathbb{R}^2$ について，n 個のサンプル $\{(u_i, y_i) \mid i = 1, \ldots, n\}$ が与えられているとする．ただし，y は確率的変動を伴うものとする．このとき，y_i に曲線を当てはめる問題を考える．当てはめる関数としては様々なものが考えられるが，ここでは，$\varphi_0, \ldots, \varphi_m$ を $\mathbb{R}$ 上の関数とし，$\boldsymbol{\beta} = (\beta_0, \beta_1, \ldots, \beta_m)$ として，

$$f_{\boldsymbol{\beta}}(u) := \sum_{k=0}^{m} \beta_k \varphi_k(u)$$

を考える．この問題は，$\varphi_0(u) = 1$ とし，$k \geq 1$ に対して $x_k = \varphi_k(u)$ とおくことで，重回帰の問題に帰着させることができる．このとき，y の確定的な部分を決める真の回帰式（曲線）を $f^*(u_i)$ とすると，$f_{\boldsymbol{\beta}}$ によって f^* を記述する問題となる．

曲線の当てはめの問題として，例えば，$\varphi_k(u) = u^k$ とする多項式の利用がよく知られており，これによる回帰を**多項式回帰**という．また，重回帰においても，$m = 1$ のときは，$f_{\boldsymbol{\beta}}(x_1) = \beta_0 + \beta_1 x_1$ であるから，これは，直線を当てはめる問題ととらえることができる．これを**単回帰**あるいは**直線回帰**という．もちろん，単回帰は多項式回帰の特別な場合（1 次までの多項式）とみることもできる．単回帰および多項式回帰については，その例を後ほど示すことにする．

ここでは，曲線の当てはめとしたが，変数の組として，$(\boldsymbol{u}, y) \in \mathbb{R}^{d+1}$，$\boldsymbol{u} = (u_1, \ldots, u_d)$ を考えることもできる．例えば，$\boldsymbol{u} = (u_1, u_2)$ のときは，曲面の当てはめの問題となる．このとき，φ_k を $\mathbb{R}^d$ 上の関数として，

$$f_{\boldsymbol{\beta}}(\boldsymbol{u}) := \sum_{k=0}^{m} \beta_k \varphi_k(\boldsymbol{u}), \quad \boldsymbol{u} \in \mathbb{R}^d$$

によって $\boldsymbol{u}$ と y の間の不変的な関係を推定する問題となる．したがって，これは，多変数 $\boldsymbol{u}$ の y への関わり方を調べるための方法となる．この場合も，$x_0 = 1$ とし，$k \geq 1$ に対して $x_k = \varphi_k(\boldsymbol{u})$ とすれば，重回帰と同一視できる．

1.1.4　線形回帰

重回帰と曲線の当てはめの問題は，いずれも，変数（関数）の線形和によって回帰式を構成している．一般に，こうしたモデルを線形回帰モデルという．曲線の当てはめは重回帰に帰着できたので，以下では，重回帰モデルの記述を線形回帰モデルとする．ただし，重回帰では，説明変数と定数項を区別したが，定数項も説明変数の一つだとみなしてもよい．以下では，説明変数と目的変数の組を $(\boldsymbol{x}, y)$，$\boldsymbol{x} = (x_0, x_1, \ldots, x_m)$ とし，そのサンプルを $\{(\boldsymbol{x}_i, y_i) \mid i = 1, \ldots, n\}$ とする．ただし，$\boldsymbol{x}_i = (x_{i,0}, \ldots, x_{i,m})$ である．定数項を導入するときは，$x_0 = 1$，したがって，$x_{i,0} = 1$ とすればよい．このとき，$\boldsymbol{\beta} = (\beta_0, \ldots, \beta_m)$ として，回帰式は，

$$f_{\boldsymbol{\beta}}(\boldsymbol{x}) := \sum_{k=0}^{m} \beta_k x_k \tag{1.7}$$

である．定数項を考えるときは，実質的な説明変数は $(x_1, \ldots, x_m)$ となる．すなわち，説明変数の数は m 個である．この場合には，$f_{\boldsymbol{\beta}}$ は説明変数 $(x_1, \ldots, x_m) \in \mathbb{R}^m$ の関数とみるべきであるが，特に混乱が生じない限り，上記のまま $f_{\boldsymbol{\beta}}(\boldsymbol{x})$ と表記する．ただし，定数項があるときは，自然な表記として $f_{\boldsymbol{\beta}}(x_1, \ldots, x_m)$ と書く場合もある．式 (1.7) を**線形回帰式**あるいは**重回帰式**ということにする．線形回帰式を用いた回帰モデルを**線形回帰モデル**という．

線形回帰モデルの議論には行列表記が適している．以下では，$\boldsymbol{y} = (y_1, \ldots, y_n)^\top$ とする．ここで，$^\top$ は行列の転置を表すので，$\boldsymbol{y}$ は縦ベクトルである．係数ベクトル $\boldsymbol{\beta}$ も行列計算の中では縦ベクトルとして定義しておく．すなわち，$\boldsymbol{\beta} = (\beta_0, \ldots, \beta_m)^\top$ とする．$\mathbf{X}$ を $(i, k+1)$ 成分が $x_{i,k}$ で

ある $n \times (m+1)$ 行列とする．$\mathbf{X}$ を**デザイン行列**という．$\mathbf{X}$ の第 $k+1$ 列ベクトルを $\mathbf{X}_k$ とする．したがって，$\mathbf{X} = [\mathbf{X}_0\ \mathbf{X}_1\ \cdots\ \mathbf{X}_m]$ である．この下で，$\mathbf{X}\boldsymbol{\beta}$ の第 i 行は $f_{\boldsymbol{\beta}}(\boldsymbol{x}_i)$ となる．

1.2　最小二乗法

さて，データに基づく回帰モデルのパラメータ推定について述べる．線形回帰モデルのパラメータ推定法としては**最小二乗法**（**最小二乗推定**）が用いられる．この方法は，回帰式とデータとの**二乗誤差和**（**誤差二乗和**）：

$$S(\boldsymbol{\beta}) := \sum_{i=1}^{n} (y_i - f_{\boldsymbol{\beta}}(\boldsymbol{x}_i))^2 = \|\boldsymbol{y} - \mathbf{X}\boldsymbol{\beta}\|^2 \tag{1.8}$$

を最小にするパラメータ値を求める方法であり，その解を**最小二乗推定量**という．ここでは，最小二乗推定量を $\widehat{\boldsymbol{\beta}} = (\widehat{\beta}_0, \widehat{\beta}_1, \ldots, \widehat{\beta}_m)^\top$ と書く．すなわち，最小二乗法は，データ全体に最もよく合うような回帰式のパラメータ値を求める方法であるといえる．

このとき，最小値を与えるパラメータベクトルは，ベクトルによる微分の表記 (A.2) を導入すると，

$$\frac{\partial S(\boldsymbol{\beta})}{\partial \boldsymbol{\beta}} = \mathbf{0}_{m+1} \tag{1.9}$$

を満たす（例えば [22]）．ただし，$\mathbf{0}_{m+1}$ は $(m+1)$ 次元零ベクトルである．左辺に式 (1.8) を代入すると，$\mathbf{X}^\top\mathbf{X}$ が対称行列であることから，式 (A.3) および式 (A.5) より，

$$\begin{aligned}
\frac{\partial S(\boldsymbol{\beta})}{\partial \boldsymbol{\beta}} &= \frac{\partial}{\partial \boldsymbol{\beta}} (\boldsymbol{y} - \mathbf{X}\boldsymbol{\beta})^\top (\boldsymbol{y} - \mathbf{X}\boldsymbol{\beta}) \\
&= \frac{\partial}{\partial \boldsymbol{\beta}} \left\{ \boldsymbol{y}^\top \boldsymbol{y} - \boldsymbol{y}^\top (\mathbf{X}\boldsymbol{\beta}) - (\mathbf{X}\boldsymbol{\beta})^\top \boldsymbol{y} + (\mathbf{X}\boldsymbol{\beta})^\top (\mathbf{X}\boldsymbol{\beta}) \right\} \\
&= \frac{\partial}{\partial \boldsymbol{\beta}} \left\{ \boldsymbol{y}^\top \boldsymbol{y} - 2\boldsymbol{\beta}^\top (\mathbf{X}^\top \boldsymbol{y}) + \boldsymbol{\beta}^\top (\mathbf{X}^\top \mathbf{X}) \boldsymbol{\beta} \right\} \\
&= -2\mathbf{X}^\top \boldsymbol{y} + 2(\mathbf{X}^\top \mathbf{X}) \boldsymbol{\beta}
\end{aligned}$$

となる．したがって，式 (1.9) は，

$$(\mathbf{X}^\top \mathbf{X}) \boldsymbol{\beta} = \mathbf{X}^\top \boldsymbol{y} \tag{1.10}$$

となる．この線形方程式を**正規方程式**という．$\mathbf{X}^\top\mathbf{X}$ の逆行列が存在すれば，正規方程式を解いて，最小二乗推定量は

$$\widehat{\boldsymbol{\beta}} = (\mathbf{X}^\top \mathbf{X})^{-1} \mathbf{X}^\top \boldsymbol{y} \tag{1.11}$$

によって得られる．ただし，$\widehat{\boldsymbol{\beta}} = (\widehat{\beta}_0, \ldots, \widehat{\beta}_m)^\top$ とする．重回帰の最小二乗推定量のことを**偏回帰係数**ともいう．上式から明らかなように，$\widehat{\boldsymbol{\beta}}$ は $\boldsymbol{y}$ を線形変換して得られる．こうした推定量を一般に**線形推定量**という．最小二乗推定量における二乗誤差和 $S(\widehat{\boldsymbol{\beta}})$ を**最小二乗誤差和**あるいは**残差二乗和**という．また，$S(\widehat{\boldsymbol{\beta}})/n$ を**最小二乗誤差平均**や**残差二乗平均**と呼ぶことにする．

いま，デザイン行列が

$$\mathbf{X}^\top\mathbf{X} = n\mathbf{I}_n \tag{1.12}$$

を満たす回帰を**直交回帰**という．すなわち，

$$\mathbf{X}_k^\top\mathbf{X}_l = \begin{cases} n & (k = l) \\ 0 & (k \neq l) \end{cases}$$

が成り立つ場合である．すべての k について，$\mathbf{X}_k$ のサンプル平均 $\mathbf{X}_k^\top\mathbf{1}_n/n$ が零のとき，この条件は，それらが無相関であることを意味する．ここでは，$\|\mathbf{X}_k\|^2 = n$ としているが，$\|\mathbf{X}_k\|^2 = a_k^2 n$ のときは，$\mathbf{X}_k$ を改めて $\mathbf{X}_k/a_k$ と変換すればよい．直交回帰の最小二乗推定量は，式 (1.11) と式 (1.12) より，

$$\widehat{\boldsymbol{\beta}} = \frac{1}{n}\mathbf{X}^\top\boldsymbol{y} \tag{1.13}$$

となる．これは，

$$\widehat{\beta}_k = \frac{1}{n}\mathbf{X}_k^\top\boldsymbol{y}, \quad k = 0, \ldots, m \tag{1.14}$$

と書けるから，$\widehat{\beta}_k$ は $\mathbf{X}_k$ のみによって決まることになる．

1.3 多重共線性

1.3.1 多重共線性

前節では $\mathbf{X}^\top\mathbf{X}$ の正則性を仮定したが，いま，$\mathbf{X}^\top\mathbf{X}$ の逆行列が存在しないとき，すなわち，最小二乗推定量が計算できない場合について考える．

$\mathbf{X}^\top\mathbf{X}$ は $(m+1)\times(m+1)$ 行列であるから，$\mathbf{X}^\top\mathbf{X}$ の逆行列が存在することは，$\mathbf{X}^\top\mathbf{X}$ の階数が $m+1$ であることと同値である．$\mathbf{X}^\top\mathbf{X}$ の階数は $\mathbf{X}$ の階数に等しいことが知られており（例えば [42]），$\mathbf{X}$ は $n\times(m+1)$ 行列であるから，$n < m+1$ ならば $\mathbf{X}^\top\mathbf{X}$ の階数は $n < m+1$ となり，その逆行列は存在しない．すなわち，定数項を含めて考えた説明変数の数よりサンプル数が多いときは，最小二乗推定量を計算できないことになる．

一方，$n \geq m+1$ であっても，$\mathbf{X}$ の列ベクトルの中に線形従属なものがあれば，$\mathbf{X}$ の階数は $m+1$ より小さくなる．したがって，$\mathbf{X}^\top\mathbf{X}$ の階数も $m+1$ より小さくなり，$\mathbf{X}^\top\mathbf{X}$ の逆行列は存在しない．

この状況をもう少し詳しく述べる．いま，$\mathbf{X}$ の第 k 列ベクトルは $\mathbf{X}_k = (x_{1,k}, \ldots, x_{n,k})^\top$ である．定数項を導入するなら $\mathbf{X}_0 = \mathbf{1}_n$ と書ける．$\mathbf{X}_k$ の要素のサンプル平均を $\widehat{\mu}_k = \mathbf{X}_k^\top\mathbf{1}_n/n$ とする．$\mathbf{X}_k$ と $\mathbf{X}_j$ が線形従属であるとき，$a \neq 0$ に対して，$\mathbf{X}_k = a\mathbf{X}_j$ と表されるから，

$$\left|(\mathbf{X}_k - \widehat{\mu}_k\mathbf{1}_n)^\top(\mathbf{X}_j - \widehat{\mu}_j\mathbf{1}_n)\right| = \left|(a\mathbf{X}_j - a\mathbf{X}_j^\top\mathbf{1}_n/n)^\top(\mathbf{X}_j - \widehat{\mu}_j)\right| = a^2\|\mathbf{X}_j - \widehat{\mu}_j\|^2$$

$$\|\mathbf{X}_k - \widehat{\mu}_k\|^2 = \|a\mathbf{X}_j - a\mathbf{X}_j^\top\mathbf{1}_n/n\|^2 = a^2\|\mathbf{X}_j - \widehat{\mu}_j\|^2$$

より，

$$\left|\widehat{\mathrm{Cor}}(\mathbf{X}_k, \mathbf{X}_j)\right| = \frac{\left|(\mathbf{X}_k - \widehat{\mu}_k)^\top (\mathbf{X}_j - \widehat{\mu}_j)\right|}{\|\mathbf{X}_k - \widehat{\mu}_k\| \|\mathbf{X}_j - \widehat{\mu}_j\|} = 1$$

となる．すなわち，説明変数間のサンプル相関係数の絶対値が 1 であるとき，最小二乗推定量は計算できないことになる．

一般に，サンプル相関係数の絶対値が 1 となる説明変数があるとき，当然どちらかを除く必要があるが，そのようなことは稀である．しかしながら，実際のデータ解析の場面では，特に，相関の高い説明変数の数が多いときなど，数学的には問題とならなくても，コンピュータによる計算では解が求められないこともある．こうした問題を**多重共線性**という．一般に，相関の高い説明変数は，線形回帰において，数値的にはほとんど同じ効果しか与えない（変数としては異なるが影響は同じである）．多重共線性があるとみなすとき，相関の高い説明変数についての分析は必要であるが，どちらかの変数を除くことは妥当である．ただし，多重共線性の問題を解決する推定法として，次に述べるリッジ回帰という方法が知られている．

1.3.2 リッジ回帰

多重共線性が問題となる場合に，λ を小さな正定数として，

$$\widehat{\boldsymbol{\beta}}(\lambda) := (\mathbf{X}^\top \mathbf{X} + \lambda \mathbf{I}_{m+1})^{-1} \mathbf{X}^\top \boldsymbol{y} \tag{1.15}$$

なる推定量を考える．ただし，$\mathbf{I}_{m+1}$ は $(m+1) \times (m+1)$ 単位行列である．これは，$\mathbf{X}^\top \mathbf{X}$ の逆行列が存在しなくても一意な解をもつ．この推定量を**リッジ推定量**といい，リッジ推定量を用いる回帰を**リッジ回帰**という．

上述したように，一般には，$\mathbf{X}^\top \mathbf{X}$ が正確に正則でない場合はほとんどないが，それに近い状況は考えられ，特に，数値計算的な理由から最小二乗推定量が求められないこともある（特に，第 5 章で触れるノンパラメトリック回帰の場合はシリアスである）．リッジ推定量は，λ の導入によって，最小二乗解とは異なる解となるが，λ を小さくとれば，$\mathbf{X}^\top \mathbf{X}$ が非正則に近い状況でも，安定して最小二乗推定量に近い解を得ることができる．

もちろん，リッジ推定量は λ が大きいほど，最小二乗推定量から大きくずれてしまうので，λ は十分に小さい値にしておく必要がある．後述するが，リッジ回帰は正則化と呼ばれる推定法と密接に関係し，正則化の枠組みではこの λ の選択が重要となる．

1.4 単回帰

線形回帰の特殊なケースとして，説明変数が一つで定数項がある場合を考える．簡単のため，説明変数を $x = x_1$ と書く．このときのサンプルは $\{(x_i, y_i) \mid i = 1, \ldots, n\}$ であり，回帰式は $f_{\boldsymbol{\beta}}(x) = \beta_0 + \beta_1 x$, $\boldsymbol{\beta} = (\beta_0, \beta_1)$ と表される．すなわち，これはデータに直線を当てはめる問題となり，これを**単回帰**あるいは**直線回帰**という．$\boldsymbol{x} = (x_1, \ldots, x_n)^\top$ および $\boldsymbol{y} = (y_1, \ldots, y_n)^\top$ とする．$\boldsymbol{x}$ のサンプル平均およびサンプル標準偏差を $\widehat{\mu}_x = \boldsymbol{x}^\top \mathbf{1}_n / n$ および $\widehat{\sigma}_x = \|\boldsymbol{x} - \widehat{\mu}_x \mathbf{1}_n\|^2 / (n-1)$ と

し，$\boldsymbol{y}$ のサンプル平均およびサンプル標準偏差を $\widehat{\mu}_y = \boldsymbol{y}^\top \mathbf{1}_n/n$ および $\widehat{\sigma}_y = \|\boldsymbol{y} - \widehat{\mu}_y \mathbf{1}_n\|^2/(n-1)$ とする．

このとき，デザイン行列は

$$\mathbf{X} = \begin{pmatrix} 1 & x_1 \\ \vdots & \vdots \\ 1 & x_n \end{pmatrix}$$

であるから，式 (1.11) により最小二乗推定量を求めることができる．ただし，この場合は簡単なので，直接求めてみる．ここでは，

$$\mathbf{X}^\top \mathbf{X} = \begin{pmatrix} n & \sum_{i=1}^n x_i \\ \sum_{i=1}^n x_i & \|\boldsymbol{x}\|^2 \end{pmatrix} = \begin{pmatrix} n & n\widehat{\mu}_x \\ n\widehat{\mu}_x & \|\boldsymbol{x}\|^2 \end{pmatrix}$$

$$\mathbf{X}^\top \boldsymbol{y} = \begin{pmatrix} n\widehat{\mu}_y \\ \boldsymbol{x}^\top \boldsymbol{y} \end{pmatrix}$$

が成り立つ．したがって，正規方程式は

$$n\widehat{\beta}_0 + n\widehat{\mu}_x\widehat{\beta}_1 = n\widehat{\mu}_y \tag{1.16}$$

$$n\widehat{\mu}_x\widehat{\beta}_0 + \|\boldsymbol{x}\|^2\widehat{\beta}_1 = \boldsymbol{x}^\top \boldsymbol{y} \tag{1.17}$$

となる．式 (1.16) より，

$$\widehat{\beta}_0 = \widehat{\mu}_y - \widehat{\mu}_x\widehat{\beta}_1 \tag{1.18}$$

となる．上式を式 (1.17) に代入し，式 (B.32) および式 (B.34) を用いると，

$$\widehat{\beta}_1 = \widehat{\mathrm{Cov}}(\boldsymbol{x}, \boldsymbol{y})/\widehat{\sigma}_x^2 \tag{1.19}$$

を得る．以上より，データから $\widehat{\beta}_1$ を計算すれば，$\widehat{\beta}_0$ は，式 (1.18) により，$\widehat{\beta}_1$ を用いて計算できる．

ここでは，単回帰の R による数値例を示す．この数値例では，人工データを生成し，そのデータに対して単回帰を適用する．

その R スクリプトをコード 1.1 に示す．このスクリプトの説明は以下のとおりである．

2 〜 7 行目：サンプルを生成している．`n` はサンプル数で，50 としている．説明変数 x のサンプル `x` を $[-1, 1]$ 区間の一様乱数で生成し，加法雑音モデルにより，目的変数のサンプル `y` を生成している．ここで，真の回帰式を $f^*(x) = -1 + 2x$ として，`tf` に代入している．また，加法雑音は $N(0, 0.5^2)$ からの乱数としている．

9 〜 10 行目：こうして人工的に生成されたサンプルに対して，9 行目でデザイン行列 `X` を構成し，10 行目で，式 (1.11) により，最小二乗推定量 `ecoef` を直接的に計算している．ただし，10 行目は，正規方程式（線形方程式）を解くという意味で，

```
ecoef <- solve(t(X) %*% X, t(X) %*% y)
```

としてもよい．

12～14行目：説明変数のサンプル点以外での複数点を含むベクトル u を生成し，それに対する推定した回帰式の出力を ef に代入している．これは，説明変数の未知の値 u に対する予測値とみなすことができる．ただし，ここでは，これを推定した回帰式の描画に用いている．

16行目以降：サンプルと推定した回帰式の描画を行っている．ここでの回帰式は直線なので，plot ではなく，単純に lines を用いて描画してもよい．

```
1  # サンプルの生成
2  set.seed(2017)
3  n <- 50
4  tcoef <- c(-1, 2)
5  x <- runif(n, -1, 1)
6  tf <- tcoef[1] + tcoef[2] * x
7  y <- tf + rnorm(n, 0, 0.5)
8  # 最小二乗推定量の計算
9  X <- cbind(rep(1, n), x)
10 ecoef <- solve(t(X) %*% X) %*% t(X) %*% y
11 # 推定に用いていない点での回帰式の計算
12 nn <- 100
13 u <- seq(-1, 1, 2 / (nn - 1))
14 ef <- ecoef[1] + ecoef[2] * u
15 # サンプルと推定した回帰式の描画
16 plot(x, y, xlim = c(-1, 1), ylim = c(-4, 2), type = "p", pch = 1, lwd = 0.5, cex = 2,
       xlab = "x", ylab = "y", col = gray(0))
17 par(new = T)
18 plot(u, ef, xlim = c(-1, 1), ylim = c(-4, 2), type = "l", lwd = 0.5, xlab = "", ylab =
       "", col = gray(0), ann = F)
```

コード 1.1 単回帰の数値例の R スクリプト

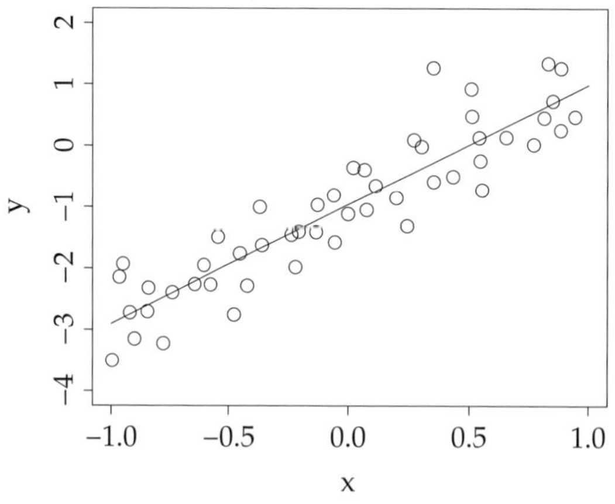

図 1.2 単回帰の数値例におけるサンプル（○）と推定された回帰式（実線）

描画結果を図 1.2 に示す．図 1.2 において，○はサンプルを，実線は推定された直線を示している．推定された直線はサンプルの傾向をとらえており，最小二乗法によって妥当な直線が推定されていることがわかる．このとき，真のパラメータ値 tcoef が既知なので，最小二乗推定量とそれを比較して，推定の妥当性を確かめてほしい．

実際には，説明変数と目的変数の間に直線的関係があることが予めわかっていれば，直線回帰を適用すればよい．そうでないときも，説明変数が 1 変数ならばサンプルの散布図が描けるから，その散布図から，説明変数と目的変数の間に直線的な関係がありそうであれば，直線回帰を適用することになる．直線が推定できれば，この数値例における u のように，説明変数の未知の値が与えられたときに，その直線の値が計算できる．ここでは，描画用と説明したが，これは，u における予測を行っていることに対応している．また，傾きの正負や大きさなどから，説明変数と目的変数の関係も分析できることは明らかである．ただし，サンプルが確率的に変動しているため，そうした予測や分析は，その確率的変動を考慮して行う必要があることに注意する．

実際，この数値例では，乱数の再現性を set.seed によってコントロールしているが，乱数の種を変更すれば，異なる乱数列が生成されるから，サンプルの生成機構は不変であっても，y も異なるものとなる．したがって，当然，それから推定される直線も若干異なってくる．

1.5　多項式回帰

変数 $(u, y) \in \mathbb{R}^2$ についてサンプル $\{(u_i, y_i) \mid i = 1, \ldots, n\}$ が与えられているものとする．説明変数と目的変数の間の関係が直線的であるときは単回帰を行えばよいが，そうでないときは，曲線を当てはめる方が妥当である．単回帰を直線回帰と呼ぶのに対して，こうした曲線の当てはめを**曲線回帰**ということもある．以下では，曲線の当てはめが重回帰の考え方で解けることを述べる．

$\varphi_0, \varphi_1, \ldots, \varphi_m$ を $\mathbb{R}$ 上の $m+1$ 個の関数とする．このとき，目的変数 y に対して，

$$f_{\boldsymbol{\beta}}(u) = \sum_{k=0}^{m} \beta_k \varphi_k(u)$$

を当てはめることを考えると，二乗誤差和

$$S(\boldsymbol{\beta}) = \sum_{i=1}^{n} \left(y_i - f_{\boldsymbol{\beta}}(u_i)\right)^2$$

は当てはまりの尺度として妥当である．このとき，$\mathbf{X}_k = (\varphi_k(u_1), \ldots, \varphi_k(u_n))^\top$ と定義し，$\mathbf{X}_k$ を第 $k+1$ 列ベクトルとする $n \times (m+1)$ 行列 $\mathbf{X}$ を定義すると，上式は，

$$S(\boldsymbol{\beta}) = \|\boldsymbol{y} - \mathbf{X}\boldsymbol{\beta}\|^2$$

と書ける．したがって，曲線の当てはめの問題は，上記の $\mathbf{X}$ をデザイン行列とした重回帰の最小二乗法と同一視できる．

特に，$\varphi_k(u) = u^k$ のケースを**多項式回帰**という．すなわち，多項式による曲線の当てはめ問題が多項式回帰である．このとき，単回帰は多項式回帰の特別な場合（多項式回帰において 1 次項までを用いた回帰）とみなすこともできる．

多項式回帰についての R スクリプト例をコード 1.3 に示す．このスクリプトの説明は以下のとおりである．

```
1  # サンプルの生成
2  set.seed(2017)
3  n <- 50
4  tcoef <- c(-1, 1, 2)
5  x <- runif(n, -1, 1)
6  X <- cbind(rep(1, n), x, x^2)
7  tf <- X %*% tcoef
8  y <- tf + rnorm(n, 0, 0.5)
9  # 係数の最小二乗推定量の計算
10 ecoef <- solve(t(X) %*% X) %*% t(X) %*% y
11 # 推定に用いていない点での回帰式の計算
12 nn <- 100
13 u <- seq(-1, 1, 2 / (nn - 1))
14 ef <- ecoef[1] + ecoef[2] * u + ecoef[3] * u^2
```

コード 1.3　多項式回帰の数値例の R スクリプト

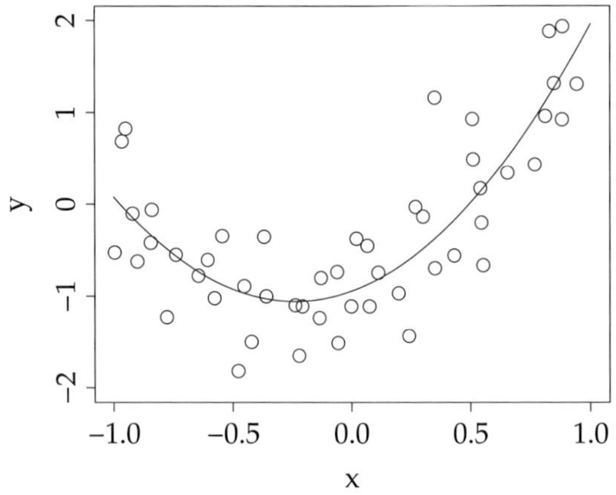

図 1.4　多項式回帰の例におけるサンプル（○）と推定された回帰式（実線）

2～8 行目：サンプルを生成している．n はサンプル数で，50 としている．説明変数のサンプル x を $[-1,1]$ 区間の一様乱数で生成し，加法雑音モデルにより，目的変数のサンプル y を生成している．ここで，真の回帰式 tf を $f^*(x) = -1 + x + 2x^2$，加法雑音を $N(0, 0.5^2)$ に従う乱数としている．6 行目において，定数項に対応する rep(1, n)，x および x の 2 乗を並べた行列を X としている．これをデザイン行列と考えれば，重回帰と同一視できる．真のパラメータ値は tcoef に代入されているので，これと X によって tf が計算できる．

10 行目：式 (1.11) によって最小二乗推定量 ecoef を計算している．

12～14 行目：説明変数のサンプル点以外での複数点を含むベクトル u を生成し，推定した回帰式の u に対する出力を ef に代入している．

サンプル（○）と推定された曲線（実線）を図 1.4 に示す．このグラフの描画の部分は単回帰（コード 1.1）と同じなので省略する．このグラフから，サンプルの不変的な部分が曲線であり，それが最小二乗法により適切に獲得できていることがわかる．この場合も真のパラメータ値がわかっているので，推定値と比較することができる．また，真の回帰式と推定した回帰式を重ね書きするなどして，比較することもできる．

ここで，単回帰の場合と異なり，多項式回帰では，多項式の次数をいくつにすればよいかが問題となる．今回は真の回帰式を 2 次の多項式として，推定でも 2 次の多項式を想定した．多項式は，次数を増やせば，滑らかな関数をいくらでも精度良く近似できることが Taylor の定理によって保証されている．したがって，一般には，真の回帰式はわからないが，それは十分大きな次数の多項式によりある程度の精度で近似できることが期待できる．しかしながら，サンプル数に関係して，いくらでも大きな次数の多項式を回帰式として利用することはできない．これは，後述するオーバーフィッティングの問題が生じるからである．一般には，限られたサンプル数の下で妥当な回帰式を得ようとすると，適当な次数を選択する必要が生じる．この次数選択（変数選択）の問題については次章に詳しく述べる．

1.6 最小二乗推定に係わるいくつかのこと

1.6.1 最小二乗推定の幾何学的解釈

ここでは，最小二乗推定を幾何学的な視点から説明する．いま，

$$\mathbf{H} := \mathbf{X}(\mathbf{X}^\top\mathbf{X})^{-1}\mathbf{X}^\top \tag{1.20}$$

と定義すると，式 (1.11) より，

$$\mathbf{X}\widehat{\boldsymbol{\beta}} = \mathbf{H}\boldsymbol{y} \tag{1.21}$$

と書ける．この式は，推定された回帰式の出力を並べたベクトル $\mathbf{X}\widehat{\boldsymbol{\beta}}$ が，$\boldsymbol{y}$ の $\mathbf{H}$ による線形変換によって得られることを表している．$\mathbf{H}$ を**ハット行列**という．ハット行列は定義から対称行列であり，

$$\mathbf{H}^2 = \mathbf{X}(\mathbf{X}^\top\mathbf{X})^{-1}\mathbf{X}^\top\mathbf{X}(\mathbf{X}^\top\mathbf{X})^{-1}\mathbf{X}^\top = \mathbf{X}(\mathbf{X}^\top\mathbf{X})^{-1}\mathbf{X}^\top = \mathbf{H}$$

が成り立つ．この性質をもつ行列を，一般に，べき等行列という．これと式 (1.11) より，残差二乗和について，

$$\begin{aligned} S(\widehat{\boldsymbol{\beta}}) &= \|\boldsymbol{y} - \mathbf{X}\widehat{\boldsymbol{\beta}}\|^2 = \|\boldsymbol{y}\|^2 + \|\mathbf{X}\widehat{\boldsymbol{\beta}}\|^2 - 2\boldsymbol{y}^\top\mathbf{X}\widehat{\boldsymbol{\beta}} \\ &= \|\boldsymbol{y}\|^2 + \|\mathbf{X}\widehat{\boldsymbol{\beta}}\|^2 - 2\boldsymbol{y}^\top\mathbf{H}\boldsymbol{y} = \|\boldsymbol{y}\|^2 + \|\mathbf{X}\widehat{\boldsymbol{\beta}}\|^2 - 2\|\mathbf{H}\boldsymbol{y}\|^2 \\ &= \|\boldsymbol{y}\|^2 - \|\mathbf{X}\widehat{\boldsymbol{\beta}}\|^2 \end{aligned} \tag{1.22}$$

が成り立つ．

この式は以下のように幾何学的に解釈することができる．図 1.5 に示すように，$\boldsymbol{y}$ は n 次元ベクトルであり，$\mathbb{R}^n$ の点とみることができる．一方，$\mathbf{X}_k$ を $\mathbf{X}$ の第 $k+1$ 列ベクトルとすると，

$$\mathbf{X}\boldsymbol{\beta} = \beta_0\mathbf{X}_0 + \beta_1\mathbf{X}_1 + \cdots + \beta_m\mathbf{X}_m$$

であるから，$\mathbf{X}\boldsymbol{\beta}$ は $m+1$ 個の n 次元ベクトル $\mathbf{X}_0, \mathbf{X}_1, \ldots, \mathbf{X}_m$ の線形結合である．したがって，$L(\mathbf{X}) := \{\mathbf{X}\boldsymbol{\beta} \mid \boldsymbol{\beta} \in \mathbb{R}^{m+1}\}$ は $\mathbf{X}$ の列ベクトルで張られる線形部分空間を構成する．式 (1.22) は

$\|\boldsymbol{y}\|^2 = \|\mathbf{X}\widehat{\boldsymbol{\beta}}\|^2 + \|\boldsymbol{y} - \mathbf{X}\widehat{\boldsymbol{\beta}}\|^2$ と書けるから，図 1.5 に示すように，$L(\mathbf{X})$ へ $\boldsymbol{y}$ を直交射影した点が $\mathbf{X}\widehat{\boldsymbol{\beta}}$ となる．すなわち，与えられた $\mathbf{X}$ の下で $\boldsymbol{y}$ に最も近い $L(\mathbf{X})$ 上の点を与えるのが最小二乗推定量 $\widehat{\boldsymbol{\beta}}$ である．

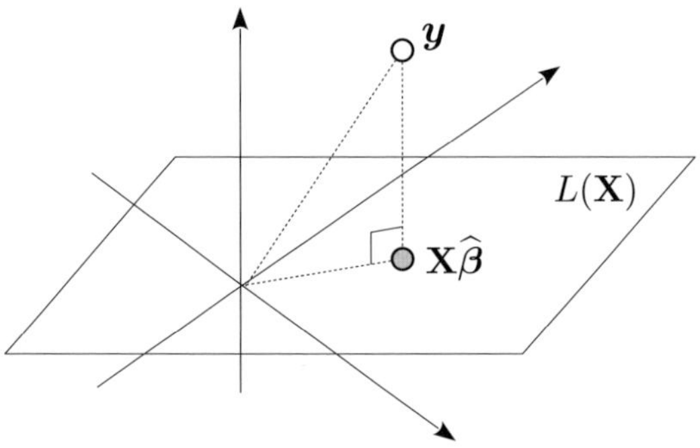

図 1.5　最小二乗推定量の幾何学的解釈

一方，$\mathbf{P} := \mathbf{I}_n - \mathbf{H}$ と定義すると，残差ベクトルは，

$$\boldsymbol{y} - \mathbf{X}\widehat{\boldsymbol{\beta}} = \boldsymbol{y} - \mathbf{H}\boldsymbol{y} = \mathbf{P}\boldsymbol{y} \tag{1.23}$$

と書くことができ，最小二乗法による残差ベクトルも $\boldsymbol{y}$ の線形変換によって記述できる．このことから，$\mathbf{P}$ を**残差行列**という．ここで，$\mathbf{H}$ のべき等性より，

$$\mathbf{P}^2 = (\mathbf{I}_n - \mathbf{H})(\mathbf{I}_n - \mathbf{H}) = \mathbf{I}_n - \mathbf{H} - \mathbf{H} + \mathbf{H}^2 = \mathbf{I}_n - \mathbf{H} = \mathbf{P}$$

となり，$\mathbf{P}$ もべき等行列である．

いま，$\mathbf{H}$ について，

$$\mathrm{tr}\ \mathbf{H} = \mathrm{tr}\ \mathbf{X}(\mathbf{X}^\top\mathbf{X})^{-1}\mathbf{X}^\top = \mathrm{tr}\ (\mathbf{X}^\top\mathbf{X})^{-1}\mathbf{X}^\top\mathbf{X} = m + 1 \tag{1.24}$$

が成り立つ．したがって，

$$\mathrm{tr}\ \mathbf{P} = \mathrm{tr}\ \mathbf{I}_n - \mathrm{tr}\ \mathbf{H} = n - (m + 1) \tag{1.25}$$

である．

1.6.2　最小二乗誤差和と説明変数の数

ここでは，前項の幾何学的解釈からわかることとして，最小二乗誤差和 $S(\widehat{\boldsymbol{\beta}})$ と説明変数の数との関係を述べておく．

一般に，パラメータ数（したがって，説明変数の数）を増やすと回帰式（モデル）は複雑になる．例えば，2 個の説明変数 (x_1, x_2) からなる回帰式において，$x_2 = 0$ と考えれば，説明変数 x_1 のみの回帰式が特殊な場合として得られるから，前者は後者を含むという意味で複雑である．回帰式が複雑な関係まで表現できるとき，その回帰式は**自由度**が高いという．すなわち，回帰式の自由度が高ければ，表現できる関係のバラエティが増えることになる．

説明変数の数を増やすときに，$\mathbf{X}$ の列ベクトルは常に線形独立になるものとする（定数項があれば，それに対応する列ベクトルを含める）．$\mathbf{X}$ の列ベクトルは n 次元ベクトルであるから，そうした説明変数は n 個までとれる．このとき，説明変数を増やすことは，線形部分空間 $L(\mathbf{X})$ が $\mathbb{R}^n$ の中で広がることを意味する．したがって，$\boldsymbol{y}$ と $L(\mathbf{X})$ との距離は説明変数が増えるにつれて単調に小さくなると考えてよい．$\mathbf{X}\widehat{\boldsymbol{\beta}}$ が $\boldsymbol{y}$ の $L(\mathbf{X})$ への直交射影であったことから，このことは，最小二乗誤差和が説明変数の増加に伴い，単調に減少することを意味する．もし，$m = n - 1$ であれば，$L(\mathbf{X}) = \mathbb{R}^n$ であるから，$\boldsymbol{y} \in L(\mathbf{X})$，すなわち，$\boldsymbol{y} - \mathbf{X}\widehat{\boldsymbol{\beta}} = \mathbf{0}$ である．

この議論の重要な点は，説明変数が真の回帰式に無関係であっても，$\mathbf{X}$ の列ベクトルが互いに線形独立であるようにとれば，最小二乗誤差和は小さくできることにある．したがって，逆に考えると，説明変数を追加して，最小二乗誤差和が減少するからといって，その説明変数が重要であるとは限らないことに注意する必要がある．

例えば，中古マンションの価格に対して，築年数や広さは重要な要因と考えてよいが，物件情報を公開した日の平均気温は（多分）関係しないと考えられる．しかしながら，平均気温を説明変数に加えても最小二乗誤差和は減少する（ただし，減少の度合いは小さいだろう）．一般に，目的変数の傾向をとらえるのに，どの説明変数が必要かは前述した変数選択の問題である．上述したことは，最小二乗推定の下では，変数選択が重要となることを意味している．変数選択の詳細については次章で説明する．

1.6.3　実現可能性

我々は，真の回帰式を知らないので（むしろ知りたい対象），とりあえず，どの説明変数を用いるかは我々が決めることになる．その説明変数によって，想定した回帰式が真の回帰式を表現できるときもあるし，そうでないときもある．この点は変数選択を考える上で重要なので，もう少し詳しく説明しておく．

いま，例えば，説明変数として x_1, x_2, x_3 が与えられており，真の回帰式は $f^*(x_1, x_2, x_3) = 1 - 2x_2$ であるとする．このとき，(x_1, x_3) は目的変数に影響を及ぼしていないので，本来は必要のない変数である．いま，$\boldsymbol{\beta}_k = (\beta_0, \ldots, \beta_k)$ と定義する．ただし，$\boldsymbol{\beta}_0 = \beta_0$ とする．ここで，$x_0, \ldots, x_m$ を用いた回帰式（モデル）は，$x_0 = 1$ として，$f_{\boldsymbol{\beta}_m}(x_0, \ldots, x_m) = \sum_{k=0}^{m} \beta_k x_k$ である．この表現の下で，$f_{\boldsymbol{\beta}_0}$ と $f_{\boldsymbol{\beta}_1}$ は，どんなに頑張っても真の回帰式 $1 - 2x_2$ を表すことはできない．一方で，$f_{\boldsymbol{\beta}_2}$ では $\boldsymbol{\beta}_2 = (1, 0, -2)$，$f_{\boldsymbol{\beta}_3}$ では $\boldsymbol{\beta}_3 = (1, 0, -2, 0)$ とセットすれば，モデルによって真の回帰式を表すことができる．ここで，$(1, 0, -2)$ は x_0, x_1, x_2 を用いたときのパラメータの真値であり，$(1, 0, -2, 0)$ は x_0, x_1, x_2, x_3 を用いたときのパラメータの真値である．このように，用いる説明変数によって，真の回帰式を表せるときと表せないときがある．

ここでは，真の回帰式をモデルによって表せるとき（そうした変数を用いているとき）を「(真の回帰式が）**実現可能**である」ということにする．別の言い方をすると，上の表現において，$\mathcal{F}_m = \{f_{\boldsymbol{\beta}} \mid \boldsymbol{\beta} \in \mathbb{R}^{m+1}\}$ なるモデルの集まりを考えたとき，$f^* \in \mathcal{F}_m$ ならば（真の回帰式は）実現可能であるということにする．多くの線形回帰の教科書では，真の回帰式が $\mathbf{X}\boldsymbol{\beta}^*$ である加法雑音モデルによって $\boldsymbol{y}$ が生成されているとしている．この下で，$\mathbf{X}\boldsymbol{\beta}$ という回帰式を想定し，$\boldsymbol{\beta}^*$ を推定する問題として定式化される．これは，実現可能性を仮定して議論していることに他ならない．

ただし，次章で説明するモデル選択においては，想定した説明変数で真の回帰式が表現できないとき，すなわち，実現可能でないときも考える必要が生じる．

1.6.4 最小二乗推定量の統計的性質

一般に，サンプルの関数を**統計量**という．最小二乗推定量は統計量であり，したがって，サンプルの確率的な変動に伴い，それ自身も確率的に変動する．ここでは，その性質をみておく．なお，ここでの期待値計算については付録 B.1 節および B.2 節を参照してほしい．

$\boldsymbol{f}_* = (f^*(\boldsymbol{x}_1), \ldots, f^*(\boldsymbol{x}_n))^\top$ および $\boldsymbol{\varepsilon} = (\varepsilon_1, \ldots, \varepsilon_n)^\top$ と定義すると，式 (1.3) は，

$$\boldsymbol{y} = \boldsymbol{f}_* + \boldsymbol{\varepsilon}$$

と書ける．いま，加法雑音の性質 (1.4) と (1.5) より，

$$\mathbb{E}_{\boldsymbol{\varepsilon}}\left[\boldsymbol{\varepsilon}\right] = \boldsymbol{0}_n$$
$$\mathbb{E}_{\boldsymbol{\varepsilon}}\left[\boldsymbol{\varepsilon}\boldsymbol{\varepsilon}^\top\right] = \sigma^2\mathbf{I}_n$$

であることに注意する．ここで，$\mathbb{E}_{\boldsymbol{\varepsilon}}$ は $\boldsymbol{\varepsilon}$ の同時確率分布に関する期待値を意味するものとする．

線形回帰では，通常，$\boldsymbol{x}_1, \ldots, \boldsymbol{x}_n$ は非確率変数として議論を進める．このとき，$\boldsymbol{x}_1, \ldots, \boldsymbol{x}_n$ が与えられたときの $\boldsymbol{y}$ の同時確率分布 $P(\boldsymbol{y}|\boldsymbol{x}_1, \ldots, \boldsymbol{x}_n)$ について，$\boldsymbol{\varepsilon}$ の性質より，平均は $\boldsymbol{f}_*$ で，分散共分散行列は $\sigma^2\mathbf{I}_n$ となることが簡単にわかる．以下の議論は，$\boldsymbol{y}$ の分布に関して考えることもできるが，わかりやすさのため $\boldsymbol{\varepsilon}$ の分布に関して考える．このとき，$\mathbb{E}_{\boldsymbol{\varepsilon}}$ を「サンプルの分布に関する期待値」と呼ぶこととし，簡単のため，以下では，単に $\mathbb{E}$ と書くことにする．

まず，最小二乗推定量の平均について，

$$\begin{aligned}
\overline{\boldsymbol{\beta}} := \mathbb{E}\left[\widehat{\boldsymbol{\beta}}\right] &= \mathbb{E}\left[(\mathbf{X}^\top\mathbf{X})^{-1}\mathbf{X}^\top\boldsymbol{y}\right] = \mathbb{E}\left[(\mathbf{X}^\top\mathbf{X})^{-1}\mathbf{X}^\top(\boldsymbol{f}_* + \boldsymbol{\varepsilon})\right] \\
&= \mathbb{E}\left[(\mathbf{X}^\top\mathbf{X})^{-1}\mathbf{X}^\top\boldsymbol{f}_* + (\mathbf{X}^\top\mathbf{X})^{-1}\mathbf{X}^\top\boldsymbol{\varepsilon}\right] \\
&= (\mathbf{X}^\top\mathbf{X})^{-1}\mathbf{X}^\top\boldsymbol{f}_* + (\mathbf{X}^\top\mathbf{X})^{-1}\mathbf{X}^\top\mathbb{E}\left[\boldsymbol{\varepsilon}\right] \\
&= (\mathbf{X}^\top\mathbf{X})^{-1}\mathbf{X}^\top\boldsymbol{f}_* \qquad (1.26)
\end{aligned}$$

を得る．このとき，

$$\widehat{\boldsymbol{\beta}} - \overline{\boldsymbol{\beta}} = (\mathbf{X}^\top\mathbf{X})^{-1}\mathbf{X}^\top\boldsymbol{y} - (\mathbf{X}^\top\mathbf{X})^{-1}\mathbf{X}^\top\boldsymbol{f}_* = (\mathbf{X}^\top\mathbf{X})^{-1}\mathbf{X}^\top\boldsymbol{\varepsilon}$$

だから，推定量の分散共分散行列は，

$$\begin{aligned}
\mathbb{V}[\widehat{\boldsymbol{\beta}}] &:= \mathbb{E}\left[(\widehat{\boldsymbol{\beta}} - \overline{\boldsymbol{\beta}})(\widehat{\boldsymbol{\beta}} - \overline{\boldsymbol{\beta}})^\top\right] \\
&= \mathbb{E}\left[(\mathbf{X}^\top\mathbf{X})^{-1}\mathbf{X}^\top\boldsymbol{\varepsilon})(\mathbf{X}^\top\mathbf{X})^{-1}\mathbf{X}^\top\boldsymbol{\varepsilon})^\top\right] \\
&= (\mathbf{X}^\top\mathbf{X})^{-1}\mathbf{X}^\top\mathbb{E}\left[\boldsymbol{\varepsilon}\boldsymbol{\varepsilon}^\top\right]\mathbf{X}(\mathbf{X}^\top\mathbf{X})^{-1} \\
&= \sigma^2(\mathbf{X}^\top\mathbf{X})^{-1} \qquad (1.27)
\end{aligned}$$

となる．この結果より，加法雑音の確率分布として正規分布 $N(0,\sigma^2)$ を仮定すれば，最小二乗推定量は加法雑音の線形変換となるから，

$$\widehat{\boldsymbol{\beta}} \sim N(\overline{\boldsymbol{\beta}}, \sigma^2(\mathbf{X}^\top\mathbf{X})^{-1}) \tag{1.28}$$

が成り立つ（[6] など）．

特に，実現可能であれば，真のパラメータ $\boldsymbol{\beta}^*$ が存在して，$\boldsymbol{f}_* = \mathbf{X}\boldsymbol{\beta}^*$ と書けるから，

$$\overline{\boldsymbol{\beta}} = (\mathbf{X}^\top\mathbf{X})^{-1}\mathbf{X}^\top\boldsymbol{f}_* = (\mathbf{X}^\top\mathbf{X})^{-1}\mathbf{X}^\top\mathbf{X}\boldsymbol{\beta}^* = \boldsymbol{\beta}^* \tag{1.29}$$

が成立する．すなわち，パラメータの真値が存在するとき，最小二乗推定量はその真値の不偏推定量である．最小二乗推定量は，まず，この意味で妥当な推定量であるといえる．

一方で，$\mathbf{A}$ を $(m+1)\times n$ 行列として，$\widetilde{\boldsymbol{\beta}} = (\widetilde{\beta}_0,\ldots,\widetilde{\beta}_m)^\top = \mathbf{A}\boldsymbol{y}$ の形で表される推定量を線形推定量と呼んだ．最小二乗推定量は $\mathbf{A} = (\mathbf{X}^\top\mathbf{X})^{-1}\mathbf{X}^\top$ とした線形推定量である．いま，実現可能な場合は，

$$\mathbb{E}\left[\widetilde{\boldsymbol{\beta}}\right] = \mathbb{E}\left[\mathbf{A}\boldsymbol{y}\right] = \mathbb{E}\left[\mathbf{A}\mathbf{X}\boldsymbol{\beta}^* + \mathbf{A}\boldsymbol{\varepsilon}\right] = \mathbf{A}\mathbf{X}\boldsymbol{\beta}^*$$

であるから，線形推定量が不偏であるためには $\mathbf{A}\mathbf{X}\boldsymbol{\beta}^* = \boldsymbol{\beta}^*$ が成り立つ必要がある．したがって，$\mathbf{A}\mathbf{X} = \mathbf{I}_{m+1}$ が成り立つ必要がある．これより，$\mathbf{B} = \mathbf{A} - (\mathbf{X}^\top\mathbf{X})^{-1}\mathbf{X}^\top$ とおくと，

$$\begin{aligned}
\mathbf{B}\mathbf{B}^\top &= (\mathbf{A} - (\mathbf{X}^\top\mathbf{X})^{-1}\mathbf{X}^\top)(\mathbf{A} - (\mathbf{X}^\top\mathbf{X})^{-1}\mathbf{X}^\top)^\top \\
&= \mathbf{A}\mathbf{A}^\top - (\mathbf{A}\mathbf{X})(\mathbf{X}^\top\mathbf{X})^{-1} - (\mathbf{X}^\top\mathbf{X})^{-1}(\mathbf{A}\mathbf{X})^\top + (\mathbf{X}^\top\mathbf{X})^{-1} \\
&= \mathbf{A}\mathbf{A}^\top - (\mathbf{X}^\top\mathbf{X})^{-1} - (\mathbf{X}^\top\mathbf{X})^{-1} + (\mathbf{X}^\top\mathbf{X})^{-1} \\
&= \mathbf{A}\mathbf{A}^\top - (\mathbf{X}^\top\mathbf{X})^{-1}
\end{aligned}$$

が成り立つ．したがって，$\mathbb{V}[\widetilde{\boldsymbol{\beta}}] := \mathbb{E}\left[(\widetilde{\boldsymbol{\beta}} - \boldsymbol{\beta}^*)(\widetilde{\boldsymbol{\beta}} - \boldsymbol{\beta}^*)^\top\right]$ とおくと，式 (1.27) と同様にして $\mathbb{V}[\widetilde{\boldsymbol{\beta}}] = \sigma^2\mathbf{A}\mathbf{A}^\top$ が示せるので，式 (1.27) と合わせて，

$$\mathbb{V}[\widetilde{\boldsymbol{\beta}}] - \mathbb{V}[\widehat{\boldsymbol{\beta}}] = \sigma^2(\mathbf{A}\mathbf{A}^\top - (\mathbf{X}^\top\mathbf{X})^{-1}) = \sigma^2\mathbf{B}\mathbf{B}^\top$$

が成立する．

このとき，任意の $\boldsymbol{u} = (u_0,\ldots,u_m)^\top$ に対して，$\boldsymbol{u}^\top\mathbf{B}\mathbf{B}^\top\boldsymbol{u} = (\mathbf{B}^\top\boldsymbol{u})^\top(\mathbf{B}^\top\boldsymbol{u}) \geq 0$ である．この性質を満たす行列を**半正定値行列**という．すなわち，任意の線形不偏推定量 $\widetilde{\boldsymbol{\beta}}$ に対して，$\mathbb{V}[\widetilde{\boldsymbol{\beta}}] - \mathbb{V}[\widehat{\boldsymbol{\beta}}]$ は半正定値行列である．これを**ガウス・マルコフの定理**という．一般に，この性質をもつ推定量を**最良線形不偏推定量**という．すなわち，最小二乗推定量は最良線形不偏推定量である．

いま，ガウス・マルコフの定理により，任意の不偏推定量 $\widetilde{\boldsymbol{\beta}}$ と任意の $\boldsymbol{c} = (c_0,\ldots,c_m)^\top$ に対して，

$$\begin{aligned}
\mathbb{E}[(\boldsymbol{c}^\top\widetilde{\boldsymbol{\beta}} - \boldsymbol{c}^\top\boldsymbol{\beta}^*)^2] - \mathbb{E}[(\boldsymbol{c}^\top\widehat{\boldsymbol{\beta}} - \boldsymbol{c}^\top\boldsymbol{\beta}^*)^2] &= \boldsymbol{c}^\top\mathbb{V}[\widetilde{\boldsymbol{\beta}}]\boldsymbol{c} - \boldsymbol{c}^\top\mathbb{V}[\widehat{\boldsymbol{\beta}}]\boldsymbol{c} \\
&= \boldsymbol{c}^\top(\mathbb{V}[\widetilde{\boldsymbol{\beta}}] - \mathbb{V}[\widehat{\boldsymbol{\beta}}])\boldsymbol{c} \geq 0
\end{aligned}$$

となる．例えば，$\boldsymbol{c}$ を k 番目の要素のみが 1 で，それ以外は 0 であるベクトルとすると，上式は $\widetilde{\beta}_k$ の分散が $\widehat{\beta}_k$ の分散より大きいことを述べている．このことから，ガウス・マルコフの定理は，直感

的には，最小二乗推定量が分散を最小とする推定量となっていることを述べていると解釈できる．このことから，最小二乗推定量は線形不偏推定量の中では良い推定量である．なお，こうした統計的性質と予測との関係は次章で扱う．

1.7 寄与率

最小二乗推定はサンプルとの誤差を小さくする回帰式を求める方法であったが，実際に推定された回帰式がサンプルにフィットしているかどうかは客観的に確かめる必要がある．その指標として寄与率がある．

線形回帰式 $f_{\boldsymbol{\beta}}$ に対して，$\boldsymbol{f}_{\boldsymbol{\beta}} = (f_{\boldsymbol{\beta}}(\boldsymbol{x}_1), \ldots, f_{\boldsymbol{\beta}}(\boldsymbol{x}_n))^\top$ と定義する．$\boldsymbol{f}_{\boldsymbol{\beta}} = \mathbf{X}\boldsymbol{\beta}$ である．この平均を $\widehat{\mu}_{\boldsymbol{\beta}} := \boldsymbol{f}_{\boldsymbol{\beta}}^\top \mathbf{1}_n/n$ と定義する．また，$\boldsymbol{y}$ のサンプル平均を $\widehat{\mu}_y = \boldsymbol{y}^\top \mathbf{1}_n/n$ とする．$\boldsymbol{y}$ と $\boldsymbol{f}_{\widehat{\boldsymbol{\beta}}}$ の相関係数

$$\widehat{\mathrm{Cor}}(\boldsymbol{y}, \boldsymbol{f}_{\widehat{\boldsymbol{\beta}}}) = \frac{(\boldsymbol{y} - \widehat{\mu}_y \mathbf{1}_n)^\top (\boldsymbol{f}_{\widehat{\boldsymbol{\beta}}} - \widehat{\mu}_{\widehat{\boldsymbol{\beta}}} \mathbf{1}_n)}{\|\boldsymbol{y} - \widehat{\mu}_y \mathbf{1}_n\| \|\boldsymbol{f}_{\widehat{\boldsymbol{\beta}}} - \widehat{\mu}_{\widehat{\boldsymbol{\beta}}} \mathbf{1}_n\|} \tag{1.30}$$

を**重相関係数**といい，R で表す．重相関係数は，推定された回帰式が推定に用いたサンプルにどの程度当てはまっているかを表す指標である．すなわち，R が 1 に近いとき（サンプル $\boldsymbol{y}$ と推定した回帰式 $\boldsymbol{f}_{\widehat{\boldsymbol{\beta}}}$ が近いとき），$\boldsymbol{f}_{\widehat{\boldsymbol{\beta}}}$ の $\boldsymbol{y}$ に対する当てはまりは良いと考えることができる．このとき，R^2 を**寄与率**という．重相関係数の性質から，寄与率が 1 に近いほど線形回帰式の（与えられた）サンプルに対する当てはまりは良い．例えば，直線回帰において，ある程度サンプル数が多く，寄与率が大きいときには，妥当な直線であるといえる．

一方で，残差二乗和もフィッティングの度合いを表す指標である．そこで，定数項がある場合について，寄与率と残差二乗和 $S(\widehat{\boldsymbol{\beta}})$ の関係を述べる．このとき，$x_{i,0} = 1$ である．最小二乗推定量の定義より，デザイン行列 $\mathbf{X}$ の第 $k+1$ 列ベクトル $\mathbf{X}_k$ のサンプル平均を $\widehat{\mu}_k = \mathbf{X}_k^\top \mathbf{1}_n/n$ とすると，定数項を考えたとき，

$$\frac{\partial S(\boldsymbol{\beta})}{\partial \beta_0} = -2\sum_{i=1}^{n}(y_i - \sum_{k=0}^{m}\widehat{\beta}_k x_{i,k}) \cdot 1 = -2n\widehat{\mu}_y + 2n\sum_{k=0}^{m}\widehat{\beta}_k \widehat{\mu}_k = 0$$

が満たされているから，

$$\widehat{\mu}_y = \sum_{k=0}^{m}\widehat{\beta}_k \widehat{\mu}_k$$

である．一方，線形回帰式 $f_{\boldsymbol{\beta}}$ の定義より，

$$\widehat{\mu}_{\widehat{\boldsymbol{\beta}}} = \frac{1}{n}\sum_{i=1}^{n}\left(\sum_{k=0}^{m}\widehat{\beta}_k x_{i,k}\right) = \sum_{k=0}^{m}\widehat{\beta}_k \widehat{\mu}_k$$

である．したがって，

$$\widehat{\mu}_{\widehat{\boldsymbol{\beta}}} = \widehat{\mu}_y \tag{1.31}$$

が成り立つ．このとき，$\mathbf{H}$ のべき等性と式 (1.31) より，

$$
\begin{aligned}
(\boldsymbol{y}-\mathbf{X}\widehat{\boldsymbol{\beta}})^\top(\mathbf{X}\widehat{\boldsymbol{\beta}}-\widehat{\mu}_y\mathbf{1}_n) &= \boldsymbol{y}^\top\mathbf{X}\widehat{\boldsymbol{\beta}}-n\widehat{\mu}_y^2-\widehat{\boldsymbol{\beta}}^\top\mathbf{X}^\top\mathbf{X}\widehat{\boldsymbol{\beta}}+n\widehat{\mu}_y\widehat{\mu}_{\widehat{\boldsymbol{\beta}}} \\
&= \boldsymbol{y}^\top\mathbf{H}\boldsymbol{y}-\boldsymbol{y}^\top\mathbf{H}^2\boldsymbol{y}-n\widehat{\mu}_y^2+n\widehat{\mu}_y^2=\boldsymbol{y}^\top\mathbf{H}\boldsymbol{y}-\boldsymbol{y}^\top\mathbf{H}\boldsymbol{y}=0
\end{aligned}
$$

が成り立つから，

$$
\begin{aligned}
S_y &:= \|\boldsymbol{y}-\widehat{\mu}_y\mathbf{1}_n\|^2 \\
S_f &:= \|\boldsymbol{f}_{\widehat{\boldsymbol{\beta}}}-\widehat{\mu}_{\widehat{\boldsymbol{\beta}}}\mathbf{1}_n\|^2=\|\mathbf{X}\widehat{\boldsymbol{\beta}}-\widehat{\mu}_{\widehat{\boldsymbol{\beta}}}\mathbf{1}_n\|^2
\end{aligned}
$$

と定義すると，

$$
S_y=\|\boldsymbol{y}-\mathbf{X}\widehat{\boldsymbol{\beta}}+\mathbf{X}\widehat{\boldsymbol{\beta}}-\widehat{\mu}_y\mathbf{1}_n\|^2=S(\widehat{\boldsymbol{\beta}})+\|\mathbf{X}\widehat{\boldsymbol{\beta}}-\widehat{\mu}_y\mathbf{1}_n\|^2=S(\widehat{\boldsymbol{\beta}})+S_f \tag{1.32}
$$

となる．一方，残差二乗和について，

$$
\begin{aligned}
S(\widehat{\boldsymbol{\beta}}) &= \|\boldsymbol{y}-\widehat{\mu}_y\mathbf{1}_n+\widehat{\mu}_y\mathbf{1}_n-\mathbf{X}\widehat{\boldsymbol{\beta}}\|^2 \\
&= \|\boldsymbol{y}-\widehat{\mu}_y\mathbf{1}_n\|^2+\|\widehat{\mu}_{\widehat{\boldsymbol{\beta}}}\mathbf{1}_n-\mathbf{X}\widehat{\boldsymbol{\beta}}\|^2-2(\boldsymbol{y}-\widehat{\mu}_y\mathbf{1}_n)^\top(\mathbf{X}\widehat{\boldsymbol{\beta}}-\widehat{\mu}_{\widehat{\boldsymbol{\beta}}}\mathbf{1}_n) \\
&= S_y+S_f-2(\boldsymbol{y}-\widehat{\mu}_y\mathbf{1}_n)^\top(\mathbf{X}\widehat{\boldsymbol{\beta}}-\widehat{\mu}_y\mathbf{1}_n)
\end{aligned} \tag{1.33}
$$

である．式 (1.32) と式 (1.33) より，重相関係数の式 (1.30) は，

$$
R=\frac{1}{2}\frac{S_y+S_f-S(\widehat{\boldsymbol{\beta}})}{\sqrt{S_yS_f}}=\frac{1}{2}\frac{S(\widehat{\boldsymbol{\beta}})+S_f+S_f-S(\widehat{\boldsymbol{\beta}})}{\sqrt{S_yS_f}}=\sqrt{\frac{S_f}{S_y}} \tag{1.34}
$$

となり，したがって，寄与率は

$$
R^2=\frac{S_f}{S_y} \tag{1.35}
$$

となる．

このとき，式 (1.34) から明らかなように，$R \geq 0$ である．すなわち，重相関係数は常に非負であるため，最小二乗推定により，少なくとも，目的変数のサンプルに何かしらの関係性をもつ回帰式が求められることを意味している．

また，上式は，式 (1.32) より，

$$
R^2=\frac{S_y-S(\widehat{\boldsymbol{\beta}})}{S_y}=1-\frac{S(\widehat{\boldsymbol{\beta}})}{S_y} \tag{1.36}
$$

と書ける．前節で述べたように，残差二乗和は説明変数を増やすと単調に減少するため，寄与率は1に近づく．

一般には，寄与率が1に近いほど，回帰式のサンプルに対する当てはまりは良くなる．これは事実であるが，後述するように，そのことは，必ずしも，回帰式が妥当な説明変数を含んでいることを意味しているわけではない点に注意しておく必要がある．

一方で，寄与率が低いならば，回帰式はサンプルに当てはまっていない．このとき，回帰式が単純すぎることや，想定した回帰式ではそもそもサンプルの傾向をとらえられないことがわかる．

以上をまとめると，まず，寄与率が小さいときは回帰式の見直しが必要である．一方で，説明変数の数が多いと，寄与率は自動的に大きくなるため，寄与率が大きい場合には注意が必要である．この場合の説明変数の妥当性の評価については次章で説明する．

1.8　個々の説明変数の評価

寄与率はモデルのサンプルへの当てはまりを示す指標であるが，それは，個々の説明変数の関連の度合いについては教えてくれない．ここでは，個々の説明変数の寄与の度合いを評価する方法を示す．

1.8.1　標準偏回帰係数

x_k の係数の最小二乗推定量 $\widehat{\beta}_k$ について，その絶対値が非常に小さかったとする．このとき，対応する x_k は y との関連性が低いと結論されるかもしれない．すなわち，最小二乗推定量の絶対値の大小によって y に関連しない説明変数を除くことができ，逆に，y に関連する説明変数（要因）を明らかにすることができる可能性がある．しかしながら，$|\widehat{\beta}_k|$ が小さくても，$|x_k|$ の値が非常に大きいとき，$\widehat{\beta}_k x_k$ の値は y に寄与している可能性もあるため，単純に，対応する係数の推定量の絶対値によって説明変数の重要性を判断することは難しい．なお，この問題は，説明変数や目的変数の単位が揃っていないために生じると考えることもできる．そこで，サンプルを標準化した下での最小二乗推定を考える．

定数項を含むモデルを考え，$k \geq 1$ に対して，標準化されたサンプル

$$u_{i,k} := \frac{x_{i,k} - \widehat{\mu}_k}{\widehat{\sigma}_k}$$

$$z_i := \frac{y_i - \widehat{\mu}_y}{\widehat{\sigma}_y}$$

を考える．ただし，$\widehat{\mu}_y$ および $\widehat{\sigma}_y^2$ は $\boldsymbol{y}$ のサンプル平均およびサンプル標準偏差であり，$\widehat{\mu}_k$ および $\widehat{\sigma}_k^2$ はデザイン行列の第 $k+1$ 列ベクトル $\mathbf{X}_k$ のサンプル平均およびサンプル標準偏差である．この変換によって，各変数のサンプル平均は 0，サンプル標準偏差は 1 となる．

さて，$\mathbf{W}_2$ を (i,k) 要素が $x_{i,k} - \widehat{\mu}_k$ である $n \times m$ 行列とする．$\mathbf{S}_x$ を (k,k) 要素が $\widehat{\sigma}_k$ である対角行列とする．また，$\boldsymbol{z} = \boldsymbol{y} - \widehat{\mu}_y \mathbf{1}_n$ とする．標準化されたサンプルの下でのデザイン行列は，$\mathbf{W} = [\mathbf{1}_n \ \ \mathbf{W}_2 \mathbf{S}_x^{-1}]$ である．このとき，$\mathbf{W}_2 \mathbf{S}_x^{-1}$ の要素は標準化されていることから，

$$\mathbf{W}^\top \mathbf{W} = \begin{pmatrix} n & \mathbf{0}_m^\top \\ \mathbf{0}_m & \mathbf{S}_x^{-1}(\mathbf{W}_2^\top \mathbf{W}_2)\mathbf{S}_x^{-1} \end{pmatrix}$$

となり，ブロック行列の逆行列（例えば [38, 41]）より，

$$(\mathbf{W}^\top \mathbf{W})^{-1} = \begin{pmatrix} 1/n & \mathbf{0}_m^\top \\ \mathbf{0}_m & \mathbf{S}_x(\mathbf{W}_2^\top \mathbf{W}_2)^{-1}\mathbf{S}_x \end{pmatrix}$$

となる．したがって，標準化されたサンプルの下での最小二乗推定量は，

$$\widetilde{\boldsymbol{\beta}} = (\mathbf{W}^\top \mathbf{W})^{-1}\mathbf{W}^\top (\boldsymbol{z}/\widehat{\sigma}_y) = \frac{1}{\widehat{\sigma}_y} \begin{pmatrix} 0 \\ \mathbf{S}_x(\mathbf{W}_2^\top \mathbf{W}_2)^{-1}\mathbf{W}_2^\top \boldsymbol{z} \end{pmatrix}$$

となる．ここで，$\widetilde{\boldsymbol{\beta}} = (\widetilde{\beta}_0, \widetilde{\beta}_1, \ldots, \widetilde{\beta}_m)^\top$ とする．この式より，定数項の係数について $\widetilde{\beta}_0 = 0$ であ

り，各変数の係数について $\widetilde{\boldsymbol{\beta}}_2 = (\widetilde{\beta}_1, \ldots, \widetilde{\beta}_m)^\top$ とすると，

$$\widetilde{\boldsymbol{\beta}}_2 = \frac{1}{\widehat{\sigma}_y} \mathbf{S}_x (\mathbf{W}_2^\top \mathbf{W}_2)^{-1} \mathbf{W}_2^\top \boldsymbol{z} \tag{1.37}$$

である．標準化されたサンプルの下での係数 $\widetilde{\boldsymbol{\beta}}_2$ を**標準偏回帰係数**という．

一方，$\mathbf{X}_2$ を (i,k) 要素が $x_{i,k}$ である $n \times m$ 行列とすると，通常のデザイン行列は $\mathbf{X} = (\mathbf{1}_n, \mathbf{X}_2)$ と書ける．このとき，$\widehat{\boldsymbol{\mu}}_2 = (\widehat{\mu}_1, \ldots, \widehat{\mu}_m)^\top$ とおくと，

$$\mathbf{X}^\top \mathbf{X} = \begin{pmatrix} n & n\widehat{\boldsymbol{\mu}}_2^\top \\ n\widehat{\boldsymbol{\mu}}_2 & \mathbf{X}_2^\top \mathbf{X}_2 \end{pmatrix}$$

である．ここで，

$$\sum_{i=1}^n (x_{i,k} - \widehat{\mu}_k)(x_{i,l} - \widehat{\mu}_l) = \sum_{i=1}^n x_{i,k} x_{i,l} - n\widehat{\mu}_k \widehat{\mu}_l$$

に注意すると，$\mathbf{X}_2^\top \mathbf{X}_2 - n\widehat{\mu}_2 \widehat{\mu}_2^\top = \mathbf{W}_2^\top \mathbf{W}_2$ が成り立つから，ブロック行列の逆行列より，

$$(\mathbf{X}^\top \mathbf{X})^{-1} = \begin{pmatrix} 1/n + n^2 \boldsymbol{\mu}_2^\top (\mathbf{W}_2^\top \mathbf{W}_2)^{-1} \boldsymbol{\mu}_2 & -\boldsymbol{\mu}_2^\top (\mathbf{W}_2^\top \mathbf{W}_2)^{-1} \\ -\boldsymbol{\mu}_2^\top (\mathbf{W}_2^\top \mathbf{W}_2)^{-1} & (\mathbf{W}_2^\top \mathbf{W}_2)^{-1} \end{pmatrix}$$

となる．$\widehat{\boldsymbol{\beta}}_2 = (\widehat{\beta}_1, \ldots, \widehat{\beta}_m)^\top$ と定義すると，$\widehat{\boldsymbol{\beta}} = (\widehat{\beta}_0, \widehat{\boldsymbol{\beta}}_2^\top)^\top$ である．したがって，

$$\sum_{i=1}^n (x_{i,k} - \widehat{\mu}_k)(y_i - \widehat{\mu}_y) = \sum_{i=1}^n x_{i,k} y_i - \widehat{\mu}_k \widehat{\mu}_y$$

に注意すると，

$$\begin{aligned} \begin{pmatrix} \widehat{\beta}_0 \\ \widehat{\boldsymbol{\beta}}_2 \end{pmatrix} &= \begin{pmatrix} 1/n + n^2 \boldsymbol{\mu}_2^\top (\mathbf{W}_2^\top \mathbf{W}_2)^{-1} \boldsymbol{\mu}_2 & -\boldsymbol{\mu}_2^\top (\mathbf{W}_2^\top \mathbf{W}_2)^{-1} \\ -\boldsymbol{\mu}_2^\top (\mathbf{W}_2^\top \mathbf{W}_2)^{-1} & (\mathbf{W}_2^\top \mathbf{W}_2)^{-1} \end{pmatrix} \begin{pmatrix} \mathbf{1}_n^\top \\ \mathbf{X}_2^\top \end{pmatrix} \boldsymbol{y} \\ &= \begin{pmatrix} \widehat{\mu}_y - \boldsymbol{\mu}_2^\top (\mathbf{W}_2^\top \mathbf{W}_2)^{-1} (\mathbf{X}_2^\top \boldsymbol{y} - n\widehat{\mu}_y \boldsymbol{\mu}_2) \\ (\mathbf{W}_2^\top \mathbf{W}_2)^{-1} (\mathbf{X}_2^\top \boldsymbol{y} - n\widehat{\mu}_y \boldsymbol{\mu}_2) \end{pmatrix} = \begin{pmatrix} \widehat{\mu}_y - \boldsymbol{\mu}_2^\top \widehat{\boldsymbol{\beta}}_2 \\ (\mathbf{W}_2^\top \mathbf{W}_2)^{-1} \mathbf{W}_2^\top \boldsymbol{z} \end{pmatrix} \end{aligned} \tag{1.38}$$

となる．よって，式 (1.37) および式 (1.38) より，標準偏回帰係数 $\widetilde{\boldsymbol{\beta}}_2$ と偏回帰係数 $\widehat{\boldsymbol{\beta}}_2$ の間には，

$$\widetilde{\boldsymbol{\beta}}_2 = \frac{1}{\widehat{\sigma}_y} \mathbf{S}_x \widehat{\boldsymbol{\beta}}_2$$

なる関係があり，したがって，

$$\widetilde{\beta}_k = \frac{\widehat{\sigma}_k}{\widehat{\sigma}_y} \widehat{\beta}_k, \quad k = 1, \ldots, m$$

となる．以上より，標準回帰係数を求めるためには，サンプルを標準化してから最小二乗推定量を計算する必要はなく，最小二乗推定量（偏回帰係数）から標準回帰係数を直接計算することができる．

2 変量の重回帰を例として，コード 1.6 に，偏回帰係数から計算した標準偏回帰係数と標準化されたサンプルの下での偏回帰係数を計算する R スクリプトを示す．このスクリプトの説明は以下のとおりである．

```
1  # サンプルの生成
2  set.seed(2017)
3  n <- 100
4  x1 <- runif(n, -2, 2)
5  x2 <- runif(n, -1, 1)
6  X <- cbind(rep(1, n), x1, x2)
7  tb <- c(2, 0, -1)
8  f <- X %*% tb
9  y <- f + rnorm(n, 0, 0.4)
10 # 最小二乗推定量の計算
11 ecoef <- solve(t(X) %*% X) %*% t(X) %*% y
12 # 偏標準回帰係数の計算
13 ecoef1 <- rbind(0, ecoef[2] * sd(x1) / sd(y), ecoef[3] * sd(x2) / sd(y))
14 cat("ecoef1␣:␣", ecoef1, "\n")
15 # 標準化されたサンプルの下での最小二乗推定量の計算
16 u1 <- (x1 - mean(x1)) / sd(x1)
17 u2 <- (x2 - mean(x2)) / sd(x2)
18 z <- (y - mean(y)) / sd(y)
19 U <- cbind(rep(1, n), u1, u2)
20 ecoef2 <- solve(t(U) %*% U) %*% t(U) %*% z
21 cat("ecoef2␣:␣", ecoef2, "\n")
```

コード 1.6 標準偏回帰係数の計算例

2 ～ 9 行目：サンプルを生成しており，デザイン行列は X としている．単回帰や多項式回帰と同様な部分も多いので細かいところは省略する．

11 行目：偏回帰係数（最小二乗推定量）を計算し，ecoef に代入している．

13 行目：ecoef から標準偏回帰係数を計算し，ecoef1 に代入している．

16 ～ 20 行目：サンプルを標準化し，標準化したデザイン行列 U の下で最小二乗推定量を計算し，ecoef2 に代入している．このとき，ecoef2 は標準偏回帰係数である．

このスクリプトを実行し，ecoef1 と ecoef2 が一致することを確かめてほしい（ただし，標準化されたサンプルの下での最小二乗推定量において，定数項の計算結果には数値的な計算誤差が生じることがある）．

1.8.2 偏回帰係数の p 値

標準偏回帰係数を求める以外に，特定の説明変数が目的変数に寄与しているかどうかを調べる方法として，統計的検定による方法がある（統計的検定については B.6 節を参照してほしい）．いま，実現可能な場合を考えると，変数 x_k の係数の真値（真のパラメータ値）β_k^* が存在する．このとき，$\beta_k^* \neq 0$ ならば x_k は目的変数に寄与している．そこで，適当な仮定の下で，偏回帰係数 $\widehat{\beta}_k$ を用いた検定により，$\beta_k^* \neq 0$ かどうかを調べることを考える．

いま，実現可能であるとして，加法雑音が独立に**正規分布** $N(0, \sigma^2)$ に従うことを仮定する．つまり，$\boldsymbol{\varepsilon} \sim N(\mathbf{0}_n, \sigma^2\mathbf{I}_n)$ とする（B.4 節を参照）．また，$\mathbf{X}^\top\mathbf{X}$ が正則であるとすると，式 (1.28) および式 (1.29) より，最小二乗推定量について，

$$\widehat{\boldsymbol{\beta}} \sim N(\boldsymbol{\beta}^*, \sigma^2(\mathbf{X}^\top\mathbf{X})^{-1}) \tag{1.39}$$

が成り立つ．$(\mathbf{X}^\top\mathbf{X})^{-1}$ の (k,k) 要素を v_k と書くことにする．このとき，

$$\widehat{\beta}_k \sim N(\beta_k^*, \sigma^2 v_k), \quad k = 0, 1, \ldots, m$$

である．したがって，

$$\frac{\widehat{\beta}_k - \beta_k^*}{\sigma\sqrt{v_k}} \sim N(0,1), \quad k = 0, 1, \ldots, m \tag{1.40}$$

である．一方，雑音分散 σ^2 の推定量として，

$$\widehat{\sigma}^2 := \frac{1}{n-(m+1)}\|\boldsymbol{y} - \mathbf{X}\widehat{\boldsymbol{\beta}}\|^2$$

を考える．次章に述べるように，実現可能ならば，これは σ^2 の不偏推定量である（すなわち，$\widehat{\sigma}^2$ は不偏分散である）．このとき，自由度 ν の χ^2 分布を $\chi^2(\nu)$ と表すと，

$$\frac{(n-(m+1))\widehat{\sigma}^2}{\sigma^2} \sim \chi^2(n-(m+1))$$

が示される（例えば [42]）．大雑把に言うと，これは，残差が $\boldsymbol{y} - \mathbf{X}\widehat{\boldsymbol{\beta}} = \mathbf{P}\boldsymbol{\varepsilon}$ となり，$\boldsymbol{\varepsilon}$ が多変量正規分布に従うことによる．さらに，$\widehat{\boldsymbol{\beta}}$ と $\widehat{\sigma}^2$ は独立であることも示される（例えば [42]）．したがって，自由度 ν の **t 分布**を $t(\nu)$ と表すと，

$$\frac{\widehat{\beta}_k - \beta_k^*}{\widehat{\sigma}\sqrt{v_k}} = \frac{(\widehat{\beta}_k - \beta_k^*)/(\sigma\sqrt{v_k})}{\sqrt{(n-(m+1))\widehat{\sigma}^2/\sigma^2}\sqrt{1/(n-(m+1))}} \sim t(n-(m+1)) \tag{1.41}$$

が成り立つ．

いま，$\beta_k^* = 0$ であれば，説明変数 x_k は目的変数に関係しない．そこで，$\beta_k^* = 0$ かどうかを判定するために，$H_0\ :\ \beta_k^* = 0$ を帰無仮説，$H_1\ :\ \beta_k^* \neq 0$ を対立仮説とする仮説検定を行うことを考える．上に述べたことより，検定統計量を

$$T_{n,m+1} := \frac{\widehat{\beta}_k}{\widehat{\sigma}\sqrt{v_k}} \tag{1.42}$$

とすると，これは帰無仮説の下で $t(n-(m+1))$ 分布に従う．したがって，t 検定を行うことができる．$T_{n,m+1}$ が t 検定における t 値である．

t 検定における各係数の p 値を求める数値例をコード 1.7 に示す．スクリプトの説明は以下のとおりである．

2 ～ 9 行目：サンプルを生成している．サンプルの生成については，コード 1.6 とほとんど同じなので解説を省略する．

11 ～ 12 行目：最小二乗推定量を計算し，`ecoef` に代入している．

14 行目：雑音分散の不偏推定量を計算し，`esigma2` に代入している．

16 行目：最小二乗推定量の分散を計算している．

18 ～ 19 行目：式 (1.42) による t 値を `tval` に代入し，t 分布の下で p 値を `pt` に代入している．

```
1  # サンプルの生成
2  set.seed(2017)
3  n <- 50
4  x1 <- runif(n, -2, 2)
5  x2 <- runif(n, -1, 1)
6  X <- cbind(rep(1, n), x1, x2)
7  tb <- c(1, 0, -0.5)
8  tf <- X %*% tb
9  y <- tf + rnorm(n, 0, 0.4)
10 # 最小二乗推定量の計算
11 V <- solve(t(X) %*% X)
12 ecoef <- V %*% t(X) %*% y
13 # 雑音分散の不偏推定量の計算
14 esigma2 <- sum((y - X %*% ecoef)^2) / (n - ncol(X))
15 # 最小二乗推定量の分散の計算
16 stderr <- sqrt(esigma2 * diag(V))
17 # t 値および p 値の計算
18 tval <- ecoef / stderr
19 pval <- 2 * pt(abs(tval), n - ncol(X), lower = F)
20 cat("pval␣:␣", pval, "\n")
```

コード 1.7　t 検定における p 値の計算例

この R スクリプトを実行して，pval の値を確認してほしい．ただし，絶対値の小さい数値の表記は Ve-W となり，これは $\mathtt{V} \times 10^{-\mathtt{W}}$ を意味する．この結果から，定数項と x2 の p 値は非常に小さく，x1 の p 値は比較的大きいことがわかる（例えば，1％検定であれば有意水準は 0.01 である）．このことから，定数項と x2 が必要な変数であり，x1 は必要でない変数であることが推測される．この例では，パラメータの真値 tb の設定（6 行目）から，x1 は不必要な変数である．したがって，この p 値の結果は妥当である．

一般には，ここでの定数項と x2 のように，対応する p 値が明らかに小さい値をとる変数は必要であると考えてよい（ただし，t 検定の妥当性がある程度保証される条件は必要である）．このとき，それらの変数の係数の値が大きいという意味ではなく，係数の値が零ではない（それらの変数は必要である）ことの信頼性が高いということを意味することに注意する．もちろん，変数の係数の絶対値が大きければ大きいほど p 値は小さい．また，変数の係数の絶対値が零でなければ，サンプル数が大きいほど p 値は小さい．これは，直感的には，β_k^* の絶対値が小さくても，サンプル数が大きければ，それが零でないことを検出できるからである．逆に，サンプル数が少ないと，$\beta_k^* \neq 0$ であっても，その絶対値が小さい場合など，対応する p 値が大きくなることもある．

なお，p 値による推論が意味をなすためには，推定量が正規分布に従うなどいくつかの前提が必要である．ただし，サンプルの独立性の下で，サンプル数が多い場合は，最小二乗推定量の確率分布を正規分布で近似できることが知られている（例えば [5]）．実際のデータ分析に際しては，推論の際の様々な仮定が妥当であるかどうかのチェックが必要となることに注意してほしい．

なお，R では線形回帰を行う関数として lm が用意されている．上の例では，res <- lm(y ~ x1 + x2) として，summary(res) とすれば，線形回帰の結果をみることができる．特に，summary 関数により，各係数の推定値とともに，t 値および p 値が表示されるが，それがコード 1.7 の結果に一致することも確かめてほしい．

1.9 線形回帰によるモデリングについての補足

適当な説明変数を決め，その説明変数と目的変数に関するサンプルが与えられた下での線形回帰モデルのモデリングを考える．まず，多重共線性を調べ，説明変数の吟味を行う．確定した説明変数の下で，最小二乗法によってパラメータの推定を行う．次に，寄与率により，推定したモデルのサンプルへの当てはまりをみる．ある程度当てはまりが良ければ，標準偏回帰係数や p 値により，個々の説明変数の寄与を調べる．これにより，対象の分析や予測が可能となる．本章では，この流れの一通りを説明したことになる．

ただし，いくつか注意すべきことがある．まず，予測については，予測値がどの程度信頼できるかを，適当な仮定の下で得られる信頼区間の形で調べることができる．すなわち，適当な確率（例えば 95％）を決めたとき，予測値を中心とする区間が決まり，その区間に真の回帰式の値が入ることが保証される．信頼区間はパラメータ上で設けることもできる．信頼区間については，本書では詳しく触れないので，例えば，[30, 42] を参照してほしい．一方で，標準偏回帰係数や p 値により重要な変数を見つけることは分析の一つである．ただし，予測や分析は，モデルが妥当であってはじめて正当性をもつ．これを調べるために寄与率は十分ではないことはすでに述べた．線形回帰を適用する場合，線形式であることが適切であったとしても，説明変数の組が適切でなければ，線形回帰としてのモデリングは妥当ではない．この点については，次章で詳しく述べる．

一方，本章では，説明変数と目的変数は数値であることを仮定した．一般に，実数として扱える変数を**量的変数**という．これに対して，試験の合否，症状の有無など，カテゴリに値をとる変数も考えられる．こうした変数を**質的変数**あるいは**カテゴリカル変数**という．ここでもみたように，統計的回帰では，変数は数値として扱う必要があるため，質的変数も量的変数に変換して，通常の統計的回帰に持ち込むことになる．一般に，質的変数から変換された量的変数を**ダミー変数**といい，この変換を**ダミー変数化**という．例えば，変数 u が「有無」のいずれかをとる場合を考える．すなわち，$u \in \{\,無, 有\,\}$ である．このとき，「有」に 1 を，「無」に 0 を対応させることで，変数 u のとる値を改めて $u \in \{0,1\}$ とすれば，これはダミー変数であり，数値として扱うことができる．説明変数と目的変数のいずれが質的変数になるかによって，統計的回帰の定式化が異なる．

まず，説明変数に質的変数を含む場合について説明する．質的変数が「有無」など 2 カテゴリのときには $\{0,1\}$ を割り当てればよい．一方で，「大中小」などカテゴリが 3 カテゴリ以上のときは次のようなダミー変数化を考える．いま，$u \in \{\,大, 中, 小\,\}$ の場合を考える．このとき，$\boldsymbol{v} = (v_1, v_2, v_3)$ なるベクトルを考え，$u =$ 大 ならば $\boldsymbol{v} = (1,0,0)$，$u =$ 中 ならば $\boldsymbol{v} = (0,1,0)$，$u =$ 小 ならば $\boldsymbol{v} = (0,0,1)$ と対応付ける．この 3 次元ベクトルを説明変数として利用すればよい．ただし，このとき，$v_1 + v_2 + v_3 = 1$ が成り立つ必要があるので，(v_1, v_2, v_3) は線形独立とならない．したがって，多重共線性が生じる．このため，上記のようにダミー変数化した場合は，説明変数としては，(v_1, v_2) など 3 変数の中の二つを用いる必要がある．説明変数に質的変数が含まれているときに，それをダミー変数化して，線形回帰に持ち込む方法を**数量化 I 類**という．ただし，「大中小」のように，順序を考えることができる質的変数を**順序尺度**といい，この場合は，$v \in \{0,1,2\}$ を用意し，$u =$ 大 のとき $v = 2$，$u =$ 中 のとき $v = 1$，$u =$ 小 のとき $v = 0$ のようにダミー変数化することも考えられる．

一方で，目的変数がカテゴリカル変数のときもある．例えば，説明変数が体温などの計測値であり，目的変数が症状の有無などの場合である．特に，目的変数がこうした2値のときの応用は多い．このとき，例えば，症状の有無を $\{0,1\}$ にダミー変数化して，線形回帰として解くことを考えると，線形回帰の出力は実数全体を動くので，適切でないことは明らかである．この場合については，第4章に述べる一般化線形モデルを考えることになる．

他にも，応用上は，外れ値や欠測値がある場合や分散が均一でない場合など，様々な状況を考慮する必要があるので，線形回帰の利用に際しては，本書で挙げた参考文献も参照してほしい．

1.10　線形回帰モデルの最尤推定

ここまでの話では，データに対する回帰式の当てはめという形でモデリングを考え，データとの誤差を規準としたパラメータ推定法である最小二乗法を採用した．この問題は，以下に述べるように，確率密度の推測の問題として記述することもできる．

加法雑音モデルを仮定し，加法雑音の正規性を仮定し，$\boldsymbol{\varepsilon} \sim N(\mathbf{0}_n, \sigma_*^2\mathbf{I}_n)$ とする．真の回帰式 f^* について $\boldsymbol{f}_* = (f^*(\boldsymbol{x}_1), \ldots, f^*(\boldsymbol{x}_n))^\top$ と定義すると，説明変数のサンプル $\boldsymbol{x}_1, \ldots, \boldsymbol{x}_n$ が与えられた下での目的変数のサンプルのベクトル $\boldsymbol{y}$ の同時確率密度は

$$p_{f^*,\sigma^2}(\boldsymbol{y}|\mathbf{X}) := \frac{1}{(2\pi\sigma_*^2)^{n/2}} \exp\left\{-\frac{1}{2\sigma_*^2}\|\boldsymbol{y} - \boldsymbol{f}_*\|^2\right\}$$

と書ける．ただし，ここでは簡単のため，$p_{f^*,\sigma_*^2}(\boldsymbol{y}|\boldsymbol{x}_1, \ldots, \boldsymbol{x}_n)$ をデザイン行列を用いて $p_{f^*,\sigma_*^2}(\boldsymbol{y}|\mathbf{X})$ と表記している．すなわち，$\boldsymbol{y}$ は $p_{f^*,\sigma_*^2}(\boldsymbol{y}|\mathbf{X})$ からのサンプルとみなせる．

この仮定の下で，$\boldsymbol{f}_*$ を $\boldsymbol{f}_{\boldsymbol{\beta}} = \mathbf{X}\boldsymbol{\beta}$ によって記述する確率密度：

$$p_{\boldsymbol{\beta},\sigma^2}(\boldsymbol{y}|\mathbf{X}) := \frac{1}{(2\pi\sigma^2)^{n/2}} \exp\left\{-\frac{1}{2\sigma^2}\|\boldsymbol{y} - \mathbf{X}\boldsymbol{\beta}\|^2\right\}$$

で $p_{f^*,\sigma_*^2}(\boldsymbol{y}|\mathbf{X})$ を推測することを考える．この式はパラメータを $(\boldsymbol{\beta}, \sigma^2)$ とする確率密度であり，サンプルに対する一つのモデルであることから，これをパラメトリックな確率モデルと呼ぶ．y_i は $\boldsymbol{x}_i$ に依存して平均値が決まるので，このモデルでは，各サンプル点 i において，y_i の平均を回帰式の値 $\boldsymbol{\beta}^\top\boldsymbol{x}_i$ で記述するものとなっている．この問題は確率密度の推定の問題であり，一般に，パラメータ推定法（したがって，モデルの推定法）として最尤法が知られている．最尤法については付録B.7節も参照してほしい．

いま，確率密度 $p_{\boldsymbol{\beta},\sigma^2}(\boldsymbol{y}|\mathbf{X})$ を $(\boldsymbol{\beta}, \sigma^2)$ の関数とみるとき，これを**尤度**と呼ぶ．尤度を最大化するパラメータ値を求める方法が**最尤法**（**最尤推定**）である．最尤法によって得られた推定量を**最尤推定量**という．このとき，$\log p_{\boldsymbol{\beta},\sigma^2}(\boldsymbol{y}|\mathbf{X})$ を**対数尤度**という．対数関数は増加関数であるため，最大値が変わらない上に，扱いやすいという理由で，尤度の直接の最大化ではなく，対数尤度の最大化を考える場合が多い．ここでの利用はそうした利点が生かされる典型例である．

この確率モデルの対数尤度は，

$$\ell(\boldsymbol{\beta}, \sigma^2) := \log p_{\boldsymbol{\beta},\sigma^2}(\boldsymbol{y}|\mathbf{X}) = -\frac{n}{2}\log(2\pi\sigma^2) - \frac{1}{2\sigma^2}\|\boldsymbol{y} - \mathbf{X}\boldsymbol{\beta}\|^2$$

となる．このとき，右辺第 1 項は $\boldsymbol{\beta}$ に関係しないので，σ^2 を $(0,\infty)$ 内で止めたとき，$\boldsymbol{\beta}$ の最尤推定量は第 2 項を最小化することによって得られる．すなわち，最尤推定量は最小二乗推定量に一致する（対数尤度の最大化は二乗誤差和の最小化と等価である）．最尤推定量（したがって，最小二乗推定量）を $\widehat{\boldsymbol{\beta}} = \widehat{\boldsymbol{\beta}}(\sigma^2)$ とし，

$$\widetilde{\sigma}^2 := \frac{1}{n}\|\boldsymbol{y} - \mathbf{X}\widehat{\boldsymbol{\beta}}\|^2 \tag{1.43}$$

と定義する．このとき，

$$\ell(\widehat{\boldsymbol{\beta}}, \sigma^2) = -\frac{n}{2}\log(2\pi\sigma^2) - \frac{n}{2}\frac{\widetilde{\sigma}^2}{\sigma^2} \tag{1.44}$$

と書ける．$\ell(\widehat{\boldsymbol{\beta}}, \sigma^2)$ を σ^2 で偏微分すると，$0 < \sigma^2 < \widetilde{\sigma}^2$ で単調増加，$\sigma^2 > \widetilde{\sigma}^2$ で単調減少となるので，$\ell(\widehat{\boldsymbol{\beta}}, \sigma^2)$ は $\sigma^2 = \widetilde{\sigma}^2$ で最大となる．すなわち，$\widetilde{\sigma}^2$ が雑音分散の最尤推定量となる．これは，次章で求める雑音分散の不偏推定量とは若干異なる．最尤推定の場合は残差二乗和を n で割り，不偏推定量の場合は p をパラメータ数として $n-p$ で割る．ソフトウェアを利用するときなど，これらの違いに注意が必要である．このときの尤度の最大値：

$$\ell(\widehat{\boldsymbol{\beta}}, \widetilde{\sigma}^2) = -\frac{n}{2}\log(2\pi\widetilde{\sigma}^2) - \frac{n}{2} \tag{1.45}$$

を**最大対数尤度**という．

確率密度の推定としての統計的回帰の定式化は一般化線形モデルとして確立されている．一般化線形モデルについては第 4 章で述べる．

1.11　最小ノルム最小二乗推定

サンプル数を n とし，説明変数の数（定数項があればそれを含む）を m とする．$\boldsymbol{y}$ を目的変数の n 次元サンプルベクトルとし，$\mathbf{X}$ を $n\times m$ デザイン行列，$\boldsymbol{\beta}$ を m 次元係数ベクトルとする．これまでのところでは，$n \geq m$ の場合を考え，$\mathbf{X}^\top\mathbf{X}$ が正則であることを仮定した．これに対して，近年では，大規模なディープラーニングにおける学習の解析に関連して，$n < m$ の場合が注目されている．ただし，$\mathrm{rank}(\mathbf{X}) = n$ とする．このとき，$\mathbf{X}^\top\mathbf{X}$ は正則でないため，通常の最小二乗推定を用いることはできない．一つの方法としては，1.3.2 項に述べたリッジ回帰を用いることが考えられる．

一方で，1.6.1 項の議論から明らかなように，このとき，与えられたサンプル $\boldsymbol{y}$ をすべて通る回帰式を構成することができる．ただし，その表現は一意ではない．そこで，$\mathbf{X}\boldsymbol{\beta} = \boldsymbol{y}$ を満たし，$\|\boldsymbol{\beta}\|/2$ を最小化する $\boldsymbol{\beta}$ を求めることを考える．これは，$n < m$ の下での**最小ノルム最小二乗** (the minimum-norm least squares) **推定**と呼ばれている．最小ノルム最小二乗推定の解は，与えられたサンプルとの誤差は零とするが（サンプルを完全にフィットするが），その中でも，係数のノルムを最小化するものであるため，回帰式の変動をできる限り抑えるものとなっていると考えられる．この問題は制約付き最小化であり，ここでは，その解を**ラグランジュの未定乗数法**（例えば [16, 22]）と呼ばれる方法によって求める．$\boldsymbol{\lambda} = (\lambda_1, \ldots, \lambda_n)^\top$ として，

$$L(\boldsymbol{\beta}, \boldsymbol{\lambda}) := \frac{1}{2}\boldsymbol{\beta}^\top\boldsymbol{\beta} - \boldsymbol{\lambda}^\top(\mathbf{X}\boldsymbol{\beta} - \boldsymbol{y}) = \frac{1}{2}\boldsymbol{\beta}^\top\boldsymbol{\beta} - (\mathbf{X}^\top\boldsymbol{\lambda})^\top\boldsymbol{\beta} + \boldsymbol{\lambda}^\top\boldsymbol{y}$$

を定義する．これを一般に**ラグランジュ関数**という．このとき，最小ノルム最小二乗推定の解は

$$\frac{\partial L(\boldsymbol{\beta},\boldsymbol{\lambda})}{\partial \boldsymbol{\beta}} = \boldsymbol{\beta} - \mathbf{X}^\top \boldsymbol{\lambda} = \mathbf{0}_m \tag{1.46}$$

$$\frac{\partial L(\boldsymbol{\beta},\boldsymbol{\lambda})}{\partial \boldsymbol{\lambda}} = -\mathbf{X}\boldsymbol{\beta} + \boldsymbol{y} = \mathbf{0}_n \tag{1.47}$$

を満たす必要があることが知られている．式 (1.46) より，$\boldsymbol{\beta} = \mathbf{X}^\top \boldsymbol{\lambda}$ である．これを式 (1.47) に代入すると，$\boldsymbol{y} = \mathbf{X}\boldsymbol{\beta} = \mathbf{X}\mathbf{X}^\top \boldsymbol{\lambda}$ となるが，$\mathrm{rank}(\mathbf{X}) = n$ だから $\mathbf{X}\mathbf{X}^\top$ は正則なので，$\boldsymbol{\lambda} = (\mathbf{X}\mathbf{X}^\top)^{-1}\boldsymbol{y}$ と書ける．これを式 (1.46) に代入して，解として，

$$\widehat{\boldsymbol{\beta}} = \mathbf{X}^\top(\mathbf{X}\mathbf{X}^\top)^{-1}\boldsymbol{y} \tag{1.48}$$

を得る．実際，この解について，以下のことが成り立つ．まず，

$$\mathbf{X}\widehat{\boldsymbol{\beta}} = \mathbf{X}\mathbf{X}^\top(\mathbf{X}\mathbf{X}^\top)^{-1}\boldsymbol{y} = \boldsymbol{y}$$

だから，この解は等式制約を満たす．一方，$\boldsymbol{\beta}$ を $\mathbf{X}\boldsymbol{\beta} = \boldsymbol{y}$ を満たす任意の解とする．このとき，$\mathbf{X}\mathbf{X}^\top$ の対称性から，

$$\begin{aligned}
\widehat{\boldsymbol{\beta}}^\top \boldsymbol{\beta} &= \boldsymbol{y}^\top(\mathbf{X}\mathbf{X}^\top)^{-1}\mathbf{X}\boldsymbol{\beta} = \boldsymbol{y}^\top(\mathbf{X}\mathbf{X}^\top)^{-1}\boldsymbol{y} \\
&= \boldsymbol{y}^\top(\mathbf{X}\mathbf{X}^\top)^{-1}(\mathbf{X}\mathbf{X}^\top)(\mathbf{X}\mathbf{X}^\top)^{-1}\boldsymbol{y} \\
&= (\mathbf{X}^\top(\mathbf{X}\mathbf{X}^\top)^{-1}\boldsymbol{y})^\top \mathbf{X}^\top(\mathbf{X}\mathbf{X}^\top)^{-1}\boldsymbol{y} = \|\widehat{\boldsymbol{\beta}}\|^2
\end{aligned}$$

が成り立つので，

$$\begin{aligned}
\|\boldsymbol{\beta}\|^2 &= \|\widehat{\boldsymbol{\beta}} + \boldsymbol{\beta} - \widehat{\boldsymbol{\beta}}\|^2 = \|\widehat{\boldsymbol{\beta}}\|^2 + 2\widehat{\boldsymbol{\beta}}^\top(\boldsymbol{\beta} - \widehat{\boldsymbol{\beta}}) + \|\boldsymbol{\beta} - \widehat{\boldsymbol{\beta}}\|^2 \\
&= \|\widehat{\boldsymbol{\beta}}\|^2 + 2\widehat{\boldsymbol{\beta}}^\top(\boldsymbol{\beta} - \widehat{\boldsymbol{\beta}}) + \|\boldsymbol{\beta} - \widehat{\boldsymbol{\beta}}\|^2 = \|\widehat{\boldsymbol{\beta}}\|^2 + \|\boldsymbol{\beta} - \widehat{\boldsymbol{\beta}}\|^2 \geq \|\widehat{\boldsymbol{\beta}}\|^2
\end{aligned}$$

となり，式 (1.48) が一意であることから，$\widehat{\boldsymbol{\beta}}$ は唯一の解である．

一方，最小ノルム最小二乗推定量は次のようにリッジ推定量と関係している．式 (1.15) より，$\lambda > 0$ に対して，この節の設定の下でのリッジ推定量 $\widehat{\boldsymbol{\beta}}_\lambda$ は，

$$(\mathbf{X}^\top\mathbf{X} + \lambda\mathbf{I}_m)\widehat{\boldsymbol{\beta}}_\lambda = \mathbf{X}^\top\boldsymbol{y} \tag{1.49}$$

を満たす．いま，

$$\boldsymbol{r} = \boldsymbol{y} - \mathbf{X}\boldsymbol{\beta}_\lambda \tag{1.50}$$

と定義すると，式 (1.49) は $\mathbf{X}^\top\boldsymbol{r} + \lambda\widehat{\boldsymbol{\beta}}_\lambda = \mathbf{0}_m$ と書けるので，

$$\widehat{\boldsymbol{\beta}}_\lambda = -\frac{1}{\lambda}\mathbf{X}^\top\boldsymbol{r} \tag{1.51}$$

である．これを式 (1.50) に代入すると，$(\lambda\mathbf{I}_n + \mathbf{X}\mathbf{X}^\top)\boldsymbol{r} = -\lambda\boldsymbol{y}$ と変形できて，これを式 (1.51) に代入すると，

$$\widehat{\boldsymbol{\beta}}_\lambda = \mathbf{X}^\top(\lambda\mathbf{I}_n + \mathbf{X}\mathbf{X}^\top)^{-1}\boldsymbol{y}$$

となる．このとき，$\mathrm{rank}(\mathbf{X}) = n$ なので，$\mathbf{X}\mathbf{X}^\top$ は正則だから，両辺の極限をとって，

$$\lim_{\lambda \to 0} \widehat{\boldsymbol{\beta}}_\lambda = \mathbf{X}^\top (\mathbf{X}\mathbf{X}^\top)^{-1} \boldsymbol{y}$$

となる．すなわち，リッジ推定量において $\lambda \to 0$ とした極限が最小ノルム最小二乗推定量となる．

1.12 線形自己回帰モデル

これまでの線形回帰と同じ扱いはできないが，最後に，線形式による時系列予測のモデルを紹介しておく．

信号処理分野における回帰的なモデリングの方法として，時系列予測に応用される**自己回帰** (AR: Auto-Regressive) **モデル**がある．いま，信号のサンプルを $\{y_0, y_1, \ldots, y_{T-1}\}$ とする．時間信号のサンプルを**時系列データ**といい，その解析を**時系列解析**ということも多い．特に，未来の予測を行う問題を**時系列予測**という．自己回帰モデルは，$\beta_k^* \in \mathbb{R}$ として，時刻 t のサンプル y_t が

$$y_t = \sum_{k=1}^{K} \beta_k^* y_{t-k} + \varepsilon_t$$

によって生成されるとするモデルである．すなわち，次の時刻 t の信号は，一つ前の時刻 $t-1$ から過去の時刻 $t-K$ までの信号の重み付き線形和に，偶発的な成分 ε_t が重畳して得られるとする．

統計的回帰としては，$\beta_k \in \mathbb{R}$ を係数パラメータとして，過去の値から構成される重み付き線形式 $\sum_{k=1}^{K} \beta_k y_{t-k}$ によって y_t を予測する問題となる．K を自己回帰モデルの次数という．この定式化より，自己回帰モデルは，$(y_{t-1}, \ldots, y_{t-K})$ を説明変数として，y_t を目的変数とする線形回帰の特殊な形とみることもできる．この意味で，特に，上述した自己回帰モデルを**線形自己回帰モデル**ということもある．しかしながら，説明変数の値が目的変数の過去の値となるため，これまでにみてきた線形回帰とは異なる扱いが必要となる．特に，第 2 章の議論をそのまま適用することはできないことに注意する．

いま，$\boldsymbol{\beta}_K = (\beta_1, \ldots, \beta_K)^\top$ とおくと，$\boldsymbol{\beta}_K$ はパラメータベクトル（係数ベクトル）であり，したがって，ここでは，サンプル $\{y_0, y_1, \ldots, y_T\}$ からどのようにパラメータを推定するかを考える必要がある．この際，線形式が過去の値を利用していることから，観測されていない時刻の情報をどのように扱うかについて注意が必要である（例えば，[34] を参照）．ここでは，$t < 0$ および $t \geq T$ において $y_t = 0$ という仮定の下で，パラメータ推定を考える．予測されるべき値が y_t で，予測式が $\sum_{k=1}^{K} \beta_k y_{t-k}$ なので，上述した仮定の下での二乗誤差和：

$$S(\boldsymbol{\beta}_K) := \sum_{t=0}^{T-1+K} \left(y_t - \sum_{k=1}^{K} \beta_k y_{t-k} \right)^2$$

を最小にする $\boldsymbol{\beta}_K$ を求める最小二乗推定を考える．この規準は，上述の仮定の下で，できる限り多くのサンプルを推定に利用する方針といえる．

以下では，$0 \leq p \leq K$ に対して，

$$r_p := \frac{1}{T} \sum_{t=0}^{T-1-p} y_{t+p} y_t$$

とおく．$0 \leq k \leq j \leq K$ とすると，仮定より

$$\begin{aligned}
\sum_{t=0}^{T-1+K} y_{t-k}y_{t-j} &= y_{0-k}y_{0-j} + \cdots + y_{k-k}y_{k-j} + \cdots + y_{j-k}y_{j-j} \\
&\quad + \cdots + y_{T-1+k-k}y_{T-1+k-j} + y_{T+k-k}y_{T+k-j} \\
&\quad + \cdots + y_{T-1+K-k}y_{T-1+K-j} \\
&= y_{-k}y_{-j} + \cdots + y_0 y_{k-j} + \cdots + y_{j-k}y_0 \\
&\quad + \cdots + y_{T-1}y_{T-1+k-j} + y_T y_{T+k-j} \\
&\quad + \cdots + y_{T-1+K-k}y_{T-1+K-j} \\
&= y_{j-k}y_0 + \cdots + y_{T-1}y_{T-1+k-j} \\
&= y_{j-k}y_0 + \cdots + y_{T-1}y_{T-1-(j-k)} \\
&= \sum_{t=0}^{T-1-(j-k)} y_{t+(j-k)}y_t = Tr_{j-k}
\end{aligned}$$

となる．$0 \leq j \leq k \leq K$ の場合は，j と k を入れ替えて考えればよいので，結局，

$$\frac{1}{T}\sum_{t=0}^{T-1+K} y_{t-k}y_{t-j} = r_{|j-k|} \tag{1.52}$$

である．

二乗誤差和を最小とするパラメータ値は，$j = 1, \ldots, K$ に対して，$\partial S(\boldsymbol{\beta}_K)/\partial \beta_j = 0$ を満たすから，

$$\sum_{t=0}^{T-1+K} y_t y_{t-j} - \sum_{t=0}^{T-1+K}\sum_{k=1}^{K} \beta_k y_{t-k}y_{t-j} = 0, \quad j = 1, \ldots, K$$

が成り立つが，この式は，式 (1.52) より，

$$\sum_{k=1}^{K} \beta_k r_{|j-k|} = r_j, \quad j = 1, \ldots, K$$

となる．これより，

$$R_K := \begin{pmatrix} r_0 & r_1 & \cdots & r_{K-1} \\ r_1 & r_0 & \cdots & r_{K-2} \\ \vdots & \vdots & \ddots & \vdots \\ r_{K-1} & r_{K-2} & \cdots & r_0 \end{pmatrix}, \quad \boldsymbol{r}_K := \begin{pmatrix} r_1 \\ r_2 \\ \vdots \\ r_K \end{pmatrix}$$

とおいて，

$$R_K \boldsymbol{\beta}_K = \boldsymbol{r}_K$$

が成り立つ．この方程式を **Yule-Walker 方程式**という．R_K は，ある要素がそれの右下の要素と同じであるという規則性をもっている．一般に，こうした行列を **Toeplitz 行列**という．すなわち，

R_K は対称な Toeplitz 行列である．以上より，$t < 0$ および $t \geq T$ において $y_t = 0$ という仮定の下での最小二乗解は，

$$\widehat{\boldsymbol{\beta}}_K := (\widehat{\beta}_1, \ldots, \widehat{\beta}_K)^\top = R_K^{-1} \boldsymbol{r}_K \tag{1.53}$$

で得られる．ただし，実際に推定値を求める際には，逆行列計算を行わず，Toeplitz 性を利用した効率的な計算法を利用する（例えば [34]）．信号処理の分野では，実問題での時系列サンプル数の多さやリアルタイム性から効率的なアルゴリズムの開発は不可欠となっている．

第 2 章

線形回帰の変数選択

統計的回帰の目的は，データが得られている対象についての予測と分析である．いま，中古マンションの価格を目的変数とする場合を考える．このとき，説明変数として，駅からの距離のみを採用しても，価格をうまく予測することはできないだろう．当然ながら，築年数，広さ，階数など他の要因も説明変数として必要になると考えられる．したがって，予測精度の高い回帰式を構成するには，適切な説明変数とその下での回帰式が必要となり，これをデータから推測する必要がある．必要な説明変数を選ぶ問題は，変数選択と呼ばれている．変数選択は，目的変数に影響する要因を明らかにするという点で分析においても重要である．したがって，予測と分析の問題を切り離すことはできない．一般に，変数選択も含めて，予測性能の良い回帰式を構成する問題をモデル選択という．モデル選択は，すべての統計的回帰に共通する問題である．本章では，予測とモデル選択の関係を明確にするために，線形回帰の変数選択の問題に焦点を当てて説明する．

2.1　変数選択の必要性

まず，予測誤差，真の回帰式との誤差および変数選択の必要性について例を示しながら解説する．ここでは概略を示すので，表現などは曖昧であるが，詳細は本章の後の節で明らかとなる．

2.1.1　多項式回帰の例

いま，$(x,y)\in\mathbb{R}^2$ についての n 個のサンプル $\{(x_i,y_i)\mid i=1,\ldots,n\}$ が与えられているとして，R による数値例を通して多項式回帰を考える．x_i は $[-1,1]$ の区間を等間隔にサンプリングした点であり，真の回帰式を $f^*(x_i)=2.5-0.5x_i-2.0x_i^2$ として，y_i は $y_i=f^*(x_i)+\varepsilon_i$ によって生成されるものとする．ただし，$\varepsilon_1,\ldots,\varepsilon_n$ は $N(0,\sigma^2)$ からの独立なサンプルである．これに対して，m 次多項式：

$$f_m(x):=\beta_0+\beta_1x+\beta_2x^2+\cdots+\beta_mx^m$$

を最小二乗法を用いて当てはめる．コード 2.1 に，$n=20$，$\sigma=0.4$ とした場合について，多項式の次数 m を 0 から 15 まで変えながら，最小二乗推定を行う R スクリプトを示してある．スクリプトでは，`fhat` の $m+1$ 列に推定した m 次の多項式の出力が格納されている．図 2.2 に，サンプル（○），各次数で推定された回帰式（実線）および真の回帰式（点線）を示している．また，次数 m

```
# サンプルの生成
set.seed(2017)
n <- 20
mmax <- 15
sigma <- 0.4
x <- 2 * (0:(n - 1)) / (n - 1) - 1
X <- rep(1, n)
for (m in 1:mmax) X <- cbind(X, x^m)
tb <- rep(0, mmax + 1)
tb[1:3] <- c(2.5, -0.5, -2)
tf <- X %*% tb
y <- tf + rnorm(n, 0, sigma)
# 次数を変えながら最小二乗推定量と残差二乗平均を計算
fhat <- NULL
err <- NULL
for (m in 1:(mmax+1)) {
  Xm <- X[, 1:m]
# 最小二乗推定量の計算
  bm <- solve(t(Xm) %*% Xm) %*% t(Xm) %*% y
  fm <- Xm %*% bm
  fhat <- cbind(fhat, fm)
# 残差二乗平均の計算
  err <- c(err, mean((y - fm)^2))
}
```

コード 2.1　多項式回帰における最小二乗推定

の下で推定した回帰式を $\widehat{f}_m$ とするとき，スクリプトでは，残差二乗平均：

$$\frac{1}{n}\sum_{i=1}^{n}(y_i - \widehat{f}_m(x_i))^2$$

を err に格納してある．残差二乗平均は，サンプルに対する回帰式の当てはまりが良いほど小さくなる．m の変化に対する残差二乗平均の推移を図 2.3 に示す．

まず，図 2.3 からわかるように，次数の増加に伴い残差二乗平均は単調に減少しており，したがって，与えられたサンプルにはよくフィッティングするようになる．ここでは，最小二乗法を用いていることから，複雑な回帰式ほどサンプルにはよく合う．このことは，寄与率が単調に増加することと同じことである．

次に，図 2.2 を参照しながら説明する．真の回帰式 f^* は 2 次の多項式である．したがって，$m = 0$ および $m = 1$ の多項式を当てはめても，f^* を表現できない．真の回帰式と想定した回帰式との間にあるこのときの偏りを**バイアス**という．すなわち，$m = 0$ および $m = 1$ のときはバイアスが生じて，真の回帰式をそもそも表現できないので，どのように頑張っても，推定される回帰式はサンプルの不変的な構造を表せない．こうした状況を**アンダーフィッティング**という．これは，マンションの価格についての重回帰を考えるとき，説明変数として「駅からの距離」だけを採用しても価格を適切に推測できないことと同じことである．図 2.3 において，$m = 0$ および $m = 1$ のときに残差二乗平均が比較的大きいのは，このバイアスのためであると考えてよい．

一方，$m = 2$ や $m = 3$ のときは，真の回帰式を表現できることからバイアスは生じない．このため，推定された回帰式はサンプルの不変的な構造を獲得できると考えられ，実際，真の回帰式に近

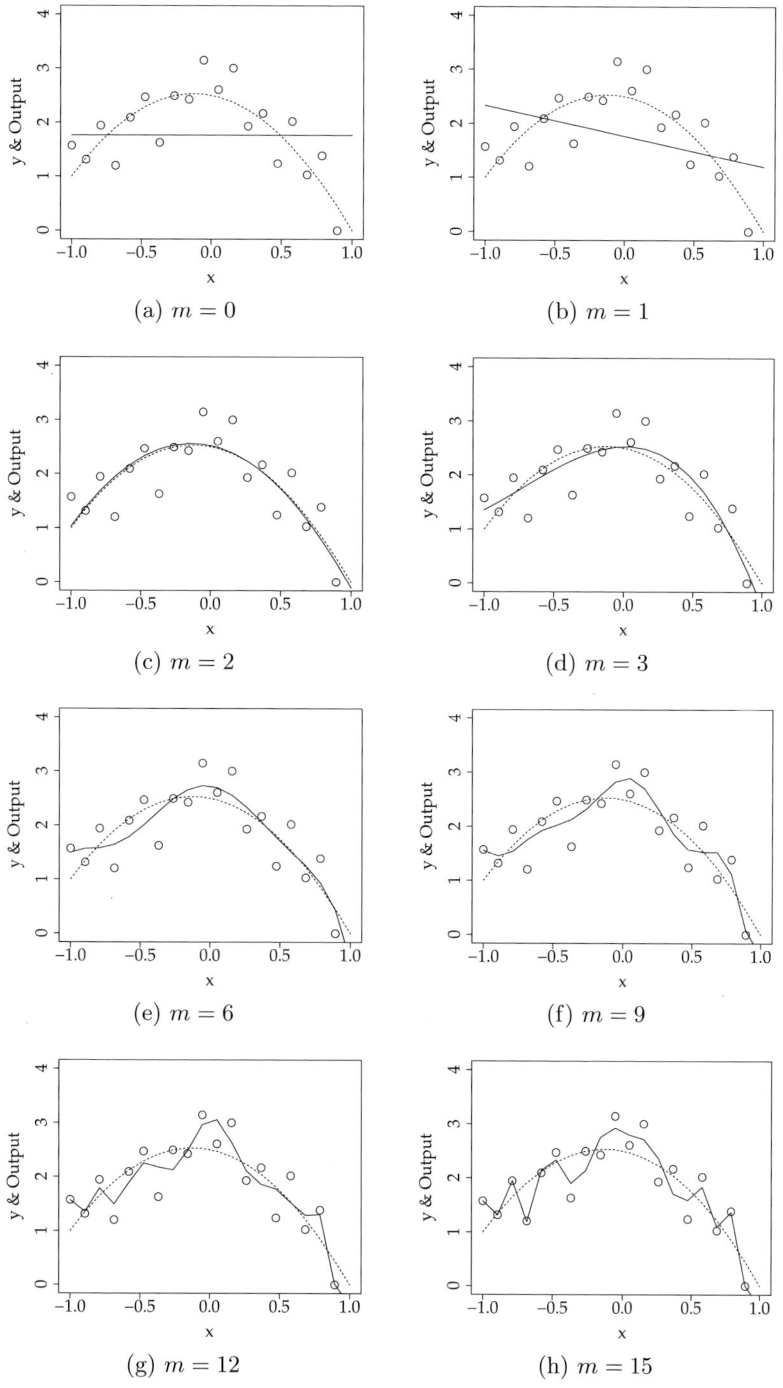

(a) $m = 0$　(b) $m = 1$

(c) $m = 2$　(d) $m = 3$

(e) $m = 6$　(f) $m = 9$

(g) $m = 12$　(h) $m = 15$

図 2.2　推定された多項式回帰式の例（m は次数）

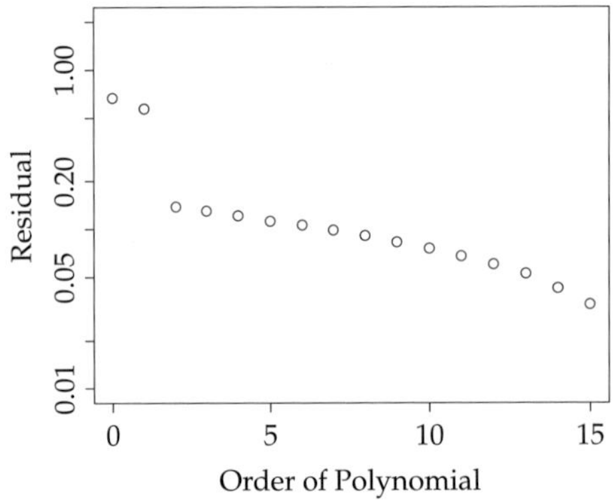

図 2.3　多項式回帰の残差二乗平均

い曲線が得られている．ただし，$m=2$ のときは推定された回帰式と真の回帰式が非常に似ているが，$m=3$ ではズレが生じている．さらに，次数を高くすると，推定された回帰式は複雑な曲線を描いている．これは，残差二乗平均の結果と $m=15$ でのフィッティングの様子から明らかなように，曲線がサンプルに近づいているためである．この現象が，実は，$m=3$ で始まっている．この例では，最小二乗法を用いていることから，回帰式はサンプルとの誤差を小さくするように推定される．したがって，次数が高い場合は，サンプルの詳細をフィッティングしてしまい，推定された回帰式は真の回帰式からは離れてしまう．これを**オーバーフィッティング**という．このとき，我々が推定したいのはサンプルの不変的な構造であり，それは真の回帰式 f^* である．しかしながら，最小二乗法の下では，次数が小さいとバイアスが生じ，次数が十分であってもオーバーフィッティングが生じるので，次数を適当に選ばないと f^* に近い回帰式は推定できない．この例はこのことを示している．

さらに，多項式回帰の予測について，次のような数値実験を考える．まず，上記の例の生成機構に従い，サンプルを生成する．そのサンプルから推定された m 次の回帰式を $\widehat{f}_m$ とする．次に，$z_i=f^*(x_i)+\eta_i$ により，$z_1,\ldots,z_n$ を生成する．ただし，$\eta_1,\ldots,\eta_n$ は $N(0,\sigma^2)$ からの独立なサンプルであり，$\varepsilon_1,\ldots,\varepsilon_n$ とも独立であるとする．このとき，z_i は y_i の生成機構からの新しいサンプルとみなせる．これを $\widehat{f}_m$ によって予測することを考える．すなわち，$z_1,\ldots,z_n$ は予測用の 1 セットのサンプルである．このときの予測精度の評価は，予測二乗誤差：

$$\frac{1}{n}\sum_{i=1}^{n}(z_i-\widehat{f}_m(x_i))^2$$

で行えるだろう．ここでは，各次数における予測性能を評価したいが，予測二乗誤差は推定用のサンプルや予測用のサンプルの出方で変動するので，公平に評価するためにその平均化を考える．

まず，n 個のサンプルを 1 セットとして，推定用のサンプルを 100 セット用意し，その s 番目のセットを T_s とする．同様に，予測用のサンプルを 100 セット用意し，その t 番目のセットを P_t とする．T_s から推定された次数 m の回帰式を $\widehat{f}_{m,s}$ とし，P_t に対する $\widehat{f}_{m,s}$ の与える予測二乗誤差を $r_{m,s,t}$ とする．(m,s)（次数と推定用サンプルセット）を固定したときの予測二乗誤差の平均を $r_{m,s}=(\sum_{t=1}^{100}r_{m,s,t})/100$ とする．これの推定用サンプルセットに関する平均を $r_m=(\sum_{s=1}^{100}r_{m,s})/100$ とする．r_m は推定用サンプルと予測用サンプルの出方に影響されず，m だけに依存する公平な予測二乗誤差と考えてよい（ただし，サンプルのセット数が 100 で十分かどうかは議論の余地がある）．

この数値実験の R スクリプトをコード 2.4 に示す．このスクリプトにおいて，推定用サンプルセット数は S1 = 100 であり，予測用サンプルセットの数は S2 = 100 である．このスクリプトにより，$r_0, \ldots, r_{15}$ は PE1 に格納される．なお，ここでは，真の回帰式 f^* がわかっているので，それと $\widehat{f}_{m,s}$ との誤差の推定用サンプルに対する平均を PE2 に格納している．ここでは，これをリスクと呼ぶことにする．また，このスクリプトでは残差二乗平均の（推定用サンプル S1 = 100 セットに関する）平均も EE に格納されている．スクリプトの説明は以下のとおりである．

2 ～ 13 行目：数値実験の準備をしている．n はサンプル数，mmax は多項式の最大次数，sigma は雑音分散である．0 次から mmax = 15 次までの多項式からなるデザイン行列 X を構成し，真のパラメータ値を tb として，真の回帰式 tf を構成している．S1 と S2 はそれぞれ推定用サンプルセット数と予測用サンプルセット数である．

15 ～ 16 行目：予測用出力サンプルを S2 セット生成して，これを Z としておく．

19 ～ 42 行目：このループでは，まず，推定用サンプル y を生成する．24 行目からの各次数 m のループにおいて，各次数で計算した最小二乗推定量の下で，予測サンプルセットに対する平均誤差（予測二乗誤差）を PEtmp1 に，リスクを PEtmp2 に，残差二乗平均を EEtmp に格納していく．この際，各次数 m までのデザイン行列を Xm として取り出し，その下で最小二乗推定量 bm を計算している．したがって，fm は次数 m の推定された多項式である．このループ内の処理を S1 個の推定用サンプルセットに対して行い，これらの誤差を pe1，pe2 および ee にそれぞれ格納する．

43 ～ 45 行目：予測二乗誤差，リスクおよび残差二乗平均のサンプルに関する平均を計算し，それぞれ，PE1，PE2 および EE に格納している．

予測二乗誤差（実線），リスク（破線）および残差二乗平均（○）を図 2.5 に示す．まず，残差二乗平均は単調に減少している．これに対して，予測二乗誤差は次数 2 で最小になっている．この結果は，図 2.2 の結果と一致しており，次数が小さいとバイアスにより，次数が高いとオーバーフィッティングにより，それぞれ予測性能が悪化することを示している．

一方で，リスクも同じ傾向である．すなわち，真の回帰式に近いものは，やはり予測性能がよいことを示している．実は，後に示すように，予測二乗誤差とリスクは定数分だけ異なる．以上より，この数値実験は，適切な次数を選択することの必要性を示しているといえる．

```
# 数値実験の準備
set.seed(2017)
n <- 20
mmax <- 15
S1 <- 100
S2 <- 100
sigma <- 0.4
x <- 2 * (0:(n - 1)) / (n - 1) - 1
X <- rep(1, n)
for (m in 1:mmax) X <- cbind(X, x^m)
tb <- rep(0, mmax + 1)
tb[1:3] <- c(2.5, -0.5, -2)
tf <- X %*% tb
# 予測用サンプルセットの生成
Z <- NULL
for (s2 in 1:S2) Z <- cbind(Z, tf + rnorm(n, 0, sigma))
# 各推定用サンプルに対して最小二乗推定を行い，予測二乗誤差などを計算する
pe1 <- pe2 <- ee <- NULL
for (s1 in 1:S1) {
# 推定用サンプルの生成
  y <- tf + rnorm(n, 0, sigma)
  PEtmp1 <- PEtmp2 <- EEtmp <- NULL
# 次数を変えながら最小二乗推定量を計算
  for (m in 1:(mmax + 1)) {
    Xm <- X[, 1:m]
    bm <- solve(t(Xm) %*% Xm) %*% t(Xm) %*% y
    fm <- Xm %*% bm
    ptmp <- 0
    for (s2 in 1:S2) {
      ptmp <- ptmp + mean((Z[, s2] - fm)^2)
    }
# 予測二乗誤差の計算
    PEtmp1 <- append(PEtmp1, ptmp / S2)
# リスクの計算
    PEtmp2 <- append(PEtmp2, mean((tf - fm)^2))
# 残差二乗平均の計算
    EEtmp <- append(EEtmp, mean((y - fm)^2))
  }
  pe1 <- rbind(pe1, PEtmp1)
  pe2 <- rbind(pe2, PEtmp2)
  ee <- rbind(ee, EEtmp)
}
PE1 <- apply(pe1, 2, mean)
PE2 <- apply(pe2, 2, mean)
EE <- apply(ee, 2, mean)
```

コード 2.4　多項式回帰の各次数での予測性能を評価するスクリプト

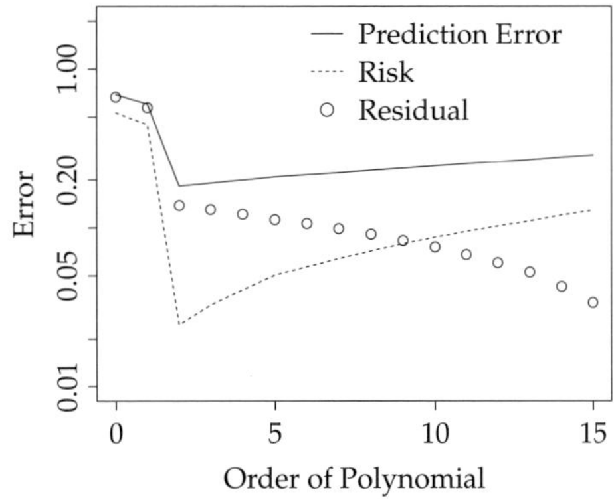

図 2.5 多項式回帰の残差二乗平均・予測二乗誤差・リスク

2.1.2 重回帰の例

次の例では，説明変数 $x_1, \ldots, x_{15}$ と目的変数 y についての $n = 20$ 個のサンプルが得られており，真の回帰式が

$$f^*(x_1, \ldots, x_{15}) = 1 - x_1 + x_2$$

である場合を考える．すなわち，$x_3, \ldots, x_{15}$ は目的変数に全く関係しない説明変数となる．別の言い方をすると，$x_3, \ldots, x_{15}$ の係数の真値は零である．説明変数の組を $\Xi_m = \{1, x_1, \ldots, x_m\}$ とする．ただし，$\Xi_0 = \{1\}$ である．m を変えながら Ξ_m の下で，多項式回帰の例と同じ数値実験を行う．このときのフィッティングの様子をグラフでみることはできないが，パラメータ数 $m+1$ に対する予測二乗誤差（実線），リスク（点線）および残差二乗平均（○）は，多項式回帰のときと同様に表示できる．

この結果を図 2.6 に示す．この図からわかるように，$x_3, \ldots, x_{15}$ はサンプルの不変的な構造には全く関係しないにもかかわらず，その説明変数を加えることにより，残差二乗平均は単調に減少する（ただし，減少の度合いは小さい）．このときの残差の減少は不必要な変数の追加によって生じているため，オーバーフィッティングが生じていることになる．多項式回帰の場合は，次数を増やせばサンプルに対する当てはまりがよくなるので，オーバーフィッティングの問題は直感的にも理解

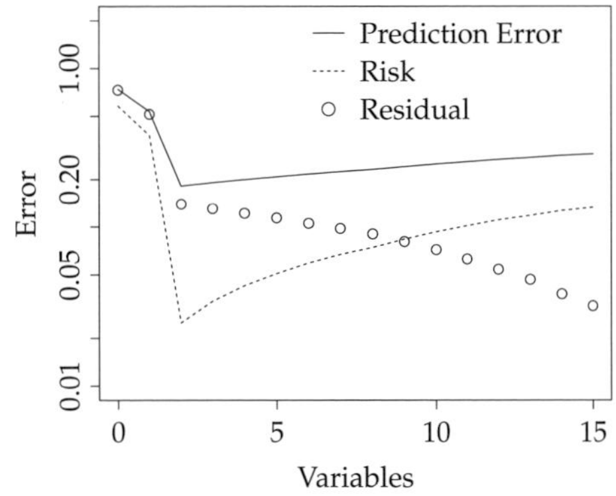

図 2.6 重回帰における残差二乗平均・予測二乗誤差・リスク

できた．しかしながら，この例からわかるように，重回帰においても同じことが生じる．例えば，中古マンションの価格に対して，マンションの査定を行った日の平均気温を説明変数として回帰式を構成しても，最小二乗法の下ではサンプルとの誤差は小さくなるのである．このように，残差二乗平均は説明変数の増加に伴い単調に減少するので，妥当な説明変数を特定するための指標としては不十分である．また，寄与率と残差二乗和の関係から，オーバーフィッティングによって寄与率は大きくなる．したがって，説明変数の数が多いときは，寄与率だけからそれらの妥当性を議論することはできない．一方で，予測二乗誤差とリスクは $\Xi_2 = \{1, x_1, x_2\}$ の下で最小となっており，Ξ_2 が妥当な説明変数であり，余分な説明変数の追加は予測を悪化させることがわかる．

ここで述べた多項式回帰の次数の選択や重回帰の説明変数の選択の問題は，一般に，**変数選択の問題**と呼ばれている．以上でみたように，変数選択は，予測性能の良いモデルを構成するために必要となる．ただし，どの説明変数が目的変数に影響しているかを明らかにするという意味で，分析においても重要な役割を果たす．予測性能の良いモデルを構成するための方法を，一般に，**モデル選択**という．変数選択はモデル選択の一つの問題設定である．以下，本章では，線形回帰の変数選択について理論的な観点からみていく．

2.2 リスクと予測二乗誤差

以下で利用する記号を再度表記しておく．説明変数と目的変数の組を $(\boldsymbol{x}, y)$ とする．ただし，$\boldsymbol{x} = (x_0, x_1, \ldots, x_m) \in \mathbb{R}^{m+1}$ および $y \in \mathbb{R}$ であり，定数項を考えるときは $x_0 = 1$ とすればよい．$(\boldsymbol{x}, y)$ について与えられているサンプルを $\{(\boldsymbol{x}_i, y_i) \mid i = 1, \ldots, n\}$ とする．ただし，$\boldsymbol{x}_i = (x_{i,0}, \ldots, x_{i,n})$ である．$\mathbf{X}$ を $(i, k+1)$ 要素が $x_{i,k}$ である $n \times (m+1)$ デザイン行列とする．$\boldsymbol{y} = (y_1, \ldots, y_n)^\top$ と表記する．ここでは，加法雑音モデルを考える．真の回帰式を f として $\boldsymbol{f} = (f(\boldsymbol{x}_1), \ldots, f(\boldsymbol{x}_n))^\top$ とし，加法雑音を $\boldsymbol{\varepsilon} = (\varepsilon_1, \ldots, \varepsilon_n)^\top$ として，

$$\boldsymbol{y} = \boldsymbol{f} + \boldsymbol{\varepsilon}$$

を仮定する．加法雑音については，$\mathbb{E}[\boldsymbol{\varepsilon}] = \mathbf{0}_n$ および $\mathbb{E}[\boldsymbol{\varepsilon}\boldsymbol{\varepsilon}^\top] = \sigma^2 \mathbf{I}_n$ を仮定する．また，$\mathbf{X}$ は確率的に変動しないことを仮定する．パラメータを $\boldsymbol{\beta} = (\beta_0, \beta_1, \ldots, \beta_m)^\top$ とすると，線形回帰式は $\boldsymbol{f}_{\boldsymbol{\beta}} := \mathbf{X}\boldsymbol{\beta}$ で表される．以下では，真の回帰式に対して想定した線形回帰式のことをモデル（すなわち，説明変数の組とその線形和によるモデリング）と呼ぶことにする．$\mathbf{X}^\top\mathbf{X}$ は正則であることを仮定し，$\widehat{\boldsymbol{\beta}}$ を式 (1.11) によって求まる最小二乗推定量とする．推定された線形回帰式は $\boldsymbol{f}_{\widehat{\boldsymbol{\beta}}} = \mathbf{X}\widehat{\boldsymbol{\beta}}$ である．なお，ここでの期待値計算については付録 B.1 節および B.2 節を参照してほしい．

モデルの良さの尺度を考える．回帰分析のそもそもの目的は真の回帰式の推定であった．そこで，まず，真の回帰式とモデルとの隔たりを評価することが考えられる．具体的には，真の回帰式 $\boldsymbol{f}$ と最小二乗推定されたモデル $\mathbf{X}\widehat{\boldsymbol{\beta}}$ との隔たり（誤差）を評価することになるが，これはサンプルの出方によって確率的に変動する．そこで，推定されたモデルを公平に評価するために，その隔たりのサンプルの分布に関する期待値：

$$R(n, m) := \mathbb{E}_{\boldsymbol{y}}\left[\frac{1}{n}\|\boldsymbol{f} - \mathbf{X}\widehat{\boldsymbol{\beta}}\|^2\right] \tag{2.1}$$

を評価する．ここで，$\mathbb{E}_{\boldsymbol{y}}$ は $\boldsymbol{y}$ の同時分布に関する期待値である．これを**リスク**ということにする．ただし，$\mathbf{X}$ は確率変数ではないので，$\boldsymbol{y}$ の確率法則は $\boldsymbol{\varepsilon}$ によって決まる．$\boldsymbol{y}$ と $\boldsymbol{\varepsilon}$ の変数変換は常に可能であるので，簡単のため，$R(n,m)$ の定義を $\boldsymbol{\varepsilon}$ の分布に関して，

$$R(n,m) := \mathbb{E}_{\boldsymbol{\varepsilon}}\left[\frac{1}{n}\|\boldsymbol{f}-\mathbf{X}\widehat{\boldsymbol{\beta}}\|^2\right] \tag{2.2}$$

としておく．

一方，別の尺度として予測の良さを考える．いま，$\boldsymbol{y}$ とは独立に同分布 $P(\boldsymbol{y}|\boldsymbol{x}_1,\ldots,\boldsymbol{x}_n)$ に従うサンプルを $\boldsymbol{z}=(z_1,\ldots,z_n)^\top$ とする．別の言い方をすると，$\boldsymbol{\eta}=(\eta_1,\ldots,\eta_n)^\top$ を $\boldsymbol{\varepsilon}$ と独立に同分布に従う確率変数の実現値として，$\boldsymbol{z}$ が

$$\boldsymbol{z}=\boldsymbol{f}+\boldsymbol{\eta}$$

によって得られるものとする．このとき，$\boldsymbol{y}$ は手元にあるサンプル，$\boldsymbol{z}$ は $\boldsymbol{y}$ と同じ確率的構造をもつが，$\boldsymbol{y}$ とは異なる「未来」のサンプルである（サイコロの目は振るたびに確率的に変動するが，各目の出る確率（確率的構造）は不変である）．回帰分析の一つの目的は，手元にある $\boldsymbol{y}$ を使って，未来に得られるであろう $\boldsymbol{z}$ を予測することにある．いま，最小二乗推定されたモデル $\mathbf{X}\widehat{\boldsymbol{\beta}}$ の $\boldsymbol{z}$ に対する予測の良さは $\|\boldsymbol{z}-\mathbf{X}\widehat{\boldsymbol{\beta}}\|^2$ で評価できると考えられる．ただし，これは予測すべき $\boldsymbol{z}$ に依存して確率的に変動するから，$\boldsymbol{z}$，したがって，$\boldsymbol{\eta}$ の分布に関する期待値：

$$E(\widehat{\boldsymbol{\beta}}) := \frac{1}{n}\mathbb{E}_{\boldsymbol{\eta}}\left[\|\boldsymbol{z}-\mathbf{X}\widehat{\boldsymbol{\beta}}\|^2\right]$$

を評価に用いる．これは予測二乗誤差である．予測二乗誤差は，さらに，$\boldsymbol{y}$ に依存して確率的に変動するから，モデルの良さを公平に評価するために，$\boldsymbol{y}$，したがって，$\boldsymbol{\varepsilon}$ の分布に関する期待値：

$$E(n,m) := \mathbb{E}_{\boldsymbol{\varepsilon}}\left[E(\widehat{\boldsymbol{\beta}})\right] \tag{2.3}$$

を考える．これは予測二乗誤差の期待値であるが，混乱がない限り，これを**予測二乗誤差**と呼ぶことにする．

想定したモデルの良さの尺度として，リスクと予測二乗誤差を挙げたが，以下に示すように，これらは本質的に等価である．$\boldsymbol{\eta}$ は $\boldsymbol{\varepsilon}$ とは独立に同分布に従うから，$\mathbb{E}_{\boldsymbol{\eta}}[\boldsymbol{\eta}]=\mathbf{0}_n$ および $\mathbb{E}_{\boldsymbol{\eta}}[\boldsymbol{\eta}\boldsymbol{\eta}^\top]=\sigma^2\mathbf{I}_n$ より，

$$\begin{aligned}
E(\widehat{\boldsymbol{\beta}}) &= \frac{1}{n}\mathbb{E}_{\boldsymbol{\eta}}\left[\|\boldsymbol{f}+\boldsymbol{\eta}-\mathbf{X}\widehat{\boldsymbol{\beta}}\|^2\right] \\
&= \frac{1}{n}\mathbb{E}_{\boldsymbol{\eta}}\left[\|\boldsymbol{\eta}\|^2\right]+\frac{1}{n}\mathbb{E}_{\boldsymbol{\eta}}\left[\|\boldsymbol{f}-\mathbf{X}\widehat{\boldsymbol{\beta}}\|^2\right]+\frac{2}{n}\mathbb{E}_{\boldsymbol{\eta}}\left[\boldsymbol{\eta}^\top(\boldsymbol{f}-\mathbf{X}\widehat{\boldsymbol{\beta}})\right] \\
&= \frac{1}{n}\mathbb{E}_{\boldsymbol{\eta}}\left[\|\boldsymbol{\eta}\|^2\right]+\frac{1}{n}\|\boldsymbol{f}-\mathbf{X}\widehat{\boldsymbol{\beta}}\|^2=\sigma^2+\frac{1}{n}\|\boldsymbol{f}-\mathbf{X}\widehat{\boldsymbol{\beta}}\|^2
\end{aligned}$$

となる．したがって，

$$E(n,m)=\sigma^2+R(n,m) \tag{2.4}$$

である．すなわち，予測二乗誤差 $E(n,m)$ はリスク $R(n,m)$ に雑音分散を足した値となる．このとき，雑音分散はモデルによらない定数である．したがって，例えば，説明変数の異なるモデルがい

くつかある場合，そのリスクを比較することと，予測二乗誤差を比較することは等価である．なお，この等価性は，モデルが真の回帰式に近いならば優れた予測モデルとなり，逆に，予測精度の良いモデルは真の回帰式に近いことを述べている．したがって，推定されたモデルの真の回帰式からの隔たりに応じて，予測の良さが損なわれることになる．

機械学習の分野では，データからのモデルの推定を「**学習**」と呼んでいる．これは，ヒトの活動において，例（データ）から対象についての知識（規則性など）を学ぶという人工知能的観点に由来している．同様に，$R(n,m)$ や $E(n,m)$ を「**汎化誤差**」と呼んでいる．ここで，モデルが未学習のデータに対して一般化できている（未学習データに対してもよく当てはまっている）状態を「**汎化性が良い**」という．未学習データは，すなわち，未知のサンプル（ここでの $\boldsymbol{z}$）であるから，汎化性が良いモデルは予測に優れたモデルである．「汎化」という言葉は，元々は，心理学の用語であり，ニューロコンピューティング研究が盛んであったときから上記の意味で利用されるようになった．

2.2.1 バイアスとバリアンス

いま，$\overline{\boldsymbol{\beta}} = \mathbb{E}_{\varepsilon}[\widehat{\boldsymbol{\beta}}]$ および

$$B(n,m) := \frac{1}{n}\|\boldsymbol{f} - \mathbf{X}\overline{\boldsymbol{\beta}}\|^2 \tag{2.5}$$

$$V(n,m) := \frac{1}{n}\mathbb{E}_{\varepsilon}\left[\|\mathbf{X}\overline{\boldsymbol{\beta}} - \mathbf{X}\widehat{\boldsymbol{\beta}}\|^2\right] \tag{2.6}$$

とおくと，

$$\begin{aligned} R(n,m) &= \frac{1}{n}\mathbb{E}_{\varepsilon}\left[\|\boldsymbol{f} - \mathbf{X}\overline{\boldsymbol{\beta}}\|^2 + 2(\boldsymbol{f} - \mathbf{X}\overline{\boldsymbol{\beta}})^\top(\mathbf{X}\overline{\boldsymbol{\beta}} - \mathbf{X}\widehat{\boldsymbol{\beta}}) + \|\mathbf{X}\overline{\boldsymbol{\beta}} - \mathbf{X}\widehat{\boldsymbol{\beta}}\|^2\right] \\ &= B(n,m) + \frac{2}{n}\mathbb{E}_{\varepsilon}\left[(\boldsymbol{f} - \mathbf{X}\overline{\boldsymbol{\beta}})^\top(\mathbf{X}\overline{\boldsymbol{\beta}} - \mathbf{X}\widehat{\boldsymbol{\beta}})\right] + V(n,m) \end{aligned}$$

である．ここで，$\widehat{\boldsymbol{\beta}}$ 以外は ε に関係しないので，$\overline{\boldsymbol{\beta}}$ の定義より，

$$\mathbb{E}_{\varepsilon}\left[(\boldsymbol{f} - \mathbf{X}\overline{\boldsymbol{\beta}})^\top(\mathbf{X}\overline{\boldsymbol{\beta}} - \mathbf{X}\widehat{\boldsymbol{\beta}})\right] = (\boldsymbol{f} - \mathbf{X}\overline{\boldsymbol{\beta}})^\top\mathbf{X}\mathbb{E}_{\varepsilon}\left[(\overline{\boldsymbol{\beta}} - \widehat{\boldsymbol{\beta}})\right] = 0$$

が成り立つ．したがって，

$$R(n,m) = B(n,m) + V(n,m) \tag{2.7}$$

を得る．このとき，式 (1.26) より，$\mathbf{X}\overline{\boldsymbol{\beta}} = \mathbf{H}\boldsymbol{f}$ であるから，$\mathbf{X}\overline{\boldsymbol{\beta}}$ は線形部分空間 $L(\mathbf{X})$ への $\boldsymbol{f}$ の直交射影である．したがって，$B(n,m)$ は真の回帰式とモデルとの最短距離であり，モデルでは表現不可能な部分を表している．一方，$V(n,m)$ は，真の回帰式に最も近いモデル $\mathbf{X}\overline{\boldsymbol{\beta}}$ の周りでの推定されたモデルのバラツキを表しており，これは，データの確率的変動に依存して生じる最小二乗推定量のバラツキによって決まる．一般に，$B(n,m)$ を**バイアス**といい，$V(n,m)$ を**バリアンス**という．すなわち，真の回帰式と推定した回帰式との隔たりであるリスクは，バイアスとバリアンスに分解できる．

ここで，式 (1.27) より，

$$
\begin{aligned}
V(n,m) &= \frac{1}{n}\mathbb{E}_{\boldsymbol{\varepsilon}}\left[(\overline{\boldsymbol{\beta}}-\widehat{\boldsymbol{\beta}})^\top(\mathbf{X}^\top\mathbf{X})(\overline{\boldsymbol{\beta}}-\widehat{\boldsymbol{\beta}})\right] \\
&= \frac{1}{n}\mathbb{E}_{\boldsymbol{\varepsilon}}\left[\mathrm{tr}\left((\mathbf{X}^\top\mathbf{X})(\overline{\boldsymbol{\beta}}-\widehat{\boldsymbol{\beta}})(\overline{\boldsymbol{\beta}}-\widehat{\boldsymbol{\beta}})^\top\right)\right] \\
&= \frac{1}{n}\mathrm{tr}\left(\mathbb{E}_{\boldsymbol{\varepsilon}}\left[(\mathbf{X}^\top\mathbf{X})(\overline{\boldsymbol{\beta}}-\widehat{\boldsymbol{\beta}})(\overline{\boldsymbol{\beta}}-\widehat{\boldsymbol{\beta}})^\top\right]\right) \\
&= \frac{1}{n}\mathrm{tr}\left((\mathbf{X}^\top\mathbf{X})\mathbb{E}_{\boldsymbol{\varepsilon}}\left[(\overline{\boldsymbol{\beta}}-\widehat{\boldsymbol{\beta}})(\overline{\boldsymbol{\beta}}-\widehat{\boldsymbol{\beta}})^\top\right]\right) \\
&= \frac{1}{n}\sigma^2\mathrm{tr}\left(\mathbf{I}_{m+1}\right) = \sigma^2\frac{m+1}{n}
\end{aligned}
\tag{2.8}
$$

となる．すなわち，バリアンスは，係数の数（パラメータ数）に比例する．したがって，説明変数を増やせばバリアンスは大きくなる．直感的には，パラメータ数を増やすと，モデルが柔軟に（モデルの自由度が大きく）なるため，サンプルの確率的変動分までも忠実にフィットすることで，最小二乗推定量のバラツキが大きくなり，バリアンスが大きくなると解釈できる．また，上式より，バリアンスは加法雑音の分散に比例している．すなわち，データの確率的変動分が大きくなれば，推定量のバラツキが大きくなり，したがって，バリアンスが大きくなる．注意すべき点は，バリアンスは真の回帰式には関係しないにもかかわらず，リスクを悪化させる要因となっている点である．

いま，パラメータ数，したがって，説明変数の数が少なく，モデルが真の回帰式を表現できなければ，それは妥当なモデルとはいえない．この状況では，バイアスが大きくなるため，リスクは大きくなる．こうした状況を**アンダーフィッティング**という．一方で，第1章の寄与率や最小二乗推定の幾何学的解釈のところでも述べたように，説明変数を増やせば（モデルの自由度が大きくなれば），残差二乗和は単調に減少する．すなわち，より多くの説明変数を採用した方がサンプルに対するフィットは良い．しかしながら，上述したように，説明変数を増やせば，バリアンスは単調に増加するため，リスクは悪化する．このとき，真の回帰式に関係しない説明変数を追加しても，バイアスは変わらず，バリアンスだけが増加するので，リスクは単調に悪化する．しかしながら，真の回帰式に関係する説明変数を追加すれば，バイアスが減少するので，リスクは減少する．ただし，真の回帰式に関係する説明変数を追加したときにも，それによるバリアンスの増加は避けられない．したがって，説明変数が多すぎるとき，バイアスの減少の影響よりもバリアンスの増加の影響が大きくなり，全体としてリスクが悪化する状況が生じる．これは，モデルの自由度が大きくなり，サンプルに過剰にフィットして，バリアンスが大きくなる状況であるので，**オーバーフィッティング**という．アンダーフィッティングとオーバーフィッティングの状況は，本章の最初に述べた数値例で示されている．

式 (2.7) は，こうした推定の定性的なからくりを理論的に支持している点で非常に重要であるだけでなく，後述する変数選択において重要な役割を果たす．実際，式 (2.7) が述べている重要なことは，予測二乗誤差がバイアスとバリアンスのトレードオフで決まっている点である．すなわち，説明変数の数（＝パラメータ数）が少ないとアンダーフィッティングとなり，リスクは大きくなる．一方で，説明変数の数が多いとオーバーフィッティングとなり，やはり，リスクは大きくなる．すなわち，式 (2.7) は，適当な説明変数の数（適当な説明変数の組）においてリスクが最小化されるだろうことを述べているのである．

なお，真の回帰式が実現可能な場合は，真のパラメータ値を $\boldsymbol{\beta}^* = (\beta_0^*, \ldots, \beta_m^*)^\top$ とすると，式

(2.7) において，$\boldsymbol{f} = \mathbf{X}\boldsymbol{\beta}^*$ であり，式 (1.29) より，$\overline{\boldsymbol{\beta}} = \boldsymbol{\beta}^*$ であるから，バイアスは零になり，

$$R(n,m) = \sigma^2 \frac{m+1}{n} \tag{2.9}$$

が成り立つ．すなわち，リスクはバリアンスだけで決まる．

2.2.2　予測二乗誤差と最小二乗誤差

ここでは，予測二乗誤差と最小二乗誤差（残差二乗平均）の関係を調べる．いま，最小二乗誤差 $S(\widehat{\boldsymbol{\beta}})/n$ はサンプルの確率的変動に依存するので，それをサンプルの分布に関する期待値として評価する．まず，$\overline{\boldsymbol{\beta}}$，$\mathbf{H}$ および $\boldsymbol{\varepsilon}$ の性質より，

$$\begin{aligned}
\mathbb{E}_{\boldsymbol{\varepsilon}}\left[(\boldsymbol{y}-\boldsymbol{f})^\top(\boldsymbol{f}-\mathbf{X}\widehat{\boldsymbol{\beta}})\right] &= \mathbb{E}_{\boldsymbol{\varepsilon}}\left[\boldsymbol{\varepsilon}^\top(\boldsymbol{f}-\mathbf{X}\overline{\boldsymbol{\beta}}+\mathbf{X}\overline{\boldsymbol{\beta}}-\mathbf{X}\widehat{\boldsymbol{\beta}})\right] \\
&= \mathbb{E}_{\boldsymbol{\varepsilon}}\left[\boldsymbol{\varepsilon}^\top(\mathbf{X}\overline{\boldsymbol{\beta}}-\mathbf{X}\widehat{\boldsymbol{\beta}})\right] = \mathbb{E}_{\boldsymbol{\varepsilon}}\left[\boldsymbol{\varepsilon}^\top(\mathbf{H}\boldsymbol{f}-\mathbf{H}\boldsymbol{y})\right] \\
&= \mathbb{E}_{\boldsymbol{\varepsilon}}\left[\boldsymbol{\varepsilon}^\top(\mathbf{H}^2\boldsymbol{f}-\mathbf{H}^2\boldsymbol{y})\right] = \mathbb{E}_{\boldsymbol{\varepsilon}}\left[(\mathbf{H}\boldsymbol{\varepsilon})^\top(\mathbf{H}\boldsymbol{f}-\mathbf{H}\boldsymbol{y})\right] \\
&= \mathbb{E}_{\boldsymbol{\varepsilon}}\left[(\mathbf{H}(\boldsymbol{y}-\boldsymbol{f}))^\top(\mathbf{X}\overline{\boldsymbol{\beta}}-\mathbf{X}\widehat{\boldsymbol{\beta}})\right] \\
&= \mathbb{E}_{\boldsymbol{\varepsilon}}\left[(\mathbf{X}\widehat{\boldsymbol{\beta}}-\mathbf{X}\overline{\boldsymbol{\beta}})^\top(\mathbf{X}\overline{\boldsymbol{\beta}}-\mathbf{X}\widehat{\boldsymbol{\beta}})\right] \\
&= -\mathbb{E}_{\boldsymbol{\varepsilon}}\left[\|\mathbf{X}\widehat{\boldsymbol{\beta}}-\mathbf{X}\overline{\boldsymbol{\beta}}\|^2\right] = -nV(n,m)
\end{aligned} \tag{2.10}$$

となる．したがって，最小二乗誤差の期待値は，

$$\begin{aligned}
S(n,m) &:= \frac{1}{n}\mathbb{E}_{\boldsymbol{\varepsilon}}\left[S(\widehat{\boldsymbol{\beta}})\right] = \frac{1}{n}\mathbb{E}_{\boldsymbol{\varepsilon}}\left[\|\boldsymbol{y}-\mathbf{X}\widehat{\boldsymbol{\beta}}\|^2\right] \\
&= \frac{1}{n}\mathbb{E}_{\boldsymbol{\varepsilon}}\left[\|\boldsymbol{y}-\boldsymbol{f}\|^2\right] + \frac{1}{n}\mathbb{E}_{\boldsymbol{\varepsilon}}\left[\|\boldsymbol{f}-\mathbf{X}\widehat{\boldsymbol{\beta}}\|^2\right] - 2V(n,m) \\
&= \frac{1}{n}\mathbb{E}_{\boldsymbol{\varepsilon}}\left[\|\boldsymbol{\varepsilon}\|^2\right] + R(n,m) - 2V(n,m) \\
&= \sigma^2 + R(n,m) - 2V(n,m)
\end{aligned} \tag{2.11}$$

となる．式 (2.4) と式 (2.11) より，

$$E(n,m) = S(n,m) + 2V(n,m) \tag{2.12}$$

なる関係式が成り立つ．この式は，予測二乗誤差の不偏推定量が $S(\widehat{\boldsymbol{\beta}}) + 2V(n,m)$ で与えられることを意味している．すなわち，最小二乗誤差で予測二乗誤差を推定しようとすると，その推定はバリアンスによって悪化し，その悪化分（偏り）はバリアンスの 2 倍に一致する（この偏りは前述のバイアスとは異なり，予測二乗誤差を最小二乗誤差で推定する場合の偏りである）．

この関係式において，式 (2.8) より，説明変数の数 m が固定ならば，サンプル数 n が大きいほど偏りは小さくなる．このことは，サンプル数が多くなれば，最小二乗誤差は予測二乗誤差の良い推定値となることを意味している．一方で，n を固定して，説明変数の数 m が増えれば，偏りは悪化する．m が増えるとモデルは柔軟になり（自由度が大きくなり），最小二乗法により，サンプルによく合うモデルが得られることは述べてきた．このとき，最小二乗誤差は，m の増加に従って単調に減少する．これにより，一般に，最小二乗誤差は予測二乗誤差より小さくなる傾向にあることは

理解できる．式 (2.12) は，その平均的な度合いが $2V(n,m)$ であることを述べている．別の見方をすると，最小二乗誤差を予測二乗誤差の推定値としてみるときの補正分が $2V(n,m)$ になっているともいえる．

別の観点から考えると，m が多いとき，サンプルの確率的変動分までも忠実に獲得することで，最小二乗推定量のバラツキが大きくなり，バリアンスが大きくなる．上の結果は，最小二乗誤差による予測二乗誤差の推定の悪化は，このバリアンスの増加が直接影響していることを述べている．

ここで，バイアスは $S(n,m)$ の中に含まれているので，数式には陽に現れないことに注意する．すなわち，説明変数が十分ではないためにバイアスが生じる状況では，そもそもサンプルに対するフィットの度合いが低いので，最小二乗誤差 $S(\widehat{\boldsymbol{\beta}})/n$ も小さくならない．別の言い方をすると，式 (2.12) の左辺の $E(n,m)$ に生じるバイアスは，右辺の $S(n,m)$ にも存在し，等式が成り立っている．

2.2.3　実現可能な下での予測二乗誤差と残差分散

実現可能な場合，式 (2.9) より，$R(n,m)=V(n,m)$ となる．すなわち，バイアスがなく，リスクはバリアンスのみとなる．したがって，式 (2.4) より，予測二乗誤差は雑音分散 σ^2 とバリアンスの和となり，結果，

$$E(n,m)=\sigma^2+\sigma^2\frac{m+1}{n}=\sigma^2\left(1+\frac{m+1}{n}\right)$$

と簡単になる．いま，容易に確かめられるように，真の回帰式の与える予測二乗誤差は雑音分散 σ^2 である．それは，上の第二式の第 1 項に対応している．このときの第 2 項 $\sigma^2(m+1)/n$ は，推定したモデルの真の回帰式からの隔たりによって生じるものであり，特に，それはサンプルのバラツキによって生じるバリアンスである．実際，上述したように説明変数の数が増えるとバリアンスが大きくなるため，その分，推定したモデルと真の回帰式の隔たりは大きくなる．

一方，実現可能な場合，$R(n,m)=V(n,m)$ だから，式 (2.11) より，

$$S(n,m)=\sigma^2\left(1-\frac{m+1}{n}\right)$$

となる．$S(n,m)=\mathbb{E}_{\boldsymbol{\varepsilon}}[S(\widehat{\boldsymbol{\beta}})/n]$ だったので，この式より，

$$\sigma^2=\frac{\mathbb{E}_{\boldsymbol{\varepsilon}}[S(\widehat{\boldsymbol{\beta}})]}{n-(m+1)} \tag{2.13}$$

となる．したがって，

$$\widehat{\sigma}_m^2:=\frac{S(\widehat{\boldsymbol{\beta}})}{n-(m+1)} \tag{2.14}$$

は雑音分散 σ^2 の不偏推定量となる．この意味で，$\widehat{\sigma}_m^2$ を**不偏分散**と呼ぶ．ただし，実現可能でない場合には，$S(\widehat{\boldsymbol{\beta}})$ にバイアスが入るので，$\widehat{\sigma}_m^2$ は必ずしも雑音分散の不偏推定量とはならないことに注意する．一方，このことから，実現可能な場合でも，式 (1.43) で与えられる残差分散の最尤推定量は不偏推定量ではないことがわかる．ただし，サンプル数 n が m と比較して十分大きいときには，両者の差はほとんどない．

2.3 変数選択のための規準

2.3.1 いくつかの変数選択規準

本章のはじめに述べたように，線形回帰において，変数選択は重要な問題である．ここでは，最小二乗推定の下でのその方法の一つを与える．

サンプルを得ることが可能な説明変数のすべてを $x_1, \ldots, x_{\overline{m}}$ とする．いま，$x_0 = 1$ を定数項として，説明変数 $x_0, \ldots, x_m$ を利用したモデル（線形回帰式）を M_m と表すことにする．M_m のパラメータベクトルを $\boldsymbol{\beta}_m$ と表し，その最小二乗推定量を $\widehat{\boldsymbol{\beta}}_m$ と表すことにする．一番小さいモデルは M_0（定数項のみのモデル）であり，一番大きいモデルは $M_{\overline{m}}$（すべての説明変数を用いたモデル）である．一方，変数の組 $\Xi_m = \{x_0, \ldots, x_m\}$ を定義する．ここでは，変数選択の問題を，$\Xi_0, \ldots, \Xi_{\overline{m}}$ のいずれが妥当であるかを決める問題として考える（この設定の下で，妥当な m を決める問題である）．これは，$M_0, \ldots, M_{\overline{m}}$ の中から妥当なモデルを選ぶ問題と同じである．したがって，ここでの設定では，変数選択がモデル選択となっている．

いま，一番大きいモデル $M_{\overline{m}}$ は真の回帰式を実現可能であるとする．このとき，式 (2.14) より，

$$\widehat{\sigma}^2_{\overline{m}} = \frac{S(\widehat{\boldsymbol{\beta}}_{\overline{m}})}{n - (\overline{m} + 1)}$$

は雑音分散の不偏推定量である．

さて，良いモデルは予測に優れたモデルであるという観点から，式 (2.12) に基づき，予測二乗誤差の不偏推定量：

$$r(m, \sigma^2) := \frac{1}{n} S(\widehat{\boldsymbol{\beta}}_m) + \frac{2\sigma^2(m+1)}{n} \tag{2.15}$$

を変数選択規準として考える．すなわち，その規準を最小化する変数の個数は，予測二乗誤差が小さいという観点から正当化されると考える．ただし，雑音分散 σ^2 は未知であるから，例えば，σ^2 を $\widehat{\sigma}^2_{\overline{m}}$ で置き換えた $r(m, \widehat{\sigma}^2_{\overline{m}})$：

$$\mathrm{PSE}(m+1) := \frac{1}{n} S(\widehat{\boldsymbol{\beta}}_m) + 2\widehat{\sigma}^2_{\overline{m}} \frac{m+1}{n} \tag{2.16}$$

を **PSE** (Predicted Squared Error) という [7]．これは，予測二乗誤差の不偏推定量である．モデルの予測の良さの観点から考えると，これを最小化する m を選べばよいことになる．PSE はサンプルからのみ計算可能である．一般に，サンプルから計算できるモデルの評価規準を**モデル選択規準**（特別な場合として，変数を選択するときは**変数選択規準**，多項式回帰の次数を選択するときは**次数選択規準**）という．PSE の第 1 項は最小二乗誤差（残差二乗平均）であり，これはモデルのデータに対する当てはまりの度合いを表していると解釈できる．一方，第 2 項はバリアンスに由来する項であるが，これは，パラメータ数に比例しており，モデルの複雑さ（自由度）を表していると解釈できる．すなわち，PSE はモデルのデータに対する当てはまりと複雑さのトレードオフとして記述されている．特に，第 2 項は複雑さに応じて悪化する項であることから，モデルの複雑さに対する「**ペナルティ項**」とも呼ばれている．

一方，式 (2.15) において，σ^2 を

$$\widehat{\sigma}_m^2 = \frac{S(\widehat{\boldsymbol{\beta}}_m)}{n-(m+1)}$$

で置き換えた $r(m, \widehat{\sigma}_m^2)$：

$$\mathrm{FPE}(m+1) := \frac{1}{n} S(\widehat{\boldsymbol{\beta}}_m) \left(\frac{n+(m+1)}{n-(m+1)} \right) \tag{2.17}$$

を **FPE** (Final Prediction Error) という [4]．これは，M_m でバイアスが生じているときは予測二乗誤差の不偏推定量とならないが，後述するように，そのことは変数選択にあまり影響しない．PSE と FPE は，雑音分散の推定値が形式的に異なるだけで，本質的なところは同じであり，両者を区別しない場合もある．

一方，リスクもまた，予測二乗誤差と同等な評価規準となり得るから，これを用いた変数選択規準を考える．式 (2.11) より，リスクは

$$R(n,m) = S(n,m) + 2V(n,m) - \sigma^2$$

と書けるから，

$$\widehat{R}(n,m) := \frac{1}{n} S(\widehat{\boldsymbol{\beta}}_m) + 2\widehat{\sigma}_m^2(m+1) - \widehat{\sigma}_m^2$$

はリスクの不偏推定量となる．この関係を用いて，$\widehat{R}(n,m)$ に $n/\widehat{\sigma}_m^2$ を乗じた

$$C_p(m+1) := \frac{S(\widehat{\boldsymbol{\beta}}_m)}{\widehat{\sigma}_m^2} + 2(m+1) - n$$

を C_p という [27]．ただし，式 (2.4) より，予測二乗誤差とリスクとは，m に無関係な定数である σ^2 しか違わない．したがって，

$$\frac{n}{\sigma_m^2} \mathrm{PSE}(m+1) = C_p(m+1) + n$$

なる関係があり，PSE による変数選択も C_p による変数選択も本質的には同じである．

ここでは，変数選択規準として，PSE，FPE および C_p を紹介したが，重要な点は，これらが拠りどころとしているものは予測の良さであり，それは本質的に変わらないところである．

ここでの変数選択について補足をしておく．

- 真の回帰式が実現可能な場合，真の回帰式を表現するパラメータ値が存在するが，それを $\boldsymbol{\beta}^* = (\beta_0^*, \ldots, \beta_m^*)^\top$ としたとき，いくつかの k に対して，$\beta_k^* = 0$ の場合も考えられる．すなわち，この k について，x_k はモデルに組み込まれているが，真の回帰式には影響していない．ここでの変数選択の問題設定では，選択される変数の組の中に，こうした無駄な変数が組み込まれてしまうことを避けられない．すなわち，この枠組みでは，真の回帰式に影響している説明変数だけを特定できるとは限らない．この問題は，後述する subset selection と呼ばれる変数選択の枠組みによってある程度緩和される．
- ここでの議論から明らかなように，変数選択規準は，真の回帰式が実現可能かどうかにかかわらず，予測二乗誤差の小さい説明変数の組を見つけることを目的としている．この際，規準は

予測二乗誤差の推定値であるから，当然ではあるが，サンプルによって確率的に変動し，したがって，選択される説明変数も確率的に変動する．加えて，実現可能でない場合は（一般にはこの場合がほとんどである），後の数値例でわかるように，選択される説明変数はサンプル数によっても異なる．

- ここでは，$M_{\overline{m}}$ によって真の回帰式が実現可能であるという仮定を用いて雑音分散の不偏推定量を構成することを述べた．この実現可能性の仮定は必ずしも成り立っているとは限らない．しかしながら，統計的回帰を考える多くの場面では，ある程度は妥当な説明変数が用意されていると考え，ここでの不偏推定量を用いる場合が多いように思う．

2.3.2　実現可能な場合の数値例

多項式回帰モデルについて，予測二乗誤差，PSE および FPE を計算する数値例を示す．コード 2.7 がその R スクリプトである．これはコード 2.4 とほとんど同じ流れであり，変数選択規準の計算が含まれている点のみが異なる．スクリプトの説明は以下のとおりである．

2 ～ 12 行目：説明変数のサンプルを $[-1, 1]$ 区間の等間隔の `n` 点とし，真の回帰式 `tf` を $f(x) = 2.5 - 0.5x - 2x^2$ によって構成している．`mmax` は多項式の最大次数である．`S1` と `S2` は推定用サンプルセット数と予測用サンプルセット数である．

14 ～ 15 行目：予測用サンプルセットを `S2` セット生成し，`Z` に格納している．

18 ～ 45 行目：このループでは，各推定用サンプルに対して最小二乗推定を行い，PSE，FPE および予測二乗誤差を計算している．

22 ～ 25 行目：PSE で必要となる雑音分散の不偏推定量 `esigma2` を計算している．

28 ～ 41 行目：このループでは，各次数で，最小二乗推定量，PSE，FPE および予測二乗誤差を計算している．

42 ～ 44 行目：一つの推定用サンプルに対する PSE，FPE および予測二乗誤差を，それぞれ，`pse`，`fpe` および `pe` に格納している．

46 ～ 48 行目：PSE，FPE および予測二乗誤差の推定用サンプルセットに関する平均を計算し，それぞれ，`PSE`，`FPE` および `PE` に格納している．

図 2.8 に，サンプルと推定した回帰曲線の例を次数ごとに示す．また，図 2.9 に，このスクリプトで求めた PSE，FPE および予測二乗誤差（の推定値）の平均を示す．図 2.9 では，すべての m において，PSE が予測二乗誤差の平均によく一致しており，それが不偏推定量であることを示している．FPE については，$m \geq 2$ 以降で予測二乗誤差とよく一致しているが，$m < 2$ では隔たりがある．$m < 2$ では真の回帰式が実現可能でないため，最小二乗誤差 $S(\widehat{\boldsymbol{\beta}}_m)$ はバイアスにより大きくなる．FPE では，各次数 m において $S(\widehat{\boldsymbol{\beta}}_m)$ を利用して雑音分散を推定しており，このバイアスによって，それは不偏推定量より大きな値をとる．その結果，$m < 2$ のとき，図 2.9 にみられるように FPE は予測二乗誤差よりも大きくなる．このように，実現可能でない場合，FPE は予測二乗誤差の良い推定値にはなっていないが，それより大きな値をとるため，モデル選択において実現可

```
# 数値実験の準備
set.seed(2017)
n <- 50
mmax <- 8
S1 <- 500
S2 <- 500
sigma <- 0.4
x <- 2*(0:(n - 1)) / (n - 1) - 1
X <- rep(1, n)
for (m in 1:mmax) X <- cbind(X, x^m)
tb <- c(2.5, -0.5, -2, 0, 0, 0, 0, 0, 0)
tf <- X %*% tb
# 予測用サンプルセットの生成
Z <- NULL
for (s2 in 1:S2) Z <- cbind(Z, tf + rnorm(n, 0, sigma))
# 各推定用サンプルに対して最小二乗推定を行い，規準などを計算
pse <- fpe <- pe <- NULL
for (s1 in 1:S1) {
# 推定用サンプルの生成
  y <- tf + rnorm(n, 0, sigma)
# 雑音分散の不偏推定量の計算
  bf <- solve(t(X) %*% X) %*% t(X) %*% y
  ff <- X %*% bf
  Sf <- sum((y - ff)^2)
  esigma2 <- Sf / (n - (mmax + 1))
# 次数を変えながら最小二乗推定量を計算し，規準などを計算
  PSEtmp <- FPEtmp <- PEtmp <- NULL
  for (m in 1:(mmax + 1)) {
    Xm <- X[, 1:m]
# 最小二乗推定量の計算
    bm <- solve(t(Xm) %*% Xm) %*% t(Xm) %*% y
    fm <- Xm %*% bm
    Sm <- mean((y - fm)^2)
# PSEとFPEの計算
    PSEtmp <- c(PSEtmp, Sm + 2 * esigma2 * m / n)
    FPEtmp <- c(FPEtmp, Sm * ((n + m) / (n - m)))
# 予測二乗誤差の計算
    ptmp <- 0
    for (s2 in 1:S2) ptmp <- ptmp + mean((Z[, s2] - fm)^2)
    PEtmp <- c(PEtmp, ptmp / S2)
  }
  pse <- rbind(pse, PSEtmp)
  fpe <- rbind(fpe, FPEtmp)
  pe <- rbind(pe, PEtmp)
}
PSE <- apply(pse, 2, mean)
FPE <- apply(fpe, 2, mean)
PE <- apply(pe, 2, mean)
```

コード 2.7 多項式回帰でのモデル選択規準について数値例

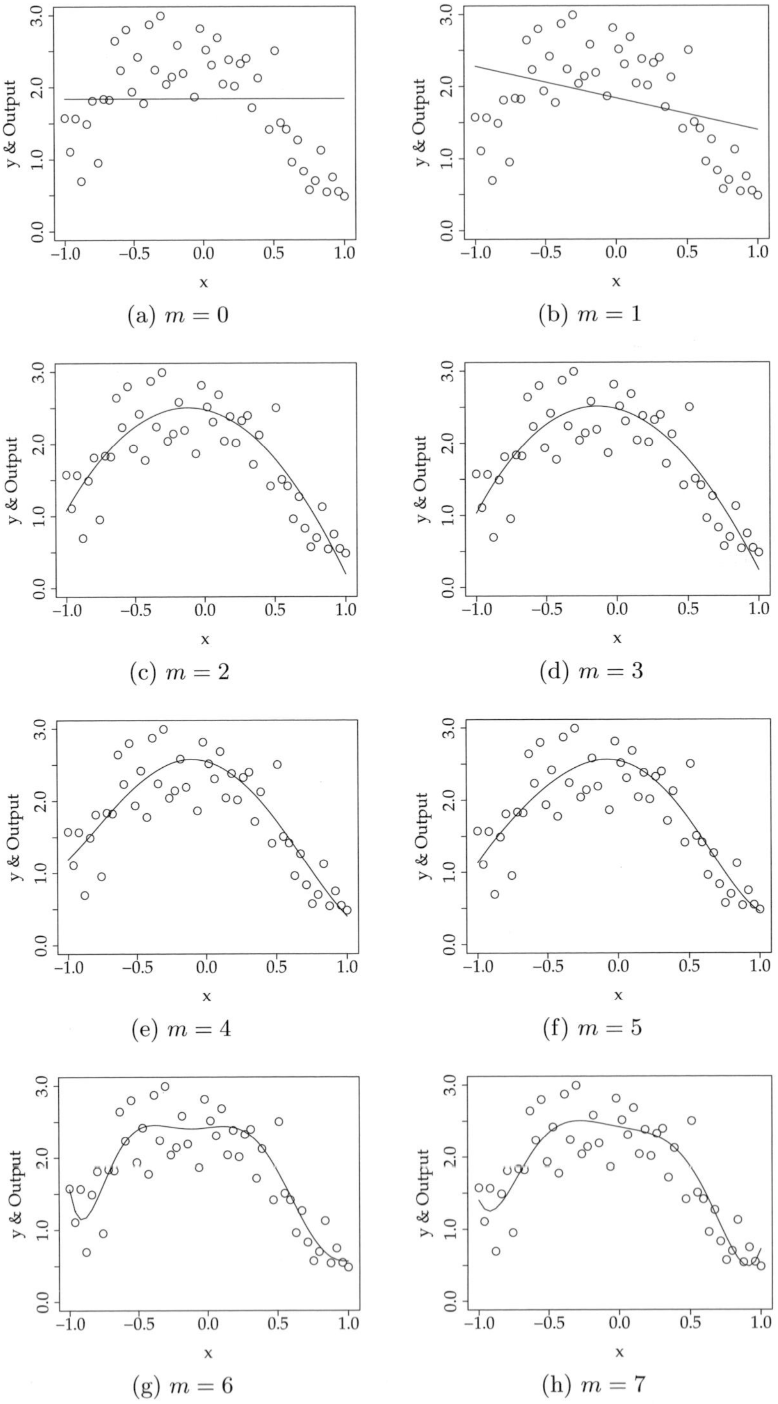

(a) $m = 0$　(b) $m = 1$

(c) $m = 2$　(d) $m = 3$

(e) $m = 4$　(f) $m = 5$

(g) $m = 6$　(h) $m = 7$

図 2.8　推定された曲線（実現可能な例）

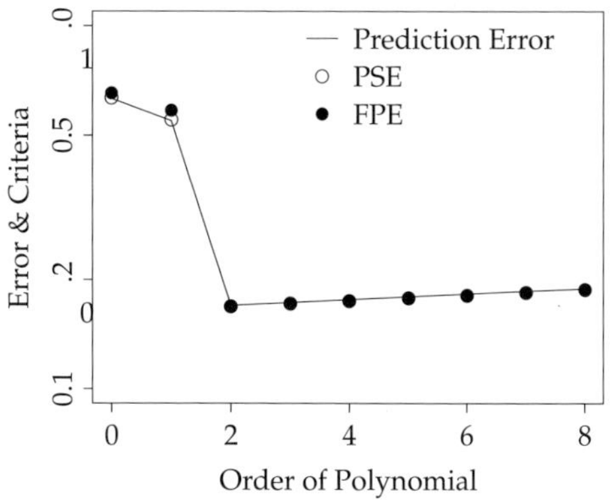

図 2.9 PSE，FPE および予測二乗誤差の平均

能でない場合が選ばれる可能性は少ない．すなわち，FPE は予測二乗誤差の不偏推定量とは限らないが，それがモデル選択において不利になることはなく，モデル選択の振る舞いは他の規準とほとんど同じである．

この図では，予測二乗誤差は $m = 2$ で最小値となっている．$m < 2$ においてはモデルが真の回帰式を記述できないので（実現不可能なので）バイアスが大きい（アンダーフィッティング）．一方で，m が大きいとモデルのバリアンスが単調に大きくなる（オーバーフィッティング）．したがって，いずれの場合も予測二乗誤差は悪化する．すなわち，m が小さすぎても大きすぎても予測は悪くなり，そのトレードオフによって最適なモデル（次数）が決まる．このことは，式 (2.4) および式 (2.7) によって理論的にサポートされている．ここでは，$m = 2$ において予測二乗誤差が最小となっており，それは予測の意味で最も良いモデルである．さらに，真の回帰式が 2 次までの多項式であったことから，予測二乗誤差を最小化する次数が真の回帰式の次数に一致している．したがって，PSE や FPE を最小化する次数を選ぶことは妥当であると考えられる．また，このことは，図 2.8 からも説明できる．$m = 0, 1$ のときは，推定されたモデルは明らかにサンプルの不変的（曲線的）な傾向をとらえていない．一方で，$m = 6, 7$ のときは，特に端の方で，サンプルの特殊（確率的）な変動を獲得してしまっている．したがって，いずれの場合も，真の回帰式からは隔たっている．

ただし，各サンプルに対する PSE および FPE は確率的な変動分があり，常に 2 次で最小化されるとは限らない．この点について，もう少し詳しく述べる．$m > 2$ では実現可能であるから，ここで予測二乗誤差の悪化の要因はバリアンスにある．式 (2.8) より，バリアンスは $\sigma^2(m+1)/n$ であるため，ある程度 n が大きく，m がそれほど大きくなければ，全体としては小さな値になる．n を動かす視点で考えると，バリアンスは m を定数として $1/n$ に比例する．実際，図 2.9 では，$m > 2$ での予測二乗誤差の悪化の度合いはほとんどわからない．一方で，バイアスは一般には m を固定すると定数である（各点でシステマティックな誤差が生じる）．したがって，この例において，$m < 2$ では予測二乗誤差は比較的大きな値をとる（ただし，もちろん，m を n に近づければ，バリアンスも大きくなる）．このことは，図 2.9 にみることができる．

これらのことから，まず，n が m と比較してある程度大きければ，PSE および FPE では真の次数より小さい次数はほとんど選ばれないことがわかる．もちろん，この傾向は，真の回帰式の形状，サンプル数および雑音分散などによるので注意が必要である．一方で，少し大きめの次数で規準が

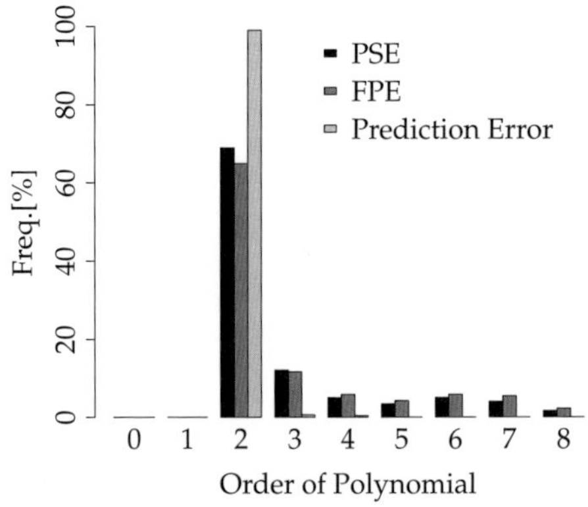

図 2.10　PSE，FPE および予測二乗誤差による次数の選択頻度

最小化されることはしばしばある．実際，実現可能な場合には，サンプル数を増やしても，PSE や FPE によって大きめの次数が選択される確率は零にならないことが理論的にも示されている [44]．

このスクリプトでは，各推定において，PSE，FPE および予測二乗誤差を最小化する次数を求めているので，`S1` 回の推定で選択された次数のヒストグラムを図 2.10 に示した．上での議論にあるように，真の次数が選ばれる頻度は，いずれの場合も 60 % 程度であり，実際に選ばれる次数は真の次数より大きくなる傾向にあることがわかる．図 2.9 では，PSE，FPE および予測二乗誤差（の推定値）の平均はほぼ一致しているが，PSE と FPE は一つのサンプルからの推定値であるため，規準にバラツキが生じる．その結果，図 2.10 に示す選択のバラツキが生じる．

このスクリプトでは真の回帰式がわかっているため予測二乗誤差の直接的な推定値を計算できたが，現実の問題では計算できないことに注意する．現実の問題では，サンプルのみが与えられた下での予測二乗誤差の推定値として PSE や FPE を用いることになる．ここでの結果は，それらが予測二乗誤差に基づく次数選択規準としてある程度妥当であることを示している（多めの次数を選択する傾向にあることには留意する必要がある）．

2.3.3　実現可能でない場合の数値例

ここでは，真の回帰式が $f^*(x) = \sin(\pi x)$ の場合について，前節の数値例と同じことを行う（コード 2.7 において 11 ∼ 12 行目を `tf <- sin(pi*x)` で置き換えたのみである）．このとき，真の回帰式はどの次数 m においても実現可能ではない．図 2.11 に，各次数におけるサンプルと推定した回帰曲線の例を示す．また，図 2.12 に，PSE，FPE および予測二乗誤差（の推定値）の平均を，図 2.13 に次数の選択頻度を示す．ただし，規準の計算に必要な雑音分散の不偏推定値としては，最大次数における（最も複雑なモデルにおける）残差分散の推定値を用いている．この例では，真の回帰式が実現可能でないため，これは厳密には不偏推定値とはならない．しかしながら，一般に，ある程度複雑なモデルであれば，近似的に残差分散の良い推定値となることが期待できる．

図 2.11 より，$m \leq 2$ では，想定した回帰式が真の回帰式を表現するのに明らかに不十分であり，バイアスが顕著である．このとき，$m = 1$ と $m = 2$ において，推定された曲線がほとんど変わらない．これは，sin 関数の Taylor 展開は奇数次数に限られることに起因するため，この例の特殊な事情によるものである．また，$m \leq 2$ のときは，予測二乗誤差も大きく（図 2.12），PSE や FPE に

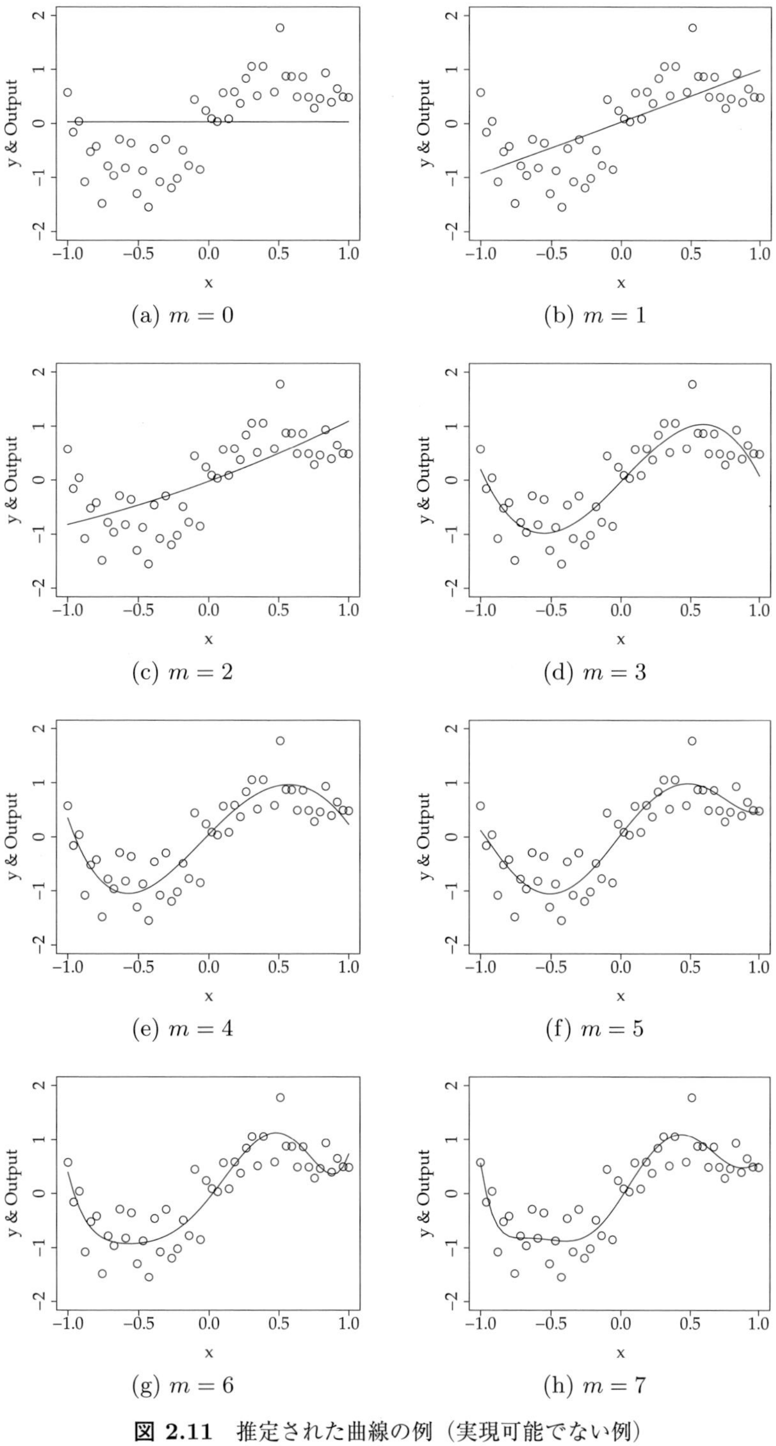

(a) $m = 0$　(b) $m = 1$

(c) $m = 2$　(d) $m = 3$

(e) $m = 4$　(f) $m = 5$

(g) $m = 6$　(h) $m = 7$

図 2.11　推定された曲線の例（実現可能でない例）

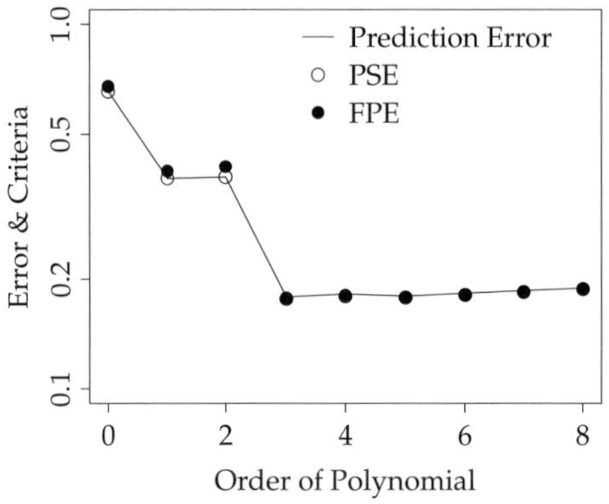

図 2.12 PSE, FPE および予測二乗誤差の平均

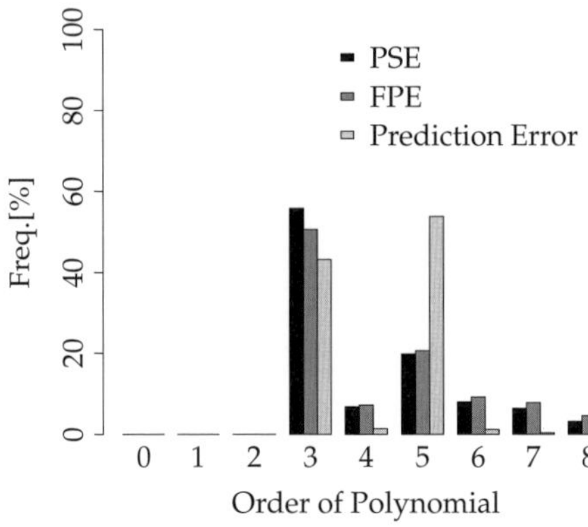

図 2.13 PSE, FPE および予測二乗誤差による次数の選択頻度 $(n = 50)$

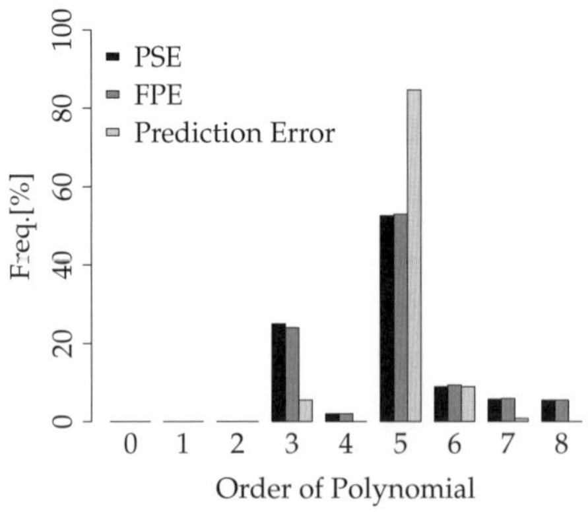

図 2.14 PSE, FPE および予測二乗誤差による次数の選択頻度 $(n = 200)$

よってこれらの次数が選択されることはほとんどない（図 2.13）．図 2.13 において，予測二乗誤差による次数選択では $m = 5$ が最も選ばれており，次いで $m = 3$，そしてその他の次数はほとんど選ばれていない．一方，PSE や FPE では，$m = 3$ が最も選ばれており，次いで $m = 5$ が選ばれているが，$m \geq 3$ で他の次数も選ばれており，次数選択のバラツキがみられる．ただし，$m \leq 2$ は選ばれておらず，これはバイアスによるものであると考えてよい．なお，図 2.13 において，$m = 3$ や $m = 5$ が選択される傾向にあるのは，前述したように，sin 関数の Taylor 展開が奇数次数に限られることに起因する．

一方で，図 2.11 より，$m = 6, 7$ のときは，サンプルに過剰にフィットしているようであり，このために，真の回帰式である sin 関数からは隔たった回帰式が推定されている．すなわち，真の回帰式が実現可能でない場合にも，オーバーフィッティングが生じる．本来，有限次数の多項式によって sin 関数を正確に表現することはできない．したがって，正確には高い次数のモデルが選択されるべきである．しかしながら，我々は，ノイズの重畳した有限個のサンプルしか持っておらず，そのサンプルに最もよく合うような多項式を最小二乗法によって求める．このため，m を増やすと，真の回帰式である sin 関数を追従するのではなく，（雑音の重畳した）サンプルを追従するため，オーバーフィッティングが生じる．重要なことは，真の回帰式がどのような m においても実現可能でないにもかかわらず，オーバーフィッティングにより予測二乗誤差は悪化するということである．多くの応用では，当然のことながら，真の回帰式が実現可能な場合はほとんどなく，この数値例のような状況が一般的である．そうした状況でもオーバーフィッティングの問題が生じることは注意しておくべきである．

この問題において，サンプル数を増やすとどうなるだろうか？　以下では，まず，この答えを直感的に説明する．サンプル数が少ないと，真の回帰式についての情報が乏しいため，その形状を正確に獲得することは難しい．例えば，サンプルが 1 点のみのとき，真の回帰式の形状を知ることは不可能である．しかしながら，サンプル数が多い場合，雑音に埋もれてはいるが，サンプルの中に潜む不変的な構造（形状）は明確になる．すなわち，ここでの例では，サンプル数が増えると，真の回帰式が sin 関数であることがより明確になる．sin 関数は有限次数の多項式によって近似できないことを考えると，このとき，次数が小さい多項式では sin 関数を表現できないため，バイアスが大きくなり，したがって，リスクは大きくなる．すなわち，サンプル数が増えると，リスクを最小化する次数は大きくなる傾向にある．次数選択規準はリスク（あるいは予測二乗誤差）の推定値であるから，それによって選ばれる次数も大きくなる傾向にある．これを検証するために，ここでの数値例において，サンプル数を $n = 200$ としたときの選択頻度を求めた結果を図 2.14 に示す．図 2.13 と比較すると，次数 $m = 5$ の選択頻度が最も高く，実際に，$n = 50$ の場合と比較してより大きな次数が選択される傾向にあることがわかる．なお，この数値例からわかるように，実現可能な場合であっても，サンプル数や真の係数の大きさによって，予測二乗誤差を最小とする次数は変わることになる．

応用においては，厳密に実現可能な場合は少ないと考えられるので，真の回帰式を正確に推定することは難しい．しかしながら，一般には，重要な説明変数についてのデータは採取されている場合が多い．このとき，FPE や PSE によって予測二乗誤差を小さくする変数の選択が可能なので，重要な説明変数が変数選択によって見つかる可能性は高いと考えられる．

2.3.4 AIC

1.10 節では，雑音の正規性を仮定した加法雑音モデルの下での線形回帰の最尤推定について述べた．ここでは，その場合のモデル選択を考える．最尤推定の下でのモデル選択規準としては **AIC** (Akaike Information Criterion) が最もよく知られている．AIC の導出については [40] を参照してほしい．AIC は最大対数尤度の負値とパラメータ数の和で与えられる規準であり，それを最小化するモデルが最適なモデルである．雑音の正規性を仮定した線形回帰モデルの場合，式 (1.45) および式 (1.43) より，

$$\begin{aligned}\mathrm{AIC}(m+1) &:= -\ell(\widehat{\boldsymbol{\beta}}, \widetilde{\sigma}^2) + (m+1)\\ &= \frac{n}{2}\log(2\pi\widetilde{\sigma}^2) - \frac{n}{2} + (m+1)\end{aligned} \tag{2.18}$$

である．ただし，$\widetilde{\sigma}^2$ は式 (1.43) で与えられる残差分散の最尤推定量であり，これは最小二乗誤差である．このとき，すでに述べたように，係数の最尤推定量は最小二乗推定量 $\widehat{\boldsymbol{\beta}}$ に一致することに注意する．式 (2.18) において，第 1 項は最大対数尤度の負値であり，最小二乗誤差の対数であることを考えると，データに対する当てはまりの度合いを表している．一方，第 2 項はパラメータ数であり，これはモデルの複雑さを表している（すなわち，複雑さに対するペナルティ項である）．すなわち，AIC はこの両者のトレードオフによって決まる量である．実は，大雑把に言うと，AIC は，未知のサンプルに対して推定したモデル（確率密度）を想定した際の対数尤度の平均の漸近的な（サンプル数が多い場合の）不偏推定量になっている．すなわち，FPE や PSE と同じように，AIC は確率密度の推定における予測誤差の見積もりに対応している．

AIC は最尤推定の下での規準であるから，その用途は線形回帰に限定されない．特に，後述する一般化線形モデルや非線形回帰モデルの場合でも，適当な仮定の下で，利用可能である．ただし，AIC の導出では，サンプル数が十分に多いときの最尤推定量の性質を用いているため，妥当なモデル選択を行うためにはある程度のサンプル数が必要となる．また，非線形回帰モデルについては，パラメータ値と回帰式が一対一に対応していないモデルなどには AIC は正当化されない．第 6 章で扱う階層型ニューラルネットワークはその例である．

いま，予測二乗誤差の不偏推定量を与える式 (2.15) において，残差分散 σ^2 の推定値として最尤推定量 $\widetilde{\sigma}^2$ を用いると，

$$r(m, \widetilde{\sigma}^2) = \frac{1}{n}S(\widehat{\boldsymbol{\beta}}) + \widetilde{\sigma}^2\frac{2(m+1)}{n}$$

である（ただし，サンプル数が多い場合は，不偏分散を用いても，以下の議論は変わらない）．第 1 項が $\widetilde{\sigma}^2$ であることに注意して，この対数をとると，$n \gg m$ のとき，

$$\log r(m, \widetilde{\sigma}^2) = \log\widetilde{\sigma}^2 + \log\left(1 + \frac{2(m+1)}{n}\right) \simeq \log\widetilde{\sigma}^2 + \frac{2(m+1)}{n}$$

が成り立つ．これは定数項（m に関係しない項）を除いて $\mathrm{AIC}(m+1)$ の $2/n$ 倍に一致する．すなわち，対数関数が単調増加であることを考えると，線形回帰モデルについては，漸近的には，予測二乗誤差に基づくモデル選択と AIC によるモデル選択は同じである．同様に，式 (2.17) より，サンプル数 n が十分大きければ，

$$\log \mathrm{FPE}(m+1) \simeq \log\widetilde{\sigma}^2 + \frac{2(m+1)}{n-(m+1)}$$

となる．このとき，ペナルティ項が 2AIC$(m+1)/n$ とは若干異なるが，$n \gg m$ ならば，FPE と AIC はほとんど同じ振る舞いをするといえる．

2.3.5 推定とは異なる入力点での予測

ここまでのところでは，推定に用いた入力点（推定点）でリスクを測ったが，PSE は，それ以外の点でリスクを測るときにも拡張されている [7]．

$\boldsymbol{x} = (x_0, x_1, \ldots, x_m)$ を説明変数として，推定用のサンプルを $\{(\boldsymbol{x}_i, y_i) \mid i = 1, \ldots, n\}$ とする．ただし，$\boldsymbol{x}_i = (x_{i,0}, \ldots, x_{i,m})$ である．ここでは，$\boldsymbol{x}_1, \ldots, \boldsymbol{x}_n$ を推定点と呼ぶ．このサンプルから求めた最小二乗推定量を $\widehat{\boldsymbol{\beta}}$ とする．2.2 節の加法雑音モデル $\boldsymbol{y} = \boldsymbol{f} + \boldsymbol{\varepsilon}$ を考える．一方で，説明変数 $\boldsymbol{x}$ の予測したい値，すなわち，予測したい入力点（予測点）を $\boldsymbol{u}_1, \ldots, \boldsymbol{u}_q$ とする．ただし，$\boldsymbol{u}_j = (u_{j,0}, \ldots, u_{j,m})^\top$ である．このとき，定数項を考える場合で，$x_0 = 1$ ならば，$\boldsymbol{u}_j$ についても $u_{j,0} = 1$ であることに注意する．$\mathbf{U}$ を (j,k) 要素が $u_{j,k-1}$ である $q \times (m+1)$ 行列とする．これは，予測点でのデザイン行列ともいえる．このとき，推定したモデルの予測点 $\boldsymbol{u}_j$ に対する出力を $f_{\widehat{\boldsymbol{\beta}}}(\boldsymbol{u}_j) = \boldsymbol{u}_j^\top \widehat{\boldsymbol{\beta}} = \sum_{k=0}^{m} \widehat{\beta}_k u_{j,k}$ と計算できる．したがって，すべての予測点での出力ベクトルは $(f_{\widehat{\boldsymbol{\beta}}}(\boldsymbol{u}_1), \ldots, f_{\widehat{\boldsymbol{\beta}}}(\boldsymbol{u}_q)) = \mathbf{U}\widehat{\boldsymbol{\beta}}$ と書ける．

一方，真の回帰式 f の予測点での値を並べたベクトルを $\boldsymbol{f}_{\boldsymbol{u}} = (f(\boldsymbol{u}_1), \ldots, f(\boldsymbol{u}_q))^\top$ と定義しておく．このとき，予測点で測るリスクを，式 (2.2) より，

$$R_{\boldsymbol{u}}(n,m,q) := \mathbb{E}_{\boldsymbol{\varepsilon}}\left[\frac{1}{q}\|\boldsymbol{f}_{\boldsymbol{u}} - \mathbf{U}\widehat{\boldsymbol{\beta}}\|^2\right]$$

と定義する（これは $\mathbf{X}$ に依存するため，本来なら $\mathbf{X}$ による条件付きとする方がよいが，表記が煩雑になるため省略する）．ここで，リスクは予測点の数 q にも関係する．$\overline{\boldsymbol{\beta}} = \mathbb{E}_{\boldsymbol{\varepsilon}}[\widehat{\boldsymbol{\beta}}]$ とすると，

$$\mathbb{E}_{\boldsymbol{\varepsilon}}\big(\boldsymbol{f}_{\boldsymbol{u}} - \mathbf{U}\overline{\boldsymbol{\beta}}\big)^\top \Big(\mathbf{U}\overline{\boldsymbol{\beta}} - \mathbf{U}\widehat{\boldsymbol{\beta}}\Big) = 0$$

は成り立つので，このときのリスクも，

$$\begin{aligned}
R_{\boldsymbol{u}}(n,m,q) &= B_{\boldsymbol{u}}(n,m,q) + V_{\boldsymbol{u}}(n,m,q) \\
B_{\boldsymbol{u}}(n,m,q) &:= \frac{1}{q}\mathbb{E}_{\boldsymbol{\varepsilon}}\big[\|\boldsymbol{f}_{\boldsymbol{u}} - \mathbf{U}\overline{\boldsymbol{\beta}}\|^2\big] \\
V_{\boldsymbol{u}}(n,m,q) &:= \frac{1}{q}\mathbb{E}_{\boldsymbol{\varepsilon}}\Big[\|\mathbf{U}\widehat{\boldsymbol{\beta}} - \mathbf{U}\overline{\boldsymbol{\beta}}\|^2\Big]
\end{aligned}$$

のようにバイアスとバリアンスに分解できる．ここで，$B_{\boldsymbol{u}}(n,m,q)$ がバイアス，$V_{\boldsymbol{u}}(n,m,q)$ がバリアンスである．バリアンスは，さらに，行列操作と式 (1.27) より，

$$\begin{aligned}
V_{\boldsymbol{u}}(n,m,q) &= \frac{1}{q}\mathbb{E}_{\boldsymbol{\varepsilon}}\Big[(\widehat{\boldsymbol{\beta}} - \overline{\boldsymbol{\beta}})^\top \mathbf{U}^\top \mathbf{U}(\widehat{\boldsymbol{\beta}} - \overline{\boldsymbol{\beta}})^\top\Big] = \frac{1}{q}\mathbb{E}_{\boldsymbol{\varepsilon}}\Big[\mathrm{tr}(\mathbf{U}^\top \mathbf{U})(\widehat{\boldsymbol{\beta}} - \overline{\boldsymbol{\beta}})(\widehat{\boldsymbol{\beta}} - \overline{\boldsymbol{\beta}})^\top\Big] \\
&= \frac{1}{q}\mathrm{tr}(\mathbf{U}^\top \mathbf{U})\mathbb{E}_{\boldsymbol{\varepsilon}}\Big[(\widehat{\boldsymbol{\beta}} - \overline{\boldsymbol{\beta}})(\widehat{\boldsymbol{\beta}} - \overline{\boldsymbol{\beta}})^\top\Big] = \frac{\sigma^2}{q}\mathrm{tr}(\mathbf{U}^\top \mathbf{U})(\mathbf{X}^\top \mathbf{X})^{-1} \qquad (2.19)
\end{aligned}$$

となる．例えば，この式において $\mathbf{U} = \mathbf{X}$ ととると，$q = n$ より，$V_{\boldsymbol{u}}(n,m,q) = \sigma^2(m+1)/n$ となり，これは推定点で予測を測る場合の結果と一致する．したがって，ここでの結果は，推定点 $\mathbf{X}$ で

のリスクの拡張となっている．なお，この式は，推定点と予測点が異なるとき，その食い違いがバリアンスに影響することを述べている．

真の回帰式が実現可能であれば，$\boldsymbol{\beta}^*$ が存在して，任意の $\boldsymbol{u} = (u_0, u_1, \ldots, u_m)^\top$ に対して $f(\boldsymbol{u}) = \boldsymbol{u}^\top \boldsymbol{\beta}^*$ だから，$\boldsymbol{f_u} = \mathbf{U}\boldsymbol{\beta}^*$ が成り立つ．このとき，式 (1.29) より $\overline{\boldsymbol{\beta}} = \boldsymbol{\beta}^*$ なので，$B_{\boldsymbol{u}}(n, m, q) = 0$ が成り立つ．すなわち，バイアスは零である．

いま，予測点における目的変数のサンプルに対する予測二乗誤差を考える．推定点で測ったときと同様に，$\boldsymbol{\eta} = (\eta_1, \ldots, \eta_q)^\top$ を $\eta_1, \ldots, \eta_q, \varepsilon_1, \ldots, \varepsilon_n$ が独立に同分布に従うようにとる．この下で，予測用サンプルを $\boldsymbol{z} = \boldsymbol{f_u} + \boldsymbol{\eta}$ とし，予測二乗誤差を

$$E_{\boldsymbol{u}}(\widehat{\boldsymbol{\beta}}) := \frac{1}{q}\mathbb{E}_{\boldsymbol{\eta}}\Big[\|\boldsymbol{z} - \mathbf{U}\widehat{\boldsymbol{\beta}}\|^2\Big]$$

で定義し，予測点における予測二乗誤差の期待値を

$$E_{\boldsymbol{u}}(n, m, q) := \mathbb{E}_{\boldsymbol{\varepsilon}}\Big[E_{\boldsymbol{u}}(\widehat{\boldsymbol{\beta}})\Big]$$

で定義する．まず，$\boldsymbol{\eta}$ と $\boldsymbol{\varepsilon}$ の独立性，$\mathbb{E}_{\boldsymbol{\eta}}[\boldsymbol{\eta}] = \mathbf{0}_q$ および $\mathbb{E}_{\boldsymbol{\eta}}[\boldsymbol{\eta}\boldsymbol{\eta}^\top] = \sigma^2 \mathbf{I}_q$ より，

$$\begin{aligned}
E_{\boldsymbol{u}}(\widehat{\boldsymbol{\beta}}) &= \frac{1}{q}\mathbb{E}_{\boldsymbol{\eta}}\Big[\|\boldsymbol{f_u} + \boldsymbol{\eta} - \mathbf{U}\widehat{\boldsymbol{\beta}}\|^2\Big] \\
&= \frac{1}{q}\mathbb{E}_{\boldsymbol{\eta}}\big[\|\boldsymbol{\eta}\|^2\big] + \frac{1}{q}\mathbb{E}_{\boldsymbol{\eta}}\Big[\|\boldsymbol{f_u} - \mathbf{U}\widehat{\boldsymbol{\beta}}\|^2\Big] + \frac{2}{q}\mathbb{E}_{\boldsymbol{\eta}}\Big[\boldsymbol{\eta}^\top(\boldsymbol{f_u} - \mathbf{U}\widehat{\boldsymbol{\beta}})\Big] \\
&= \sigma^2 + \frac{1}{q}\|\boldsymbol{f_u} - \mathbf{U}\widehat{\boldsymbol{\beta}}\|^2
\end{aligned}$$

である．したがって，$R_{\boldsymbol{u}}(n, m, q)$ の定義より，

$$E_{\boldsymbol{u}}(n, m, q) = \sigma^2 + R_{\boldsymbol{u}}(n, m, q)$$

となる．実現可能ならば $B_{\boldsymbol{u}}(n, m, q) = 0$ だから，この式と式 (2.19) より，予測点における予測二乗誤差は，

$$\sigma^2 + \frac{\sigma^2}{q}\mathrm{tr}(\mathbf{U}^\top\mathbf{U})(\mathbf{X}^\top\mathbf{X})^{-1}$$

となる．すなわち，これは予測点と推定点が異なるときの（実現可能性を仮定した下での）予測二乗誤差である．この式の σ^2 を適当な不偏推定量で置き換えたものは，予測二乗誤差の不偏推定量であるから，予測点と推定点が異なるときの変数選択規準として利用できる．

第 3 章

回帰におけるモデル選択

前章では，回帰式による予測とモデル選択の関係を説明するために，線形回帰の変数選択について述べた．特に，予測の理論から始めて，それに基づいて導かれる変数選択のための規準について触れた．変数選択は，「変数の数」を決める問題である．このように，推定すべき回帰式のパラメータ（線形回帰の場合は係数）以外で，回帰式の構成に影響を及ぼす量をベイズ的な観点からハイパーパラメータという．一方，予測に優れた回帰式を構成する方法をモデル選択といい，線形回帰の変数選択はその一つの形である．線形回帰の変数選択を例としてみたとき，一般に，モデル選択はハイパーパラメータを決める問題と考えることができる．本章では，汎化性能（予測性能）とモデル選択に係わる一般的な話題として，効率的な変数選択法，正則化と呼ばれる回帰式の推定法およびクロス・バリデーションと呼ばれるハイパーパラメータの選択方法を説明する．

3.1 subset selection

3.1.1 変数選択における問題

ここでは，線形回帰を考え，利用する説明変数と回帰式（モデル）を同一視する．いま，例えば，変数 x_0, x_1, x_2 があったとき，前章での変数選択の議論では，$M_1 = \{x_0\}$，$M_2 = \{x_0, x_1\}$，$M_3 = \{x_0, x_1, x_2\}$ を比較するという前提があった．ここで，$\{x_0, x_2\}$ が必要な変数であるとする．この場合，$\{x_0, x_2\} \not\subseteq M_1$ および $\{x_0, x_2\} \not\subseteq M_2$ なので，M_1 と M_2 はバイアスが生じ，サンプル数がある程度あれば，モデル選択では，M_3 が選択される傾向にあると考えられる．しかしながら，M_3 は余分な変数 x_1 を含むことになる．

このとき，x_1 も重要な変数であると解釈されると，分析におけるミスリードがある．したがって，選択された変数が本当に重要かどうかはモデル選択後にチェックする必要がある．また，モデルに余計な変数が多く含まれれば，オーバーフィッティングにより，推定されたモデルのバリアンスが大きくなり，予測性能を悪化させることになる．このため，余計な変数の特定とモデルからの除外は重要である．その方法としては，標準偏回帰係数を求めてみることなども考えられるが，サンプルに基づき変数選択した後で何らかの統計的推測を行うときは厳密には注意が必要である（選択的推論の問題が生じる）．

一方で，そもそもの推定における自然な方法として，すべての変数の組合せを考えて，この中からモデルを選択することが考えられる．すなわち，変数 x_0, x_1, x_2 があるとき，$\{x_0\}$，$\{x_1\}$，$\{x_2\}$，$\{x_0, x_1\}$，$\{x_1, x_2\}$，$\{x_0, x_2\}$，$\{x_0, x_1, x_2\}$ をモデル候補として考える．この下で，$\{x_0, x_2\}$ が選択できれば，余計な変数がモデルに入ることはない．この問題は **subset selection** と呼ばれている．subset selection では，変数のすべての組合せについて，パラメータ推定を行い，比較する必要があり，これには多大な計算量を要する．利用できる変数が m 個あれば，変数が k 個のモデルは ${}_mC_k$ 個存在する．したがって，$\sum_{k=1}^{m} {}_mC_k = 2^m - 1$ 回の推定を行う必要がある．最近では，変数の数が多いときの分析が注目されているので，そうした場合，計算量の問題は本質的である．このため，一般には，subset selection を全探索の意味で解くことはまず考えない．

subset selection の問題を近似的に解く妥当な方法として，変数増加法 (forward selection)，変数減少法 (backward elimination)，変数増減法 (stepwise selection) などが知られている．ここでは，変数増加法と変数減少法について主に述べる．

3.1.2　変数増加法と変数減少法および貪欲法

以下では，すべての変数の集合を $I_{\mathrm{full}} := \{x_0, x_1, \ldots, x_{\overline{m}}\}$ とする．一般に，想定した説明変数をすべて含むモデルを**フルモデル**という．**変数増加法**は，空のモデルからスタートし，各ステップでモデルに妥当な変数を取り入れる方法である．一方，**変数減少法**は，フルモデルからスタートし，各ステップでモデルから必要でない変数を除外する方法である．変数増加法と変数減少法では，この操作のために，モデルを評価するための規準を定める．

各方法において，$m-1$ ステップ目で選ばれている変数の集合を I_{m-1} とし，選ばれていない変数の集合を $\overline{I}_{m-1} = I_{\mathrm{full}} - I_{m-1}$，すなわち，$I_{m-1}$ の補集合とする．変数集合 I の下で適当な方法によってパラメータ推定したモデルを $\widehat{M}(I)$ とする．例えば，最小二乗推定などを考えればよい．$C(\widehat{M}(I))$ を $\widehat{M}(I)$ に対する評価規準の値とする．ここでは，$C(\widehat{M}(I))$ が小さいほど良いモデルであるとする．

- 変数増加法は，空のモデルから始めて，現在のモデルに，規準が最小になる変数を追加していく方法である．具体的には，$I_0 = \varnothing$ を初期設定として，m ステップ目において，

$$\xi = \arg \min_{x \in \overline{I}_{m-1}} C(\widehat{M}(I_{m-1} \cup \{x\}))$$

　として，$I_m = I_{m-1} \cup \{\xi\}$ とする．ここで，arg　min の記号は min を達成する x のことを指すものとする．m ステップ目において，$C(\widehat{M}(I_{m-1})) < C(\widehat{M}(I_m))$ ならば I_{m-1} を選択する．これは，変数を追加しても規準の値が減少しないことを意味する．

- 変数減少法は，すべての変数を含むモデルから始めて，その変数を除いたときに規準が最小となる変数を除く方法である．具体的には，$I_0 = I_{\mathrm{full}}$ を初期設定として，m ステップ目において，

$$\xi = \arg \min_{x \in I_{m-1}} C(\widehat{M}(I_{m-1} - \{x\}))$$

　として，$I_m = I_{m-1} - \{\xi\}$ とする．すなわち，除いたときに規準を最小にする変数を ξ として，ξ を I_{m-1} から除いた変数集合を I_m とする．m ステップ目において，$C(\widehat{M}(I_m)) > C(\widehat{M}(I_{m-1}))$ ならば I_{m-1} を選択する．これは，変数を除いても規準の値が減少しないことを意味する．

いずれの方法でも，サンプルの確率的変動によって，規準が最小値付近で変動することから，余分な変数を取り込んだり，必要な変数を除外したりしてしまう可能性があることに注意する．加えて，変数増加法では，後述するように，必要でない変数の取り込みを避けられない場合がある．一方で，変数増加法では，ステップ数がそれほど多くなければ，利用できる変数の数にかかわらず探索は容易である．これに対して，利用できる変数の数が多いとき，変数減少法の計算量は多くなるとともに，多重共線性の問題を考える必要が生じる（特に，利用できる変数の数がサンプル数より多いときは問題である）．

変数増加法と変数減少法の他に，例えば，変数増加法の各ステップで，採用されている変数の集合に対して変数減少法を適用する**変数増減法**もある．これによって，すでに組み込まれている余分な変数を除外できる可能性がある．なお，R では，これらの方法を実装する関数として，評価規準に AIC を採用した `step` 関数がある．

ここで述べた変数増加法・変数減少法は統計分野では一般的に知られている方法である．一方，データとの誤差が小さくなる変数を順次モデルに追加していく方法は，機械学習において**貪欲法**と呼ばれている．すなわち，変数増加法は，貪欲法に適当な停止規準を設けた方法と位置づけることができる．変数増加法では，変数を追加するごとに停止するかどうかの評価をしたが，例えば，予め決められた変数の数まで貪欲に変数を追加していき，最後にすべてのモデルを並べた上で，適当な選択規準を用いていずれかのモデルを選ぶことも考えられる．こうした方法には特に名称はないようなので，混乱がない限り，ここでは単に貪欲法と呼ぶことにする．いま，変数の集合 I をもつモデルのデータに対する当てはまりの尺度を $C_1(I)$ とする．例えば，二乗誤差和などを考える．一方で，$C_2(I)$ をモデルの良さを測る規準とする．例えば，PSE などを考えればよい．貪欲法では，具体的には，$I_0=\varnothing$ として，m ステップ目において

$$\xi=\arg\min_{x\in\overline{I}_{m-1}} C_1(I_{m-1}\cup\{x\}) \tag{3.1}$$

として，$I_m=I_{m-1}\cup\{\xi\}$ とする．変数の個数を m としたとき，$m\le\overline{m}$ の間，m を増やしながらこれを繰り返し，

$$\widehat{m}=\arg\min_{1\le m\le\overline{m}} C_2(I_m)$$

とし，$I_{\widehat{m}}$ を選択する．ここでは，変数集合 $I_{m-1}\cup\{x\}$ の下でモデルの再推定を行うように定義しているが，I_{m-1} の下で推定されたモデルを固定して，それが与える残差を減らすように変数を加えて I_m を構成する方法も考えられる．このタイプのアルゴリズムの中には，機械学習におけるブースティングがあり（例えば [8]），現在では様々なバリエーションが提案されている．

なお，変数増加法のように，規準値が増加した時点で停止して，そのときの I_m を選択する場合，想定したモデルの中で，規準を最小とするモデルより小さいモデルが偶発的に選ばれることもある．例えば，m ステップ目での規準値が，$m-1$ ステップ目での規準値より大きくなったが，$m+1$ ステップ目での規準値は $m-1$ ステップでの規準値より小さくなることもあるかもしれない．特に，規準の最小値付近では，規準の値がそれほど大きく異ならないため，こうしたことがしばしば生じる．こうした偶発性は適当なヒューリスティックスによってある程度回避することもできる．

subset selection は余分な変数を取り込まない形のモデリングとして紹介したが，それを近似的に実現する貪欲法では，余分な変数を取り込むことを完全に避けられるわけではない．少し詳しく説明しておく．いま，$u \in [-1,1]$ として，$\phi_k(u) = \exp\left(-2(x-0.2k)^2\right)$ と定義する．ϕ_{-1}，ϕ_0 および ϕ_1 を図 3.1 に実線で示す（左から順に $k=-1,0,1$ の場合の関数である）．このとき，真の回帰式を $f^*(u) = \phi_{-1}(u)/2 + \phi_1(u)/2$ で構成し，u_i を $[-1,1]$ 区間の等間隔 $n = 50$ 点とし，サンプルを $y_i = f^*(u_i) + \varepsilon_i$ によって生成する．ここで，$\varepsilon \sim N(0, 0.05^2)$ とする．このサンプルを図 3.1 に○で示す．この状況で，$\{\phi_{-1}, \phi_0, \phi_1\}$ を候補として，C_1 を二乗誤差和として貪欲法を適用することを考える．このとき，サンプルに対するフィットは ϕ_0 が最も良いようにみえるし，R で確かめると，実際にそうなっている．このため，最初にモデルに組み込まれる変数（関数）は ϕ_0 となるが，これは真の回帰式に寄与していない．したがって，その下で C_2 を用いて変数の数を決めても，余分な変数を組み込んだモデルが選択されることになる．こうしたことは，説明変数（この場合は ϕ_k）間の相関や真の回帰式の係数の状況によって生じる．この場合も，ϕ_{-1} と ϕ_1 の線形和が ϕ_0 に似ていたために生じたことになる．貪欲法は効率的ではあるが，あくまで全探索を近似的に回避するものであるため，こうしたことは許容しなければならない．当然ながら，このことは変数増加法に対しても当てはまる．このとき，変数増減法は，変数を追加したモデルを再度吟味し，そのモデルから不必要な変数を除くヒューリスティックスであるため，この問題は緩和されることになる．ただし，後述するように，貪欲法などを含めて，変数を出し入れするための規準については注意が必要である．

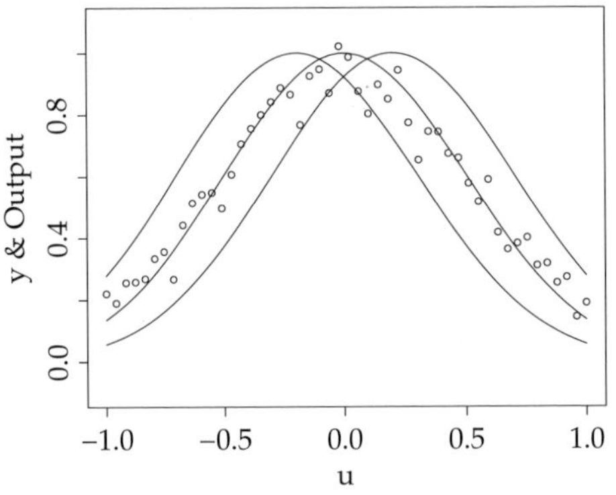

図 3.1 曲線回帰の例

3.1.3 貪欲法の数値例

ここでは，多項式回帰の場合について，貪欲法の数値例を紹介する．コード 3.2 に二乗誤差和に関して貪欲的に変数を選択する R 関数を示す．この関数は説明変数のデザイン行列 `X` と目的変数のサンプルベクトル `y` を受け取り（コード 3.3 を参照），二乗誤差和を C_1 とした場合の $I_{\overline{m}}$ を `sidx` として返す関数である．関数の中で，各ステップでの `sidx` が I_m 内の変数のインデックスであり，`cidx` が $\overline{I}_m$ 内の変数のインデックスである．

2 ～ 4 行目：`mmaxp1` は変数の数であり，最大ステップ数である．最終的な戻り値である `sidx` は空にしておき，選択の対象である `cidx` はすべての変数のインデックス集合として

```
1 greedy <- function(X, y) {
2   mmaxp1 <- ncol(X)
3   sidx <- NULL
4   cidx <- 1:mmaxp1
5 # ステップに関するループ
6   for (m in 1:mmaxp1) {
7     errtmp <- NULL
8 # 選ばれていない変数のインデックスに関するループ
9     for (k in cidx) {
10 # cidx の要素を sidx に一時的に一つ追加して最小二乗推定量を計算
11       idx <- c(sidx, k)
12       Xm <- X[, idx]
13       bm <- solve(t(Xm) %*% Xm) %*% t(Xm) %*% y
14       fm <- Xm %*% bm
15 # cidx の各要素に対して残差二乗平均を格納
16       errtmp <- c(errtmp, mean((y - fm)^2))
17     }
18 # 残差二乗平均を最小化する cidx の要素のインデックスの決定
19     pos <- which.min(errtmp)
20 # sidx と cidx のアップデート
21     sidx <- c(sidx, cidx[pos])
22     cidx <- cidx[-pos]
23   }
24   return(sidx)
25 }
```

コード 3.2 二乗誤差和に関して貪欲的に変数を選択する R 関数

いる．

6 ～ 23 行目：ステップ数（変数の数）を増やすループである．m は選択している説明変数の数であり，ステップ数に対応している．

9 ～ 17 行目：このループにおいて，cidx の要素 k を sidx に（一時的に）追加したインデックス idx の下で最小二乗推定量を計算し，残差二乗平均を求めている．errtmp には，各 k に対する残差二乗平均が格納されていく．

19 行目：cidx 内の要素を追加したときの残差二乗平均 errtmp を最小とする変数のインデックスを pos に代入している．

21 ～ 22 行目：sidx（I_{m-1}）に上で選ばれた cidx 内の要素を追加し，cidx（$\overline{I}_{m-1}$）からその要素を削除する．

各ステップでの係数（パラメータ）の推定値をリストなどで返すことも考えられるが，ここでは，貪欲的に選ばれた変数の順番のみを返すようにしている．また，適当な規準によって選択した変数の組を返すように greedy 関数を修正することは簡単である．

多項式回帰の場合に，この関数 greedy を利用して，PSE と予測二乗誤差（の推定値）を計算し，それぞれによる変数選択を行う R スクリプトをコード 3.3 に示す．このスクリプトは，コード 2.7 において，単純なパラメータ推定を貪欲法に置き換えたものになっている．S1 個の推定用サンプルセットのそれぞれに対して貪欲法を適用し，PSE および予測二乗誤差（の推定値）を計算してい

```
1  set.seed(2017)
2  n <- 50; mmax <- 8; mmaxp1 <- mmax + 1; sigma <- 0.4; S1 <- 500; S2 <- 500
3  x <- 2 * (0:(n-1)) / (n-1) - 1
4  X <- rep(1, n)
5  for (m in 1:mmax) X <- cbind(X, x^m)
6  tf <- sin(pi * x)
7  Z <- NULL
8  for (s2 in 1:S2) Z <- cbind(Z, tf + rnorm(n, 0, sigma))
9  perr <- NULL; pse <- NULL
10 for (s1 in 1:S1) {
11   y <- tf + rnorm(n, 0, sigma)
12   bf <- solve(t(X) %*% X) %*% t(X) %*% y
13   ff <- X %*% bf
14   esigma2 <- sum((y - ff)^2) / (n - mmaxp1)
15 # 貪欲法によって並べ直したインデックス sidx の取得
16   sidx <- greedy(X, y)
17   psem <- NULL
18   perrm <- NULL
19 # sidx の順番で最小二乗推定量を計算し，PSE および予測二乗誤差を計算
20   for (m in 1:mmaxp1) {
21     idx <- sidx[1:m]
22     Xm <- matrix(X[, idx], n, m)
23     bm <- solve(t(Xm) %*% Xm) %*% t(Xm) %*% y
24     fm <- Xm %*% bm
25     psetmp <- mean((y - fm)^2) + 2 * m * esigma2 / n
26     psem <- c(psem, psetmp)
27     perrtmp <- NULL
28     for (s2 in 1:S2) perrtmp <- c(perrtmp, mean((Z[, s2] - fm)^2))
29     perrm <- c(perrm, mean(perrtmp))
30   }
31 # PSE と予測二乗誤差の格納
32   pse <- rbind(pse, psem)
33   perr <- rbind(perr, perrm)
34 }
```

コード 3.3　貪欲法の数値例

る．予測二乗誤差は S2 個の予測用サンプルセットに対する二乗誤差平均として計算している（これは実際の応用では計算できない値なので注意する）．

1 ～ 8 行目：コード 2.7 と同様である．説明変数 x のデザイン行列 X の第 $k+1$ 列に $\mathtt{x}^k$ が格納される．ここで，回帰式の最大次数は mmax $= 8$ 次である．真の回帰式 tf を $\sin(\pi x)$ とし，加法雑音の分布は $N(0, 0.4^2)$ としている．Z は予測用のサンプルセットであり，n $= 50$ 点のサンプルを列ベクトルとして，S2 $= 500$ セットを格納した行列である．

10 ～ 34 行目：このループは基本的にコード 2.7 と同様である．ただし，最大次数の回帰式を当てはめて求めた雑音分散の推定値 esigma2 を PSE の計算に用いているが，厳密には不偏分散ではないことに注意する．

16 行目：greedy 関数により，二乗誤差和に関する貪欲法の選択順のインデックス sidx を求めている．

20 ～ 30 行目：このループでは，sidx の順に次数を固定しながら，係数を最小二乗推定し，

PSE を psem に，予測二乗誤差を perrm に格納している．

32 ∼ 33 行目：各推定用サンプルに対する PSE と予測二乗誤差を，それぞれ，pse と perr に格納している．

この数値実験で pse と perr が得られるので，PSE と予測二乗誤差（の推定値）の 500 回の試行に対する平均を図 3.4 に示す．また，PSE と予測二乗誤差による項数の選択頻度を図 3.5 に示す．さらに，サンプルと各項数において推定された回帰曲線の例を図 3.6 に示す．

図 3.6 から，項数が 2 のとき，すでに，サンプルの大まかな傾向をとらえていることがわかる．真の回帰式が sin 関数であるから多項式近似では奇数次数が必要となる．通常の多項式回帰では，無駄な偶数次数が回帰式に組み込まれるが，貪欲法においては，項数が 2 であっても，主要な奇数次数を回帰式に組み込めるので，それによって真の回帰式の概形をとらえることができる．すなわち，この例は，貪欲法によって回帰式を効率的に構成できることを示している．

図 3.4 において，PSE の平均と予測二乗誤差の平均は一致しておらず，項数 3 以降で，予測二乗誤差より PSE の方が小さくなっている．その差は，項数が 3 付近で顕著であり，項数 9 のときはほとんどない．項数が少ないときは，多くの候補から変数を選ぶため，その効果は大きい．これに対して，項数が多いとその効果は小さく，最大の項数では変数を選ぶ効果がない．この例では，PSE

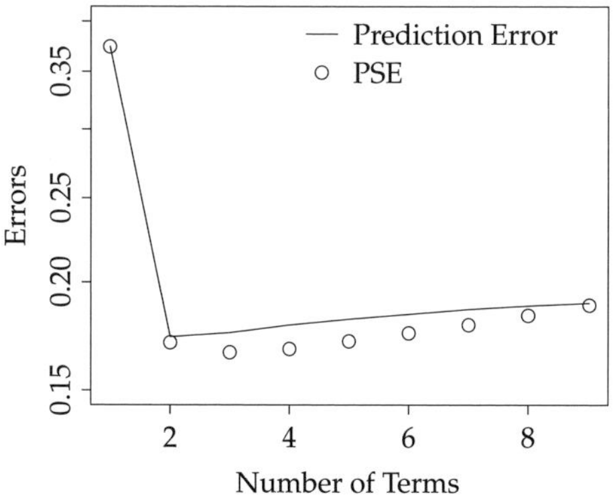

図 3.4 PSE と予測二乗誤差の平均

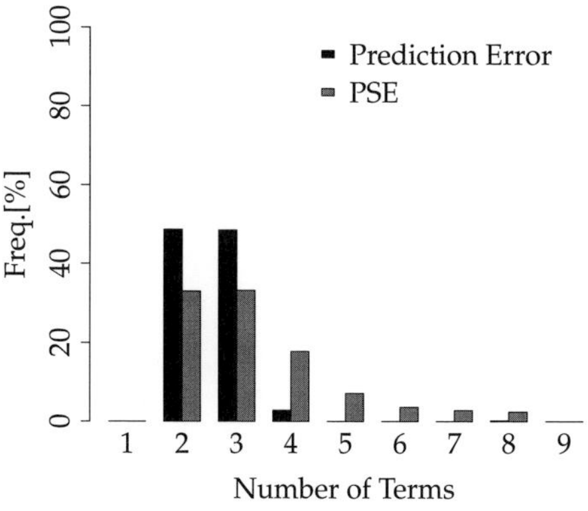

図 3.5 貪欲法において選択された項数のヒストグラム

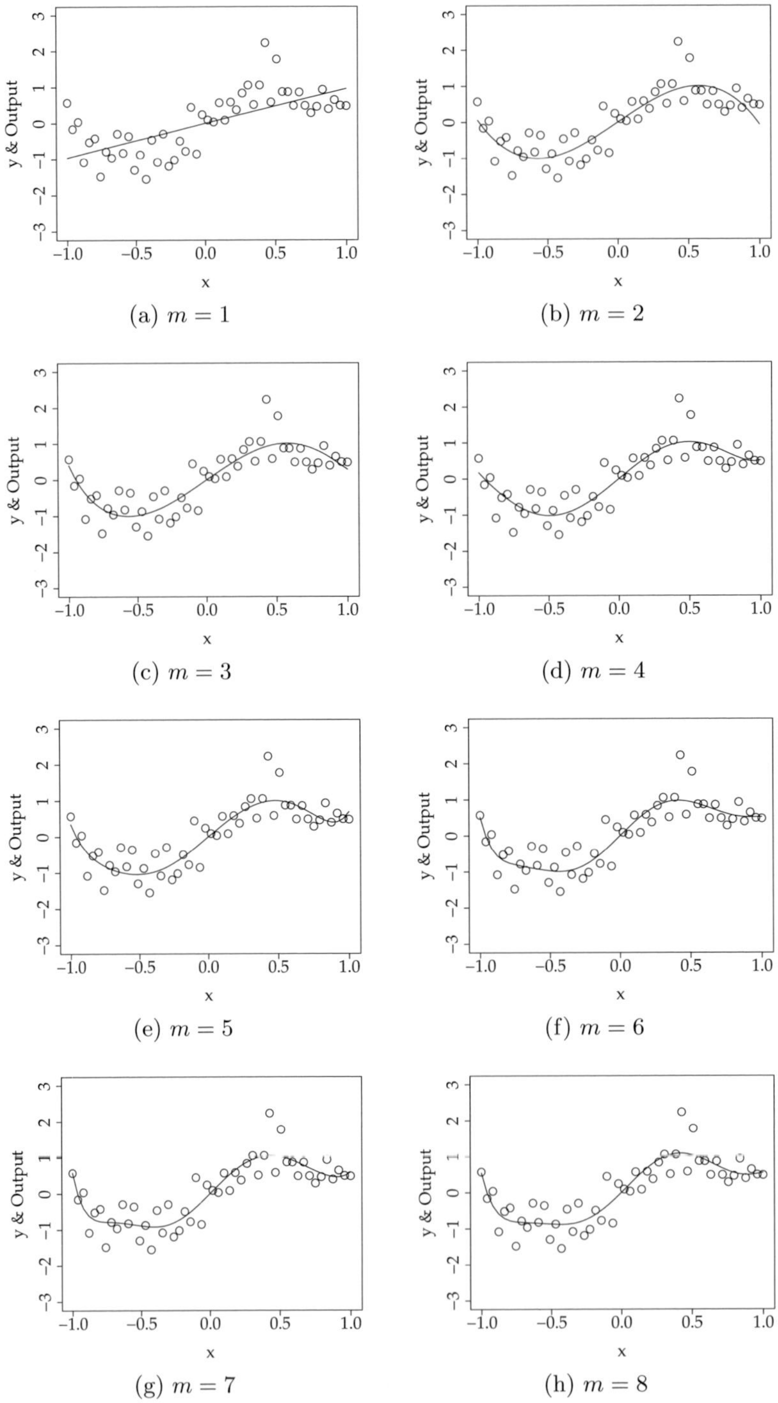

(a) $m = 1$　(b) $m = 2$

(c) $m = 3$　(d) $m = 4$

(e) $m = 5$　(f) $m = 6$

(g) $m = 7$　(h) $m = 8$

図 3.6　貪欲的に選択されたモデルの例（m は項数）

の平均は項数3で最小値を示しているのに対して，予測二乗誤差は項数2で最小となっている．ただし，平均値の差はそれほど大きくないので，サンプルによって最小値を与える項数は変動していることに注意する．

図3.5より，予測二乗誤差と比較してPSEの方が大きめの項数を選択する傾向にある．このことは，図3.4の結果からも妥当である．ただし，それほど外れた項数が選ばれているわけではない．

以上の結果は，貪欲法（したがって，変数増加法）では，PSEが予測二乗誤差の推定値として妥当でないことを示唆している．この理由を次に説明する．

3.1.4 変数増加法・変数減少法に対するモデル選択規準の問題点

上記の貪欲法のRスクリプトの例では，モデル選択規準としてPSEを利用した．一般には，変数増減法などにおいて，最尤推定の下でのAICが利用されることも多いようである．線形回帰の場合は，これまでにみてきたように，PSE, C_p, FPEおよびAICはほとんど同じ振る舞いをする．例えば，PSEは予測二乗誤差の不偏推定量であったことから，これを最小化するモデルを良いモデルとみなすことは妥当であった．しかしながら，実は，貪欲法や変数増加法に対しては，PSE（したがって，C_p，FPEおよびAIC）の予測二乗誤差の推定値としての妥当性があるわけではない（例えば [25]）．この点について，貪欲法（設定としては変数増加法と同じ）の場合で詳しく説明する．

この議論は，最小二乗誤差と予測二乗誤差の関係についてこれまで議論してきたことと重複する部分も多いが，再度，重ねて述べることにする．いま，変数の集合Iをもつモデルの下での最小二乗推定量を$\widehat{\boldsymbol{\beta}}(I)$，PSEをPSE$(I)$と書くことにする．また，表記を簡単にするために，$x \in \overline{I}_{m-1}$について，$I_m(x) = I_{m-1} \cup \{x\}$と表す．式(3.1)より，貪欲法では$I_m = I_m(\xi)$である．また，$\widehat{\sigma}^2$を残差分散$\sigma^2$の不偏推定量とする．このとき，貪欲法の$m$ステップ目において，説明変数の数$m$は$x$にかかわらず一定であるから，

$$\mathrm{PSE}(I_m(\xi)) = \frac{1}{n}S(\widehat{\boldsymbol{\beta}}(I_m(\xi))) + 2\widehat{\sigma}^2\frac{m}{n} = \min_{x \in \overline{I}_{m-1}} \frac{1}{n}S(\widehat{\boldsymbol{\beta}}(I_m(x))) + 2\widehat{\sigma}^2\frac{m}{n}$$

となる．まず，PSEの式が述べていたことは，第1項の最小二乗誤差は予測二乗誤差より小さいが，第2項の分だけ補正することで，予測二乗誤差の不偏推定量となるということである．別の言い方をすると，第1項がデータに対する誤差の減少の度合いを表しており，第2項はそれに対するペナルティとなっている．そのペナルティが$2\sigma^2 m/n$となることが理論的に示されていた．ところが，上式において，第1項は最小二乗誤差の変数xの選び方に関する最小値であるから，PSEで評価している本来の第1項の値より必ず小さくなる．結果として，データに対するフィッティングの誤差が小さくなり（オーバーフィッティングの度合いが高くなり），このままでは，第2項はそれに対するペナルティを小さく見積もることになる．その結果，PSEの値は小さくなる傾向にある．これによって，予測二乗誤差を最小とするモデルよりは大きめのモデルが選ばれる傾向となる．

こうした問題の本質は，データに合う変数を選択する過程が推定に組み込まれているという点であり，オリジナルの変数増加法，変数減少法についても同様なことがいえる．別の言い方をすると，推定における変数の選択によって，線形回帰の枠を超えてモデルの自由度が大きくなると考えればよい．したがって，推定において変数を選べる自由度に対するペナルティは，変数を選べない線形回帰の場合のペナルティより大きくなる必要がある．また，線形回帰については，第1章において，

パラメータの推定量の p 値を計算して，対応する変数の重要さが議論できることを述べた．しかしながら，貪欲法における推定量は，m ステップ目において，$\{\widehat{\boldsymbol{\beta}}(I_m(x)) \mid x \in \overline{I}_{m-1}\}$ からサンプルにフィットするようにパラメータの推定量を選ぶため，その性質は線形回帰の場合とは異なる．このため，貪欲法では，単純な p 値を通した分析も妥当ではないことにも注意が必要である．

この問題において，特に，重要でない説明変数がモデルに取り込まれるときに，データに最もよく合うものから選ばれることが問題となる．もう少し詳しく述べる．貪欲法において，重要な説明変数は初期のステップで選ばれるだろう．これは，それによってバイアスが減るからである．一方で，ある程度ステップが進むと，重要でない変数（バイアスの減少に寄与しない変数）がモデルに取り込まれる．このとき，残った変数であれば，どの変数であってもバイアスの減少はないため，雑音成分に最も合う（オーバーフィッティングする）変数がモデルに追加されることになる．別の言い方をすれば，変数を選択できる自由度のために，オーバーフィッティングの度合いが大きくなる．これが，貪欲法においてバリアンスが大きくなる原因であると考えてよい．すなわち，貪欲法は効率的にバイアスを減らすことができるが，その性質によって，オーバーフィッティングが顕著となる．このオーバーフィッティングの度合いはPSEによる見積もりよりも大きい．以上のことを考慮して，3.1.3 項の数値例を振り返る．図 3.4 において，項数 2 まではバイアスを減らすことによって予測二乗誤差が減少している．一方で，項数 3 以降ではオーバーフィッティングが生じている状況である．ここでは，上述したように，オーバーフィッティングの度合いがPSEによる見積もりより大きいため，PSE は小さい値をとることになる．これに応じて，図 3.5 において，PSE による項数の選択頻度は多めとなる．

いま，選択候補となる変数の数が少ないときは，この選択による自由度の増加はそれほど大きくならないため，PSE などを用いてモデルを選択しても若干多めの変数が選択される程度にとどまることが多いと考えられる．特に，オリジナルの変数増加法では，規準の値が増加した時点で停止するため，規準を最小化する変数の数より少ない数の変数が選択される傾向にあるので，表面上はある程度妥当な変数選択ができているときもあると考えられる．ただし，これまでの議論から，それは，あくまで目安として考えるべきものである．一方で，推定において選択可能な（候補となる）変数の数が多い場合（後述するノンパラメトリック回帰などはその典型）は，モデルの自由度が非常に高くなり，この問題はモデリングに大きな影響を及ぼす．ここでの議論から，貪欲法などのように，推定において変数を選択できる場合について，PSE の場合と同様に，理論的な考察から予測二乗誤差の不偏推定量，したがって，適切なペナルティ項を導出することが望まれる．しかしながら，これは一般に難しい．一方，実際のモデル選択の場面では，上記のことから，ペナルティ項の大きいモデル選択規準を用いる対応もあるが，後述するクロス・バリデーションを利用してもよい．

また，以上のことから明らかなように，線形回帰における subset selection という方法は，説明変数（あるいはその関数）の線形結合という意味での線形性は留めているが，もはや線形回帰ではない．実は，第 5 章のノンパラメトリック回帰としてのウェーブレット変換による雑音除去や第 6 章の非線形回帰である階層型ニューラルネットワークの学習は，広い意味で，subset selection に帰着される．

3.1.5 説明変数の増加に伴う逐次的推定

貪欲法の場合，回帰式に説明変数を一つ追加して再推定を繰り返す必要がある．このプロセスにおいて回帰式の出力や残差二乗和を効率的に計算する方法を以下に述べておく．

いま，説明変数が m 個（定数項があるときはそれを含む）の場合のデザイン行列を $\mathbf{X}_m$ と書き，$m+1$ 個目の説明変数のサンプルを $\boldsymbol{x}_{m+1} = (x_{1,m+1}, \ldots, x_{n,m+1})^\top$ と表す．このとき，$m+1$ 個の説明変数に対するデザイン行列は $\mathbf{X}_{m+1} = [\mathbf{X}_m \ \boldsymbol{x}_{m+1}]$ である．以下では，$\widehat{\boldsymbol{\beta}}_m$ を $\mathbf{X}_m$ の下での最小二乗推定量としたとき，回帰式の出力 $\mathbf{X}_{m+1}\widehat{\boldsymbol{\beta}}_{m+1}$ を $\mathbf{X}_m\widehat{\boldsymbol{\beta}}_m$ で表すことを考える（例えば [38]）．

まず，$\mathbf{A}_m = \mathbf{X}_m^\top \mathbf{X}_m$ と書くと，

$$\mathbf{A}_{m+1} = \mathbf{X}_{m+1}^\top \mathbf{X}_{m+1} = \begin{bmatrix} \mathbf{X}_m^\top \mathbf{X}_m & \mathbf{X}_m^\top \boldsymbol{x}_{m+1} \\ \boldsymbol{x}_{m+1}^\top \mathbf{X}_m & \boldsymbol{x}_{m+1}^\top \boldsymbol{x}_{m+1} \end{bmatrix} = \begin{bmatrix} \mathbf{A}_m & \mathbf{X}_m^\top \boldsymbol{x}_{m+1} \\ \boldsymbol{x}_{m+1}^\top \mathbf{X}_m & \boldsymbol{x}_{m+1}^\top \boldsymbol{x}_{m+1} \end{bmatrix}$$

である．ここで，$\mathbf{H}_m = \mathbf{X}_m \mathbf{A}_m^{-1} \mathbf{X}_m^\top$ はハット行列であり，$\mathbf{P}_m = \mathbf{I}_n - \mathbf{H}_m = \mathbf{I}_n - \mathbf{X}_m \mathbf{A}_m^{-1} \mathbf{X}_m^\top$ は残差行列である（1.6.1 項）．このとき，回帰式の出力は $\mathbf{X}_m \widehat{\boldsymbol{\beta}}_m = \mathbf{H}_m \boldsymbol{y}$ と書けることに注意する．

いま，ブロック行列の逆行列の公式（例えば [38, 41]）より，

$$\Delta := \boldsymbol{x}_{m+1}^\top \boldsymbol{x}_{m+1} - \boldsymbol{x}_{m+1}^\top \mathbf{X}_m \mathbf{A}_m^{-1} \mathbf{X}_m^\top \boldsymbol{x}_{m+1} = \boldsymbol{x}_{m+1}^\top \mathbf{P}_m \boldsymbol{x}_{m+1}$$

として，

$$\begin{aligned}
\mathbf{A}_{m+1}^{-1} &= \begin{bmatrix} \mathbf{A}_m^{-1} + \mathbf{A}_m^{-1}\mathbf{X}_m^\top \boldsymbol{x}_{m+1} \Delta^{-1} \boldsymbol{x}_{m+1}^\top \mathbf{X}_m \mathbf{A}_m^{-1} & -\mathbf{A}_m^{-1}\mathbf{X}_m^\top \boldsymbol{x}_{m+1}\Delta^{-1} \\ -\Delta^{-1}\boldsymbol{x}_{m+1}^\top \mathbf{X}_m \mathbf{A}_m^{-1} & \Delta^{-1} \end{bmatrix} \\
&= \begin{bmatrix} \mathbf{A}_m^{-1} & \mathbf{0}_m \\ \mathbf{0}_m^\top & 0 \end{bmatrix} + \begin{bmatrix} \mathbf{A}_m^{-1}\mathbf{X}_m^\top \boldsymbol{x}_{m+1} \Delta^{-1} \boldsymbol{x}_{m+1}^\top \mathbf{X}_m \mathbf{A}_m^{-1} & -\mathbf{A}_m^{-1}\mathbf{X}_m^\top \boldsymbol{x}_{m+1}\Delta^{-1} \\ -\Delta^{-1}\boldsymbol{x}_{m+1}^\top \mathbf{X}_m \mathbf{A}_m^{-1} & \Delta^{-1} \end{bmatrix} \\
&= \begin{bmatrix} \mathbf{A}_m^{-1} & \mathbf{0}_m \\ \mathbf{0}_m^\top & 0 \end{bmatrix} + \frac{1}{\Delta}\begin{bmatrix} \mathbf{A}_m^{-1}\mathbf{X}_m^\top \boldsymbol{x}_{m+1} \boldsymbol{x}_{m+1}^\top \mathbf{X}_m \mathbf{A}_m^{-1} & -\mathbf{A}_m^{-1}\mathbf{X}_m^\top \boldsymbol{x}_{m+1} \\ -\boldsymbol{x}_{m+1}^\top \mathbf{X}_m \mathbf{A}_m^{-1} & 1 \end{bmatrix} \\
&= \begin{bmatrix} \mathbf{A}_m^{-1} & \mathbf{0}_m \\ \mathbf{0}_m^\top & 0 \end{bmatrix} + \mathbf{B}_{m+1} \qquad (3.2)
\end{aligned}$$

となる．ここで，

$$\mathbf{B}_{m+1} := \frac{1}{\Delta}\begin{bmatrix} \mathbf{A}_m^{-1}\mathbf{X}_m^\top \boldsymbol{x}_{m+1} \\ -1 \end{bmatrix}\begin{bmatrix} \mathbf{A}_m^{-1}\mathbf{X}_m^\top \boldsymbol{x}_{m+1} \\ -1 \end{bmatrix}^\top$$

と定義した．このとき，式 (3.2) より，

$$\begin{aligned}
\mathbf{H}_{m+1} &= \mathbf{X}_{m+1}\mathbf{A}_{m+1}^{-1}\mathbf{X}_{m+1}^\top = \mathbf{H}_m + \mathbf{X}_{m+1}\mathbf{B}_{m+1}\mathbf{X}_{m+1}^\top \\
&= \mathbf{H}_m + \frac{1}{\Delta}(\mathbf{H}_m \boldsymbol{x}_{m+1} - \boldsymbol{x}_{m+1})(\mathbf{H}_m \boldsymbol{x}_{m+1} - \boldsymbol{x}_{m+1})^\top \\
&= \mathbf{H}_m + \frac{1}{\Delta}\mathbf{P}_m \boldsymbol{x}_{m+1}\boldsymbol{x}_{m+1}^\top \mathbf{P}_m = \mathbf{H}_m + \frac{\mathbf{P}_m \boldsymbol{x}_{m+1}\boldsymbol{x}_{m+1}^\top \mathbf{P}_m}{\boldsymbol{x}_{m+1}^\top \mathbf{P}_m \boldsymbol{x}_{m+1}} \qquad (3.3)
\end{aligned}$$

である．つまり，$\mathbf{H}_m$ を保持していれば，$\mathbf{P}_m$ は $\mathbf{P}_m = \mathbf{I}_n - \mathbf{H}_m$ によって計算できるので，追加した説明変数のサンプル $\boldsymbol{x}_{m+1}$ から $\mathbf{H}_{m+1}$ が計算できて，したがって，$\mathbf{X}_{m+1}$ の下での回帰式の出力を $\mathbf{H}_{m+1}\boldsymbol{y}$ によって計算できる．このことは，$\mathbf{X}_{m+1}$ の下での最小二乗推定量の再計算を必要としないことを意味する．また，$\mathbf{X}_{m+1}$ の下での残差二乗和は，$\mathbf{P}_{m+1}$ のべき等性より，

$$S(\widehat{\boldsymbol{\beta}}_{m+1}) = \|\boldsymbol{y} - \mathbf{X}\widehat{\boldsymbol{\beta}}_{m+1}\|^2 = \|\mathbf{P}_{m+1}\boldsymbol{y}\|^2 = \boldsymbol{y}^\top \mathbf{P}_{m+1}\boldsymbol{y}$$

であるから，$\mathbf{H}_{m+1}$ が得られていれば，$\mathbf{P}_{m+1} = \mathbf{I}_n - \mathbf{H}_{m+1}$ によって残差行列を計算し，残差二乗和を直接計算することができる．なお，各 m において，残差二乗和のみを計算したいのであれば，式 (3.3) から，

$$\mathbf{P}_{m+1} = \mathbf{P}_m - \frac{\mathbf{P}_m \boldsymbol{x}_{m+1}\boldsymbol{x}_{m+1}^\top \mathbf{P}_m}{\boldsymbol{x}_{m+1}^\top \mathbf{P}_m \boldsymbol{x}_{m+1}} \tag{3.4}$$

であるから，$\mathbf{P}_m$ を保持するようにすれば効率的である．

3.2 正則化法

3.2.1 正則化法

ここまでは，線形回帰のパラメータ推定として，データとの二乗誤差和を最小化する最小二乗法を考えた．線形回帰において，変数の数が多いときにオーバーフィッティングが生じたのは，この規準のためであるともいえる．ここでは，この問題をパラメータ推定において緩和する正則化法と呼ばれる方法を紹介する．以下では，線形回帰を想定して話を進めるが，正則化の考え方は線形回帰に限る話ではない．実際，後述する一般化線形モデル，ノンパラメトリック回帰，非線形回帰でも広く利用されている．

線形回帰を考え，$\boldsymbol{\beta} = (\beta_0, \ldots, \beta_m)$ をパラメータとする．$S(\boldsymbol{\beta})$ をデータに対する回帰式の当てはまりの度合いを表す関数とし，$r(\boldsymbol{\beta}) \geq 0$ を回帰式の自由度に対してペナルティとなる関数として，

$$C(\boldsymbol{\beta}) := S(\boldsymbol{\beta}) + r(\boldsymbol{\beta})$$

を最小化する $\boldsymbol{\beta}$ を推定量として採用する方法を**正則化法** (regularization method) という．このとき，$r(\boldsymbol{\beta})$ を**正則化項**という．最適化する C を**コスト関数**と呼ぶことにする．コスト関数を最小化する推定量を**正則化推定量**と呼ぶ．回帰の場合の典型的な例としては，S を二乗誤差和とすればよい．

これまでにみてきたように，回帰式の自由度が高いとき，データに対する当てはまりは良くなる．したがって，コスト関数の第 1 項と第 2 項はトレードオフの関係にある．すなわち，コスト関数の最小化，したがって，正則化法は，データにはある程度当てはまるが，オーバーフィッティングを防ぐことで，予測に優れたモデルを推定することを目的としたものととらえることができる．ただし，これを実現するためには，両者のバランスをうまくとる必要がある．例えば，任意の $\boldsymbol{\beta}$ に対して $S(\boldsymbol{\beta}) \gg r(\boldsymbol{\beta})$ であれば，このコスト関数はデータへの当てはまりを重視していることになる．したがって，例えば，S が二乗誤差和の場合，正則化推定量は最小二乗推定量とほとんど一致する．一方，$S(\boldsymbol{\beta}) \ll r(\boldsymbol{\beta})$ であれば，データへの当てはまりが軽視され，データの構造を無視して，単純

に自由度の低い回帰式が得られることになる．このトレードオフは正則化において非常に重要であり，この点については後述する．以下では，線形回帰を考え，

$$S(\boldsymbol{\beta}) = \|\boldsymbol{y} - \mathbf{X}\boldsymbol{\beta}\|^2$$

とし，この下で，正則化項の具体例とコスト関数最小化の方法について述べる．

3.2.2 ℓ_2 正則化と縮小推定

$\lambda \geq 0$ として，正則化項を

$$r_\lambda(\boldsymbol{\beta}) = \lambda\|\boldsymbol{\beta}\|^2 = \lambda\sum_{k=0}^{m}\beta_k^2$$

と決め，コスト関数を

$$C_\lambda(\boldsymbol{\beta}) = S(\boldsymbol{\beta}) + r_\lambda(\boldsymbol{\beta})$$

とした正則化法を **ℓ_2 正則化法**という（単に **ℓ_2 正則化**ともいう）．ここで，λ を**正則化パラメータ**という．回帰式の係数は回帰モデルのパラメータであるが，正則化パラメータも「パラメータ」という．両者は推定における役割が異なる．正則化パラメータは回帰式を推定するために必要なパラメータであり，本章の冒頭に述べたように，こうした量をベイズ的な観点から**ハイパーパラメータ**という．ℓ_2 正則化法は，正則化項として回帰式の係数（パラメータ）の ℓ_2 ノルムを採用する正則化法となっている．後の議論でわかるように，ℓ_2 正則化法は，オーバーフィッティングが生じる程度に回帰式の自由度が高いときに効果的な方法である．

いま，第 1 項が無視できるくらい λ が大きいとき，$C_\lambda(\boldsymbol{\beta}) \simeq \lambda\|\boldsymbol{\beta}\|^2$ であるから，この λ の下で C を最小化する解は $\boldsymbol{\beta} \simeq \mathbf{0}$ となる．すなわち，任意の説明変数の値に対して回帰式のとる値は 0 に近い値となる．このとき，データに合うようにパラメータ値を自由に調整できにくくなるという意味で，自由度が制限されるとみることができる．一方，$\lambda = 0$ のときは，$C_\lambda(\boldsymbol{\beta}) = S(\boldsymbol{\beta})$ だから，これを最小化する解は最小二乗推定量である．すなわち，λ が大きすぎると，一般には，自由度が制限され，真の回帰式ですら表現できないため，大きなバイアスが生じる．一方で，λ が小さいと最小二乗推定量に近い推定量が得られ，説明変数の数が過剰であるとき，バリアンスが大きくなり，オーバーフィッティングが生じる．すなわち，正則化パラメータはデータへの当てはまりと回帰式の自由度のトレードオフを調整するパラメータである．このとき，適切な正則化パラメータの値を選ぶことができれば，その下での正則化推定量はバイアスとバリアンスの釣り合いをとって予測に優れたものとなることが期待できる．

このとき，そもそも回帰式が単純であり（線形回帰で説明変数の数が少ない場合など），オーバーフィッティングが生じない状況では，ℓ_2 正則化は有用ではないことに注意する．線形回帰で利用する説明変数が比較的過剰である場合など，自由度の高い回帰式を利用するときには，正則化パラメータに応じたバイアスとバリアンスのトレードオフが生じることになる．すなわち，最小二乗推定ではオーバーフィッティングが問題となるような状況でも，正則化法を導入することで，バリアンスを抑えた妥当な推定量が得られる．つまり基本的には，ℓ_2 正則化法はバリアンスを抑える方法である（実は，後述するノンパラメトリック回帰は ℓ_2 正則化を導入すべき問題の典型である）．

いま，コスト関数は $\boldsymbol{\beta}$ の二次形式であるから，λ を固定した下で，

$$\frac{\partial C_\lambda(\boldsymbol{\beta})}{\partial \boldsymbol{\beta}} = \frac{\partial S(\boldsymbol{\beta})}{\partial \boldsymbol{\beta}} + \lambda \frac{\partial r(\boldsymbol{\beta})}{\partial \boldsymbol{\beta}} = -2\mathbf{X}^\top(\boldsymbol{y} - \mathbf{X}\boldsymbol{\beta}) + 2\boldsymbol{\beta} = \mathbf{0}_{m+1}$$

を解くと，

$$\mathbf{F}(\lambda) := \mathbf{X}^\top \mathbf{X} + \lambda \mathbf{I}_{m+1}$$

とおいて，解は，

$$\widehat{\boldsymbol{\beta}}(\lambda) = \mathbf{F}(\lambda)^{-1}\mathbf{X}^\top \boldsymbol{y} \tag{3.5}$$

となる（ここでは推定量が λ に依存して決まることを明示している）．ℓ_2 正則化推定量は λ が決まっていれば陽に求めることができる．明らかなように，上記の推定量は 1.3.2 項のリッジ推定量である．すなわち，ℓ_2 正則化の一つの性質として，多重共線性を解決する方法となっていることがわかる．ただし，推定量の安定性だけを考えるときには，λ は小さい値としておけばよい．一方で，正則化の別の目的として，予測に優れたモデルの推定がある．この場合には，λ の選び方が重要となる．

これまでのところで述べてきた変数選択は，予測性能の高いモデルを構成するための方法であり，そのハイパーパラメータは「変数の数」であった．一方で，ℓ_2 正則化法は変数の選択を目的としたものではないが，同じく，予測性能の高いモデルを構成するための方法である．このときのハイパーパラメータは正則化パラメータであり，その決め方，すなわちモデル選択は非常に重要である．以下では，簡単な状況について，このことを別の観点から詳しく調べる．

ここでは，加法雑音モデルの下で，真の回帰式が実現可能な場合を考える．したがって，パラメータの真値 $\boldsymbol{\beta}^*$ が存在するものとする．このとき正則化推定量の平均を $\overline{\boldsymbol{\beta}}(\lambda)$ とすると，1.6.4 項での議論を参考にして，加法雑音の性質より，

$$\overline{\boldsymbol{\beta}}(\lambda) := \mathbb{E}\left[\widehat{\boldsymbol{\beta}}(\lambda)\right] = \mathbf{F}(\lambda)^{-1}(\mathbf{X}^\top\mathbf{X})\boldsymbol{\beta}^* \tag{3.6}$$

となる．したがって，$\lambda > 0$ のとき，正則化推定量は不偏推定量とはならない．一方，正則化推定量の分散共分散行列は，

$$\mathbb{V}\left[\widehat{\boldsymbol{\beta}}(\lambda)\right] := \mathbb{E}\left[(\widehat{\boldsymbol{\beta}}(\lambda) - \overline{\boldsymbol{\beta}}(\lambda))(\widehat{\boldsymbol{\beta}}(\lambda) - \overline{\boldsymbol{\beta}}(\lambda))^\top\right] = \sigma^2\mathbf{F}(\lambda)^{-1}(\mathbf{X}^\top\mathbf{X})\mathbf{F}(\lambda)^{-1} \tag{3.7}$$

となる．実は，この式は，λ に応じて，$\widehat{\boldsymbol{\beta}}_k(\lambda)$ の分散が $\widehat{\boldsymbol{\beta}}_k(0)$ の分散より小さくなることを示している．このことをわかりやすく説明するために，1.2 節で紹介した直交回帰の場合で考える．

いま，直交回帰では，式 (1.13) と式 (3.5) より，

$$\widehat{\boldsymbol{\beta}}(\lambda) = n\mathbf{F}(\lambda)^{-1}\widehat{\boldsymbol{\beta}}$$

となる．ただし，$\widehat{\boldsymbol{\beta}} = \widehat{\boldsymbol{\beta}}(0)$ は最小二乗推定量である．さらに，$\mathbf{X}^\top\mathbf{X} = n\mathbf{I}_n$ だから，$\mathbf{F}(\lambda) = (n+\lambda)\mathbf{I}_{m+1}$ となるので，

$$\rho := \frac{n}{n+\lambda}$$

と定義すると，

$$\widehat{\boldsymbol{\beta}}(\lambda) = \rho\widehat{\boldsymbol{\beta}} \tag{3.8}$$

となる．$\lambda \geq 0$ より，$0 \leq \rho \leq 1$ であるから，正則化推定量は最小二乗推定量を縮めた推定量となることがわかる．λ が大きければ，縮小の度合いは大きくなる．

一般に，最小二乗推定量や最尤推定量を縮小して構成した推定量を**縮小推定量**といい，そうした推定を**縮小推定**という．ρ は縮小推定の縮小量を決めるハイパーパラメータ（縮小の割合）である．すなわち，ℓ_2 正則化，よって，リッジ回帰は縮小推定となっている．ここで，$0 \leq \rho \leq 1$ だから，$0 \leq \gamma \leq 1$ として，$\rho = 1 - \gamma$ とおくと，式 (3.8) は，$\widehat{\boldsymbol{\beta}}(\lambda) = \widehat{\boldsymbol{\beta}} - \gamma\widehat{\boldsymbol{\beta}}$ と書ける．この第 2 項が，最小二乗推定量をどれだけ零の方向に縮めるかを表している縮小量である．このとき，第 2 項の符号は $\widehat{\boldsymbol{\beta}}$ の符号であるから，推定量を零の方向に縮めていることがわかる．さて，式 (3.6) および式 (3.7) より，

$$\overline{\boldsymbol{\beta}}(\lambda) := \mathbb{E}\left[\widehat{\boldsymbol{\beta}}(\lambda)\right] = \rho\boldsymbol{\beta}^* = \boldsymbol{\beta}^* - (1-\rho)\boldsymbol{\beta}^* \tag{3.9}$$

$$\mathbb{V}\left[\widehat{\boldsymbol{\beta}}(\lambda)\right] = \frac{\sigma^2}{n}\rho^2\mathbf{I}_{m+1} \tag{3.10}$$

となる．直交回帰の最小二乗推定では，上式において $\lambda = 0$ とおいて，

$$\mathbb{E}\left[\widehat{\boldsymbol{\beta}}(0)\right] = \boldsymbol{\beta}^*$$
$$\mathbb{V}\left[\widehat{\boldsymbol{\beta}}(0)\right] = \sigma^2\frac{1}{n}\mathbf{I}_{m+1}$$

である．したがって，縮小推定の場合，推定量としての偏り（バイアス）は $(1-\rho)\boldsymbol{\beta}^*$ であり，推定量としてのバラツキ（バリアンス）は最小二乗推定量のバリアンスの ρ^2 倍となる．このとき，$\rho \leq 1$ であるから，ρ が小さいほど，バリアンスは小さくなるが，バイアスは大きくなる．

一方，縮小量，したがって，正則化パラメータがリスクにどのように係わるかを調べてみる．まず，バリアンスについて，

$$\begin{aligned}
V(m,n,\rho) &= \frac{1}{n}\mathbb{E}\left[\|\mathbf{X}\overline{\boldsymbol{\beta}}(\lambda) - \mathbf{X}\widehat{\boldsymbol{\beta}}(\lambda)\|^2\right] \\
&= \frac{1}{n}\mathbb{E}\left[(\overline{\boldsymbol{\beta}}(\lambda) - \widehat{\boldsymbol{\beta}}(\lambda))^\top(\mathbf{X}^\top\mathbf{X})(\overline{\boldsymbol{\beta}}(\lambda) - \widehat{\boldsymbol{\beta}}(\lambda))\right] \\
&= \mathbb{E}\left[(\overline{\boldsymbol{\beta}}(\lambda) - \widehat{\boldsymbol{\beta}}(\lambda))^\top(\overline{\boldsymbol{\beta}}(\lambda) - \widehat{\boldsymbol{\beta}}(\lambda))\right] \\
&= \mathrm{tr}\ \mathbb{E}\left[(\overline{\boldsymbol{\beta}}(\lambda) - \widehat{\boldsymbol{\beta}}(\lambda))(\overline{\boldsymbol{\beta}}(\lambda) - \widehat{\boldsymbol{\beta}}(\lambda))^\top\right] \\
&= \sigma^2\frac{m+1}{n}\rho^2
\end{aligned}$$

となる．ただし，最後の行では式 (3.10) を用いた．一方，式 (3.9) より，バイアスについて，

$$\begin{aligned}
B(m,n,\rho) &= \frac{1}{n}\mathbb{E}\left[\|\mathbf{X}\boldsymbol{\beta}^* - \mathbf{X}\overline{\boldsymbol{\beta}}(\lambda)\|^2\right] \\
&= \frac{1}{n}\mathbb{E}\left[(\boldsymbol{\beta}^* - \overline{\boldsymbol{\beta}}(\lambda))^\top(\mathbf{X}^\top\mathbf{X})(\boldsymbol{\beta}^* - \overline{\boldsymbol{\beta}}(\lambda))\right] \\
&= (1-\rho)^2\|\boldsymbol{\beta}^*\|^2
\end{aligned}$$

を得る．したがって，リスクは，

$$
\begin{aligned}
R(m,n,\rho) &= \frac{1}{n}\mathbb{E}\left[\|\mathbf{X}\boldsymbol{\beta}^* - \mathbf{X}\widehat{\boldsymbol{\beta}}(\lambda)\|^2\right] \\
&= B(m,n,\rho) + V(m,n,\rho) + 2\mathbb{E}\left[(\boldsymbol{\beta}^* - \overline{\boldsymbol{\beta}}(\lambda))^\top(\overline{\boldsymbol{\beta}}(\lambda) - \widehat{\boldsymbol{\beta}}(\lambda))\right] \\
&= B(m,n,\rho) + V(m,n,\rho) + 2(\boldsymbol{\beta}^* - \overline{\boldsymbol{\beta}}(\lambda))^\top\mathbb{E}\left[(\overline{\boldsymbol{\beta}}(\lambda) - \widehat{\boldsymbol{\beta}}(\lambda))\right] \\
&= B(m,n,\rho) + V(m,n,\rho)
\end{aligned}
$$

と書ける．

ここで，$B(m,n,\rho)$ は真の回帰式と推定した回帰式の平均の隔たりであるから，バイアスである．いま，実現可能な場合を考えているので，最小二乗推定ならば，バイアスは消失し，バリアンスだけが残る．ここでの議論でも，$\rho = 1$ $(\lambda = 0)$ のときは，$\widehat{\boldsymbol{\beta}}(0)$ は最小二乗推定量であり，$B(m,n,1) = 0$ となり，バイアスは消失する．しかしながら，$\rho < 1$ のとき，縮小推定（ℓ_2 正則化法）においては，実現可能であっても，ρ に応じたバイアスが生じることをここでの結果は意味している．

一方，$V(m,n,\rho)$ は，縮小推定量（ℓ_2 正則化推定量）の平均の周りでのバラツキで決まっているから，バリアンスを表している．もちろん，$\rho = 1$ のとき，これは最小二乗推定の場合のバリアンスと一致する．ρ が 1 に近いと縮小推定量は最小二乗推定量に近いため，バイアスは小さく，バリアンスは最小二乗推定量のそれに近い．ρ が 0 に近いと，バリアンスは最小二乗推定量の場合より小さくなるが，バイアスは大きくなる．すなわち，縮小推定，したがって，ℓ_2 正則化は，バリアンスを小さくできるが，バイアスが生じる推定となっている．ただし，ρ，したがって，λ を適当にとると，バイアスとバリアンスのトレードオフで，最小二乗推定の場合よりリスクを小さくする推定量が構成できる可能性がある．

いま，リスク $R(m,n,\rho)$ を最小化する ρ を求めてみる．これは，$\partial R(m,n,\rho)/\partial\rho = 0$ の解として，

$$
\rho^* = \frac{\|\boldsymbol{\beta}^*\|^2}{\|\boldsymbol{\beta}^*\|^2 + \sigma^2(m+1)/n} = \frac{\|\mathbf{X}\boldsymbol{\beta}^*\|^2}{\|\mathbf{X}\boldsymbol{\beta}^*\|^2 + \sigma^2(m+1)}
$$

となる．ここで，二番目の等号は直交性によって成り立つ．これをリスクに代入すると，

$$
R(m,n,\rho^*) = \frac{\|\boldsymbol{\beta}^*\|^2\sigma^2(m+1)/n}{\|\boldsymbol{\beta}^*\|^2 + \sigma^2(m+1)/n} = \rho^* R(m,n,0)
$$

となる．この式より，最適な縮小量は $\rho^* < 1$ を満たしており，そこでのリスクは最小二乗推定量のリスクより小さいことがわかる．特に，残差分散が大きいときやパラメータ数が多いとき（これらは共にバリアンスが大きくなる場合にあたる），縮小による効果が大きいことがわかる．この結果から，最小二乗推定量を用いるとバリアンスが大きくなる状況においては，縮小推定（ℓ_2 正則化）を導入することで，バイアスを少し許容して，バリアンスを減らすことで，リスクを改善できる可能性があるといえる．

ここでは，縮小推定（ℓ_2 正則化法）の意義を明確にするために，縮小量（正則化パラメータ）を固定して考えた．しかしながら，実際の応用では，最適な縮小量をサンプルから推定する必要があり，その推定値において，リスクが改善されるかはきちんと議論する必要がある．縮小量をサンプルに基づいて決める推定量としては，James-Stein 推定量が有名であり，この推定量は最小二乗推定量をリスクの意味で改善することが示されている [21].

3.2.3　Elastic net と $\boldsymbol{\ell_1}$ 正則化

$\lambda \geq 0$ として，正則化項に ℓ_1 ノルム：

$$r_\lambda(\boldsymbol{\beta}) = \lambda\|\boldsymbol{\beta}\|_1 = \lambda\sum_{k=0}^{m}|\beta_k|$$

を採用する方法を **$\boldsymbol{\ell_1}$ 正則化**といい，この方法は **LASSO** (Least Absolute Shrinkage and Selection Operator) として広く知られている．ℓ_1 正則化は，正則化パラメータに応じて，パラメータの推定量のいくつかが厳密に零となる（例えば [19]）．したがって，変数の選択も自動的に行う方法となっている．ただし，どのパラメータ値を零にするかは正則化パラメータによって決まるので，正則化パラメータをうまく選ぶ必要がある．

一般に，不必要なパラメータ値を零にすることで，実質的なモデルの大きさ（複雑さ）を減らす学習を**スパース学習**という．すなわち，LASSO はスパース学習の一つの方法である．

さらに，推定量の安定性を考えて，$\lambda_1, \lambda_2 \geq 0$ として，ℓ_1 ノルムと ℓ_2 ノルムの両方を採用した正則化項：

$$r_{\lambda_1,\lambda_2}(\boldsymbol{\beta}) = \lambda_1\|\boldsymbol{\beta}\|_1 + \lambda_2\|\boldsymbol{\beta}\|^2$$

による正則化学習を **Elastic net** という．Elastic net の正則化項は，$\lambda \geq 0$ および $\alpha \in [0,1]$ として，

$$r_{\lambda,\alpha}(\boldsymbol{\beta}) = \lambda\left(\alpha\|\boldsymbol{\beta}\|_1 + (1-\alpha)\|\boldsymbol{\beta}\|^2\right)$$

と書くこともできる．このとき，λ は正則化パラメータであり，α は ℓ_2 正則化項と ℓ_1 正則化項の寄与の度合いを決めるパラメータである．

本書では，サンプル数が変数の数以上のときを考えているが，最近の応用では，変数の数よりサンプル数が少ないケースが注目されている．Elastic net は，ℓ_2 正則化により推定が安定化されるので，こうした場合にも有効であることが知られている．ただし，明らかなように Elastic net において $\lambda_2 = 0$ とすれば，得られる推定量は LASSO 推定量である．ℓ_1 正則化項は $\beta_k = 0$ において微分不可能であることから，最小二乗推定の場合と異なり，LASSO の場合も Elastic net の場合もコスト関数を最小化するパラメータ値を陽に求めることはできない．そこで，繰り返し計算によるパラメータ推定が用いられる．その方法として，ここでは，**座標降下法** (coordinate descent) を紹介する．

3.2.4　座標降下法

f を $\mathbb{R}^m$ 上の関数とする．任意の $\gamma \in (0,1)$ と $\boldsymbol{u} \in \mathbb{R}^m$ および $\boldsymbol{v} \in \mathbb{R}^m$ に対して，

$$f\left((1-\gamma)\boldsymbol{u} + \gamma\boldsymbol{v}\right) \leq (1-\gamma)f(\boldsymbol{u}) + \gamma f(\boldsymbol{v})$$

が成り立つとき，f を**凸関数**と呼ぶ．例えば，$f(u) = u^2$ や $f(u) = |u|$ は凸関数である．ただし，前者は微分可能であり，後者は $u = 0$ で微分可能ではない．

一般に，r を微分可能な凸関数，h_j を凸関数として，

$$s(\boldsymbol{\alpha}) = r(\boldsymbol{\alpha}) + \sum_{j=1}^{m} h_j(\alpha_j), \quad \boldsymbol{\alpha} = (\alpha_1, \ldots, \alpha_m)$$

を $\boldsymbol{\alpha}$ に関して最小化する最適化問題を考える．**座標降下法**は，この最適化問題を coordinate-wise に解く方法であり，適当な $\boldsymbol{\alpha}^{(0)}$ から出発して，k ステップにおける $\boldsymbol{\alpha}^{(k)}$ を

$$\begin{aligned}
\alpha_1^{(k)} &= \arg\min_{\alpha_1} s(\alpha_1, \alpha_2^{(k-1)}, \alpha_3^{(k-1)}, \ldots, \alpha_m^{(k-1)}) \\
\alpha_2^{(k)} &= \arg\min_{\alpha_2} s(\alpha_1^{(k)}, \alpha_2, \alpha_3^{(k-1)}, \ldots, \alpha_m^{(k-1)}) \\
&\vdots \\
\alpha_m^{(k)} &= \arg\min_{\alpha_m} s(\alpha_1^{(k)}, \alpha_2^{(k)}, \alpha_3^{(k)}, \ldots, \alpha_m)
\end{aligned}$$

によって求める方法である．

いま，サンプル $\{(\boldsymbol{x}_i, y_i) \mid \boldsymbol{x}_i = (x_{i,0}, \ldots, x_{i,m})^\top, i = 1, \ldots, n\}$ に対して，$\boldsymbol{\beta} = (\boldsymbol{\beta}_0, \ldots, \boldsymbol{\beta}_m)^\top$ を係数ベクトルとする重回帰を行う場合について，Elastic net に対する座標降下法を考える [15]．このとき，$\boldsymbol{x}_i^\top \boldsymbol{\beta} = \sum_{k=0}^{m} \beta_k x_{i,k}$ である．Elastic net のコスト関数を少し変形した形で，

$$C_{\lambda,\alpha}(\boldsymbol{\beta}) = \frac{1}{2n} \sum_{i=1}^{n} \left(y_i - \boldsymbol{x}_i^\top \boldsymbol{\beta}\right)^2 + \lambda \left(\frac{1}{2}(1-\alpha)\|\boldsymbol{\beta}\|_2^2 + \alpha\|\boldsymbol{\beta}\|_1 \right) \tag{3.11}$$

とする．ここで，$\lambda \geq 0$ および $\alpha \in [0, 1]$ である．

現在の $\boldsymbol{\beta}$ の値を $\widetilde{\boldsymbol{\beta}} = (\widetilde{\beta}_0, \ldots, \widetilde{\beta}_m)^\top$ とおく．また，j 番目の要素以外を現在の値 $\widetilde{\boldsymbol{\beta}}$ の要素に固定した $\widetilde{\boldsymbol{\beta}}_j := (\widetilde{\beta}_0, \ldots, \widetilde{\beta}_{j-1}, \beta_j, \widetilde{\beta}_{j+1}, \ldots, \widetilde{\beta}_m)^\top$ および

$$\widetilde{y}_i^{(j)} := \sum_{\substack{k=0 \\ k \neq j}}^{m} x_{i,k} \widetilde{\beta}_k \tag{3.12}$$

を定義する．そして，$u \in \mathbb{R}$ に依存して決まる集合：

$$\partial s(u) := \begin{cases} 1 & (u > 0) \\ -1 & (u < 0) \\ [-1, 1] & (u = 0) \end{cases}$$

を定義する．さらに，

$$\gamma_j := \frac{1}{n} \sum_{i=1}^{n} x_{i,j}^2 + \lambda(1-\alpha) \tag{3.13}$$

$$\widetilde{\xi}_j := \frac{1}{n} \sum_{i=1}^{n} x_{i,j}(y_i - \widetilde{y}_i^{(j)}) \tag{3.14}$$

と定義する．座標降下法を応用するためには，$C_{\lambda,\alpha}$ を β_j に関して最小化する必要があり，もし，$C_{\lambda,\alpha}$ が微分可能であれば，$C_{\lambda,\alpha}$ の β_j に関する偏微分が零となる β_j を採用すればよい．しかしな

がら，正則化項は凸関数であるが，微分可能ではない．こうした場合，通常の微分の概念を拡張した劣微分を導入し，最小化と劣勾配との関係についての最適化の理論を利用して，座標降下法を構成する．

$C_{\lambda,\alpha}$ の β_j についての**劣勾配**は，$s_j \in \partial s(\beta_j)$ に対して，

$$\frac{\partial C_{\lambda,\alpha}(\widetilde{\boldsymbol{\beta}}_j)}{\partial \beta_j} = -\widetilde{\xi}_j + \gamma_j \beta_j + \lambda\alpha s_j \tag{3.15}$$

となる．このとき，一般に，$\partial s(\beta_j)$ を**劣微分**という．最適化の分野において，$C_{\lambda,\alpha}(\widetilde{\boldsymbol{\beta}}_j)$ を β_j の関数とみたとき，その最小値を与える β_j は $\partial C_{\lambda,\alpha}(\widetilde{\boldsymbol{\beta}}_j)/\partial \beta_j = 0$ を満たすことが知られている（例えば [16, 22]）．したがって，式 (3.15) より，β_j について，

$$\gamma_j \beta_j = \widetilde{\xi}_j - \lambda\alpha s_j$$

が成り立つ．このとき，$\lambda \geq 0$ および $\alpha \geq 0$ より，次の議論が成り立つ．

- $\widetilde{\xi}_j > \lambda\alpha$ の場合：上式より，$\gamma_j > 0$ だから s_j にかかわらず $\beta_j > 0$ が成り立つので，$s_j = 1$．よって，$\beta_j = (\widetilde{\xi}_j - \lambda\alpha)/\gamma_j$．
- $\widetilde{\xi}_j < -\lambda\alpha$ の場合：上式より，s_j にかかわらず $\beta_j < 0$ が成り立つので，$s_j = -1$．よって，$\beta_j = (\widetilde{\xi}_j + \lambda\alpha)/\gamma_j$．
- $|\widetilde{\xi}_j| \leq \lambda\alpha$ の場合：$|\widetilde{\xi}_j| \leq \lambda\alpha$ を仮定する．$\beta_j > 0$ とすると，上式より，$\widetilde{\xi}_j - \lambda\alpha s_j = \widetilde{\xi}_j - \lambda\alpha > 0$ だから，$\widetilde{\xi}_j > \lambda\alpha$ であり，これは仮定に反する．$\beta_j < 0$ とすると，上式より，$\widetilde{\xi}_j - \lambda\alpha s_j = \widetilde{\xi}_j + \lambda\alpha < 0$ だから，$\widetilde{\xi}_j < -\lambda\alpha$ であり，これは仮定に反する．一方，$\beta_j = 0$ が仮定を満たすことは s_j の定義から明らかである．よって，$|\widetilde{\xi}_j| \leq \lambda\alpha$ のとき，上式を満たす β_j は $\beta_j = 0$ に限る．

以上より，$\theta > 0$ をパラメータとする関数：

$$S(u,\theta) := \begin{cases} u - \theta & (u > \theta) \\ 0 & (|u| \leq \theta) \\ u + \theta & (u < -\theta) \end{cases} \tag{3.16}$$

を定義すると，$C_{\lambda,\alpha}(\widetilde{\boldsymbol{\beta}}_j)$ の最小値を与える β_j は，

$$\beta_j = \frac{1}{\gamma_j} S(\widetilde{\xi}_j, \lambda\alpha)$$

となる．式 (3.16) を **Soft-Thresholding 関数**という．これより，座標降下法では，適当な初期値を $\widetilde{\boldsymbol{\beta}}$ として，各 $j = 1,\ldots,m,1,\ldots,m,\ldots$（各パラメータを一つずつ取り出すことを繰り返す．ただし，アップデートするパラメータの取り出し方はランダムでもよい）に対して，γ_j と $\widetilde{\xi}_j$ を式 (3.13) と式 (3.14) によってそれぞれ計算し，$\widetilde{\beta}_j$ を

$$\widetilde{\beta}_j \longleftarrow \frac{1}{\gamma_j} S(\widetilde{\xi}_j, \lambda\alpha)$$

に従って更新する．

更新の停止規準は，繰り返し回数や，パラメータ値の更新量の大きさに対する制限（更新量が適当に決めた小さな値を下回ったときに停止する）などが利用される．明らかなようにこの更新では，$\alpha > 0$ である限り，パラメータ値が零となることもある．特に，$\alpha = 1$ の場合は，LASSO であり，それを目的としたスパース学習の方法として位置づけられている．線形回帰では，繰り返しが収束した（コスト関数が最小化された）後で零となっているパラメータ（係数）については，それに対応する説明変数が目的変数に影響していないことになる．すなわち，この場合，パラメータ推定と同時に変数選択も行っている．ただし，どの変数を残し，どの変数を除くかは，ハイパーパラメータである λ や α によって決まるので，適切な値を決めることがモデル選択の問題であり，変数選択の問題となる．一般に，Elastic net のハイパーパラメータ選択には後述するクロス・バリデーションが用いられる．

Elastic net に対する座標降下法の R 関数 `lrcd` をコード 3.7 に示す．関数 `lrcd` は，サンプル (`X`, `y`)，繰り返し回数 `tmax`，正則化パラメータ `lambda`，ℓ_1 正則化項と ℓ_2 正則化項の割合 `alpha` を受け取り，座標降下法によって得られた係数 `coef` を返す．関数 `st` は式 (3.16) で定義される Soft-Thresholding 関数である．関数 `lrcd` において，上記のアルゴリズムが実装されていることを確かめてほしい．なお，19 行目以降は，実現可能な場合の多項式回帰に対する座標降下法の数値例

```
 1  # Soft-Thresholding 関数
 2  st <- function(x, t) {
 3    return(sign(x) * pmax(abs(x) - t, 0))
 4  }
 5  # 座標降下法
 6  lrcd <- function(X, y, tmax, lambda, alpha) {
 7    mmax <- ncol(X)
 8    coef <- numeric(mmax)
 9    for (t in 1:tmax) {
10      for (j in 1:mmax) {
11        ytj <- X[, -j] %*% coef[-j]
12        gammaj <- mean(X[, j]^2) + lambda * (1 - alpha)
13        xij <- mean(X[, j] * (y - ytj))
14        coef[j] <- st(xij, lambda * alpha) / gammaj
15      }
16    }
17    return(coef)
18  }
19  # 多項式回帰に対する座標降下法の数値例
20  # サンプルの生成
21  set.seed(2017)
22  n <- 100; mmax <- 8; sigma <- 0.1
23  x <- 2*(0:(n - 1)) / (n - 1) - 1
24  X <- NULL
25  for (m in 1:mmax) X <- cbind(X, x^m)
26  X <- cbind(rep(1, n), X)
27  tf <- x^2 - 1
28  y <- tf + rnorm(n, 0, sigma)
29  # 座標降下法によるパラメータ推定
30  coef <- lrcd(X, y, 100, 0.01, 1)
31  fhat <- X %*% coef
```

コード 3.7 座標降下法の例

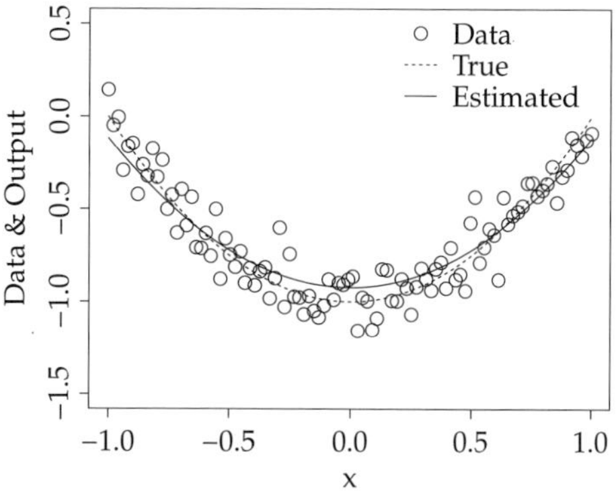

図 3.8　座標降下法による ℓ_1 正則化の例

である．ここでは，真の回帰式を $f^*(x) = x^2 - 1$ として，これに $N(0, 0.2^2)$ に従う雑音の重畳したサンプルに対して，次数 8 の多項式を当てはめている．推定では，$\lambda = 0.01$ および $\alpha = 1$ で `lrcd` を呼び出している．`fhat` は推定された回帰式の出力である．このとき，$\alpha = 1$ であるから，Elastic net は ℓ_1 正則化 (LASSO) となる．ここでの正則化パラメータ λ の値は，推定された回帰式が真の回帰式をある程度近似できて，真の回帰式を決める $\{1, x^2\}$ の項以外の係数の推定値が零となるように適当に選んだ（ただし，結果は環境によって異なるので注意する）．

図 3.8 にサンプル（○），真の回帰式 `tf`（点線）および推定した回帰式 `fhat`（実線）を示している．正則化パラメータを大きくすると，$\{1, x^2\}$ の係数が小さくなり，バイアスが生じる．また，さらに大きくすると，変数選択も妥当ではなくなる（この例において，$\{1, x^2\}$ の係数も零となる）．一方で，正則化パラメータを小さくすると，$\{1, x^2\}$ 以外の係数が零でなくなる．したがって，オーバーフィッティングもあるし，変数選択の意味ではふさわしくない．このため，前述したように，λ や α の適切な選択が必要となる．Elastic net のこうした性質などは R スクリプトを用いて調べてほしい．なお，Elastic net を座標降下法で解く R のパッケージとして `glmnet` が知られている．

3.2.5　正則化パラメータの選択

ℓ_2 正則化の場合，正則化パラメータを適当に選択できれば予測に優れた（汎化性の良い）回帰式を推定できることを述べたが，それはサンプルに基づいて決める必要がある．これはある意味でモデル選択の問題である．一方，ℓ_1 正則化では，正則化パラメータを決めて推定すると，推定されたパラメータの中で，いくつかの推定値は厳密に零となる．すなわち，自動的に変数選択を行う方法となっている．ただし，零でない推定値は最小二乗推定量を正則化パラメータに応じて縮小したものとなっていることに注意する．このとき，正則化パラメータを勝手に決めても，それに応じて選択された変数は汎化性の良い妥当な変数とはならない．したがって，ℓ_1 正則化においても，正則化パラメータの適切な値を決める必要がある．これは変数選択を含むモデル選択の問題である．次に述べるクロス・バリデーションは，こうしたモデル選択の方法として最もよく用いられている．ただし，後述するように，クロス・バリデーションは正則化以外にも適用することができる．

3.3　クロス・バリデーション

3.3.1　クロス・バリデーション

クロス・バリデーション（Cross Validation：交差検証法）は，モデル選択のための方法であり，機械学習などの分野でよく利用される．例えば，線形回帰の場合，モデル（回帰式）および推定方法が比較的単純であるため，推定量の統計的性質の理論解析に基づき，PSE など，計算が容易な規準を導くことができた．しかしながら，機械学習の分野では，モデルや学習方法が複雑な場合が多く，そうした理論解析は難しいときが多い．クロス・バリデーションは，統計科学におけるリサンプリング法の一つとして位置づけられ，与えられたデータを推定だけでなく，モデル選択にも有効に利用する方法である．この際，推定量の統計的性質を陽に知らなくても，モデル選択の方法が構成できる点で汎用性が高い．このため，機械学習の分野では重宝されている．

すでに少し触れたが，推定すべきパラメータとは別に，モデルの推定に影響するパラメータを**ハイパーパラメータ**と呼んだ．モデル選択は，具体的には，ハイパーパラメータの選択である．こうしたハイパーパラメータがモデルの汎化性（予測性能）に影響するため，それを適切に決める問題がモデル選択である．クロス・バリデーションは，ハイパーパラメータを決めるための方法として位置づけられる．例えば，ℓ_2 正則化の場合，ハイパーパラメータは正則化パラメータである．変数選択を考える場合，ハイパーパラメータは変数の数に対応する．ハイパーパラメータは多変数でもよい．例えば，Elastic net では，(λ, α) がハイパーパラメータであった．

クロス・バリデーションでは，与えられたデータを**推定用（データ）セット**と**検証用（データ）セット**に分割する．推定用セットのことを**学習用（データ）セット**と呼ぶことも多い．ハイパーパラメータのとる値の候補を決め，その候補の中でハイパーパラメータの値を固定し，推定用セットに対して回帰式を求め，その回帰式の検証用セットに対する誤差を計算する．これを候補のすべての値について行い，その候補の中で，検証用セットに対する誤差を最小とするものを選択する．このとき，推定（学習）用セットと検証用セットは被らないので，検証用セットは予測すべき未学習データとみなすことができる．したがって，クロス・バリデーションでは，検証用セットに対する誤差が予測誤差の推定値となっている．実際の方法では，後述するように，もう少し複雑な「交差検証」となっている．

ここでは，一般的な k-fold クロス・バリデーション (CV) を紹介する．以下では，サンプルを $\{\boldsymbol{z}_i = (\boldsymbol{x}_i, y_i) \mid i = 1, \ldots, n\}$ とする．$N = \{1, \ldots, n\}$ をサンプルのインデックス集合とする．N を k 個のブロックに分割する．N が k で割り切れないときは，各ブロック内のサンプル数がある程度同じになるようにする．j 番目のブロックに入るインデックス集合を B_j とする．したがって，$N = \bigcup_{j=1}^{k} B_j$ であり，任意の j_1, j_2 に対して $B_{j_1} \cap B_{j_2} = \varnothing$ である．B_j の補集合を $\overline{B}_j$ とする．

ハイパーパラメータを γ として，γ の値の候補集合（有限集合）を Γ とする．ここでは，パラメータ $\boldsymbol{\beta}$ をもつ回帰式 $f_{\boldsymbol{\beta}}$ による回帰を考えるが，特に，線形回帰に限らず，後述する非線形回帰やノンパラメトリック回帰でもよい．k-fold CV は以下の手順で行う．

1. $\gamma \in \Gamma$ を固定し，$\{\boldsymbol{z}_i \mid i \in \overline{B}_j\}$ を用いてパラメータ $\boldsymbol{\beta}$ の推定値を求める．これは $\{\boldsymbol{z}_i \mid i \in B_j\}$ を除いたサンプルに対する推定値である．この推定値を $\widehat{\boldsymbol{\beta}}_{-j}(\gamma)$ とする．$f_{\widehat{\boldsymbol{\beta}}_{-j}(\gamma)}$ の B_j に対す

る二乗誤差和：

$$\widehat{E}_j(\gamma) = \sum_{i \in B_j} \left(y_i - f_{\widehat{\boldsymbol{\beta}}_{-j}(\gamma)}(\boldsymbol{x}_i) \right)^2$$

を計算する．すなわち，$\{\boldsymbol{z}_i \mid i \in \overline{B}_j\}$ が推定用セット，$\{\boldsymbol{z}_i \mid i \in B_j\}$ が検証用セットとなる．なお，ここでは，二乗誤差を考えているが，誤差の定義は問題に応じて決めてよい．

2. 手順 1 を $j = 1, \ldots, k$ について実行すると，$\widehat{E}_j(\gamma)$, $j = 1, \ldots, k$ が得られるので，

$$\widehat{E}(\gamma) = \frac{1}{n} \sum_{j=1}^{k} \widehat{E}_j(\gamma)$$

を固定した γ に対する検証誤差とする．

3. 1 と 2 の手順をすべての $\gamma \in \Gamma$ に対して行う．

4.

$$\widehat{\gamma} = \arg \min_{\gamma \in \Gamma} \widehat{E}(\gamma)$$

を最適なハイパーパラメータ値として決定する．

以上の手順を大雑把に説明すると，γ を固定した上で，データをいくつかに分割し，その一つの分割を検証用セットとし，それ以外の分割を推定用セットとして，推定用セットに対して推定したモデルの検証用セットに対する誤差を計算する．これをすべての分割に対して行い，それぞれの分割での検証用セットに対する誤差の平均を最終的な検証誤差とするのである．

k-fold CV においては，$k = 2, 3, 5, 10$ および $k = n$ がよく用いられる．特に，$k = n$ のときは，検証用セットが 1 サンプルのみであることから，**LOOCV** (Leave One Out Cross Validation) と呼ばれている．分割数が小さいときには，推定に用いるサンプル数が減るので，推定されたモデルの精度は良くない．一方で，分割数が大きいときは，評価用のサンプル数が減るので，評価の精度が悪くなる．また，推定に時間がかかるモデルの場合，分割数が多いと推定の回数が増えるため，モデル選択に時間がかかることになる．分割数については，こうしたことを踏まえて決める必要がある．

なお，特に分割数が小さいときには，分割の際に，サンプルの順番などをランダムにした上で分割する方が望ましい．例えば，多項式回帰において，説明変数のサンプルが値の昇順で並んでいた場合に，ブロックを抜き取ると，サンプルが全くない区間を作ることになる．こうしたときには注意が必要である．

以下では，線形回帰モデルの ℓ_2 正則化推定と貪欲法に対する応用例を説明する．

3.3.2　ℓ_2 正則化への応用

ℓ_2 正則化において正則化パラメータが大きいと，正則化項の影響が大きくなるため，その下での正則化推定量は，サンプルの傾向とは関係なく零ベクトルに近くなる．一方で，正則化パラメータが小さいとき，推定量は最小二乗推定量に近くなる．前述したように，前者ではバイアスが大きく

なり，後者ではバリアンスが大きくなる．一般に，モデルのパラメータ数が少なく，バイアスが大きいときには，正則化を導入しても，それ以上にバイアスを小さくすることはできない．むしろ，余計なバイアスが生じる．一方で，オーバーフィッティングする程度にパラメータ数が多いときには，バイアスがほとんどなく，最小二乗推定ではバリアンスが大きくなり，予測性能は悪くなる．こうした場合は，正則化を導入して，バリアンスを抑えることで予測性能を改善できる可能性がある．すなわち，正則化はモデルの自由度が高いときに効果がある．

クロス・バリデーションによる正則化パラメータの決定は素直である．まず，正則化パラメータの候補 $\Lambda = \{\lambda_1, \ldots, \lambda_m\}$ を決める．各候補値 $\lambda \in \Lambda$ の下で検証誤差 $E(\lambda)$ を計算し，これを最小化する候補値を適切な値として採用する．

ここでは，簡単な数値例を示す．サンプルと正則化パラメータの候補集合が与えられた下で，検証誤差が最小となる候補を返すR関数 cal_cverr_l2reg をコード 3.9 に示す．この関数は，引数として，サンプル (X, y)，クロス・バリデーションの分割数 folds および正則化パラメータの候補集合 rpset を与えて，候補集合の各要素について検証誤差を計算し，すべての候補に対する検証誤差 cve と検証誤差が最小となる要素のインデックス minpos をリストとして返す．関数について説明する．

4～6行目：サンプルの並びをランダム化（シャッフル）している．

8～10行目：サンプル数 n と folds に応じて，各ブロックに入るサンプル数を求めて，nB に格納している．ここでは，サンプル数が分割数で割り切れないときの処理を入れてある．

11～12行目：各ブロックのサンプル番号の始点と終点が st と ed にそれぞれ格納される．

15～32行目：このループにおいて，正則化パラメータの値を候補から一つずつ選び，その下で検証誤差を計算している．ここでは，j 番目のブロックの始点は st[j] に，終点は ed[j] に格納されているので，抜き出すブロックのインデックスを idx に格納しておけば，それ以外のインデックスは -idx で参照できる．デザイン行列と目的変数のサンプルは，推定用セットについて Xe と ye に，検証用セットについて Xv と yv に格納される．coef は推定用セットの下での係数の推定値であり，その推定値の下での検証用セットに対する出力は fv となる．したがって，cvetmp は検証用セットに対する二乗誤差からなるベクトルである．最終的に，各正則化パラメータの候補に対する検証誤差は cve に格納される．

34行目：検証誤差を最小化する正則化パラメータ値のインデックスを求めている．

この関数は，検証誤差 cve とそれを最小とする正則化パラメータ値のインデックス minpos のリストを戻り値としている．

コード 3.10 にこの関数を使用したRスクリプトを示す．このスクリプトでは，説明変数 x に対する真の回帰式を $\sin(\pi x)$，加法雑音を $N(0, 0.4^2)$ としたサンプルに対する多項式回帰を考えている．サンプル数 n を 50 とし，多項式の次数を mmax = 25 に固定する．これは，オーバーフィッティングが生じる状況である．正則化パラメータの値の候補集合は，9～11行目におい

```
cal_cverr_l2reg <- function(X, y, folds, rpset) {
  n <- length(y)
# サンプルの順番をシャッフルする
  shuf <- sample(1:n, n, replace = F)
  X <- X[shuf, ]
  y <- y[shuf]
# ブロックごとのサンプル数とブロックの始点と終点を計算する
  n1b <- floor(n / folds)
  nB <- rep(n1b, folds)
  if (n %% folds != 0) nB[1:(n - n1b * folds)] <- nB[1:(n - n1b * folds)] + 1
  st <- c(1, cumsum(nB)[-folds] + 1)
  ed <- cumsum(nB)
# 検証誤差を計算する
  cve <- NULL
  for (rp in rpset) {
    cvetmp <- NULL
    for (j in 1:folds) {
# 推定用セットと検証用セットを構成する
      idx <- (st[j]:ed[j])
      Xe <- X[-idx, ]
      ye <- y[-idx]
      Xv <- X[idx, ]
      yv <- y[idx]
# 推定用セットに対するパラメータ推定
      coef <- solve(t(Xe) %*% Xe + rp * diag(ncol(Xe))) %*% t(Xe) %*% ye
# 検証用セットに対する出力の計算
      fv <- Xv %*% coef
# 検証用セットに対する誤差の計算
      cvetmp <- c(cvetmp, (yv - fv)^2)
    }
    cve <- c(cve, mean(cvetmp))
  }
# 検証誤差を最小化する正則化パラメータ値を求める
  minpos <- which.min(cve)
  rlist <- list(cve, minpos)
  names(rlist) <- c("cve", "minpos")
  return(rlist)
}
```

コード 3.9 ℓ_2 正則化にクロス・バリデーションを適用する R 関数

```
# 説明変数のサンプルの生成
set.seed(2017)
n <- 50; mmax <- 25; sigma <- 0.4; S <- 1000
x <- 2*(0:(n - 1)) / (n - 1) - 1
X <- rep(1, n)
for (m in 1:mmax) X <- cbind(X, x^m)
tf <- sin(pi * x)
# 正則化パラメータの候補集合の生成
rpset <- seq(-3, 1, 1)
rpset <- c(1*10^rpset, 5*10^rpset)
rpset <- sort(rpset)
freq <- numeric(length(rpset))
folds <- 10
cve <- NULL
# 正則化パラメータ値をクロス・バリデーションによって求める数値実験
for (s in 1:S) {
  y <- tf + rnorm(n, 0, sigma) # 目的変数のサンプルの生成
  rlist <- cal_cverr_l2reg(X, y, folds, rpset)
  pos <- rlist$minpos
  cve <- rbind(cve, rlist$cve)
}
```

コード 3.10 cal_cverr_l2reg の使用例

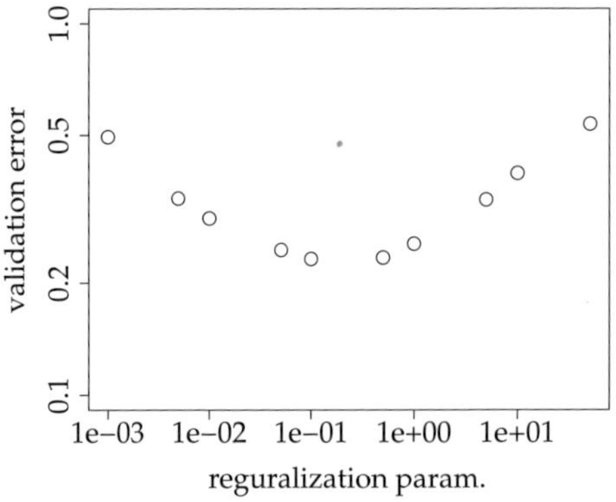

図 3.11 検証誤差の平均

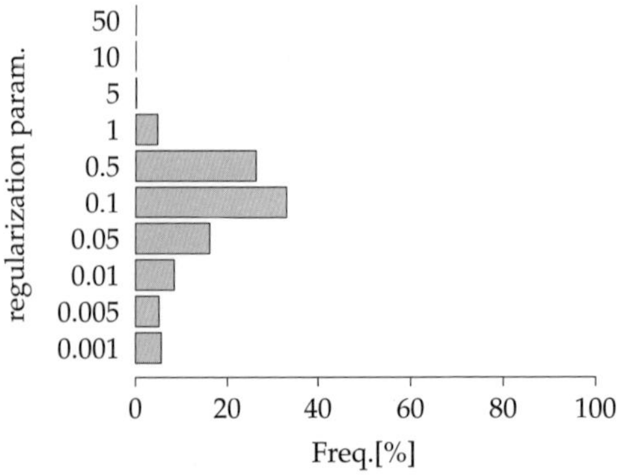

図 3.12 正則化パラメータ値の選択頻度

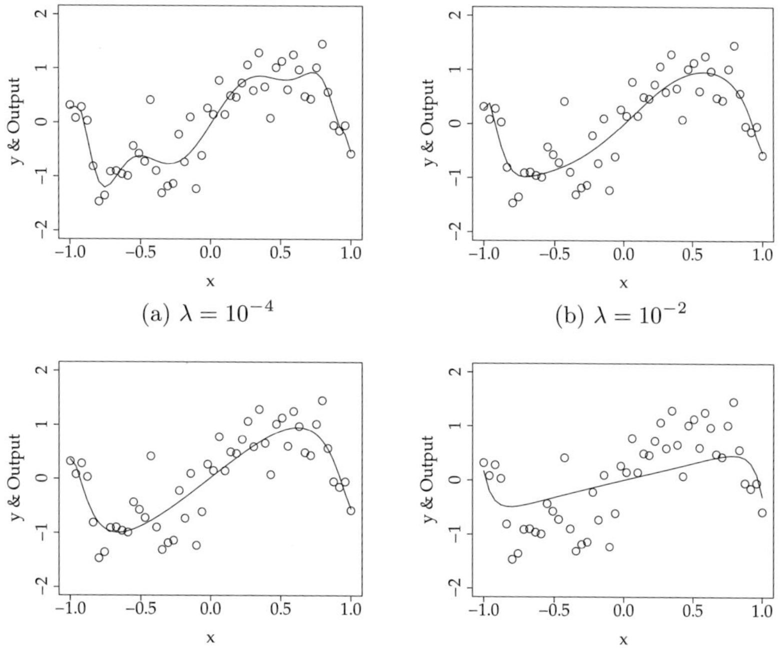

(a) $\lambda = 10^{-4}$　(b) $\lambda = 10^{-2}$

(c) $\lambda = 10^{-1}$　(d) $\lambda = 10^{1}$

図 3.13　ℓ_2 正則化によって得られた回帰式

て，$\{10^{-3}, 5 \times 10^{-3}, \ldots, 10^{1}, 5 \times 10^{1}\}$ と設定した．クロス・バリデーションの分割数 `folds` は 10 としてある（したがって，10-fold CV である）．16 行目以降のループで，目的変数のサンプルを `S` $= 1000$ セット生成し，それぞれに対して検証誤差と検証誤差を最小とする正則化パラメータ値を求めている．

この 1000 回の試行での検証誤差の平均を図 3.11 に示す．また，クロス・バリデーションによって選択された正則化パラメータ値の選択頻度を図 3.12 に示す．図 3.11 より，候補の中では，正則化パラメータ値が 10^{-1}（付近）において検証誤差の平均は最小となっており，バイアスとバリアンスによる検証誤差の悪化が明確になっている．また，この図は候補の範囲の妥当性を示している．もちろん，これは平均的な挙動であるから，個々のサンプルに対しては，検証誤差にバラツキが生じ，こうした素直な形にはならないことに注意する．ただし，図 3.12 より，正則化パラメータ値としては，10^{-1} の頻度が最も高く，選択されたパラメータ値は主にその近くで分布している．

図 3.13 に，あるサンプルについて，正則化パラメータ値を固定して推定した回帰式をサンプルとともに示す．これから，正則化パラメータ λ が小さいとオーバーフィッティングしており，大きいとバイアスが生じていることがわかる．この図において，$\lambda = 10^{-1}$ および $\lambda = 10^{-2}$ のときは，比較的滑らかで，ある程度フィットしている．ただし，候補集合は有限であるから，このあたりで細かく λ を探せばさらに妥当な回帰式が得られる可能性がある．一般に，候補集合 Λ をどのように選ぶかという問題は残ることに注意する．この問題に対する明確な答えはないが，少なくとも，検証誤差が凸となるような範囲を定める必要はある．

3.3.3 貪欲法への応用

ここでは，二乗誤差和を規準として変数を選択し，すべての変数を選択した後に，適当な規準に従い，変数の数，したがって，変数の組を決める貪欲法を考える．3.1.4 項に述べたように，この問題に対しては妥当なモデル選択規準を構成することは難しい．しかしながら，クロス・バリデーションを適用することは可能である．貪欲法に対するクロス・バリデーションの応用では，推定用セットごとに貪欲法を適用し，その結果に対して検証誤差を計算する方法となる．貪欲法に対して検証誤差を計算する R 関数をコード 3.14 に示す．この関数で利用されている関数 greedy はコード 3.2 に示したものである．

R 関数 cal_cverr_greedy はサンプル (X, y) および分割数 folds を与えて，検証誤差，選ばれた変数のインデックスおよびそれらの係数の推定値を返す関数である．ここでは，パラメータ数（説明変数の数）がハイパーパラメータであり，その候補は X の列の数で決まるので，候補集合を与える必要はないことに注意する．R 関数 cal_cverr_greedy のアルゴリズムは以下のとおりである．

3 ～ 11 行目：cal_cverr_l2reg と同じである．

14 ～ 31 行目：このループにおいて検証誤差を計算している．ここでは，cal_cverr_l2reg と同様に，分割を固定し，推定用セット（Xe，ye）と検証用セット（Xv，yv）を構成する．

22 行目：貪欲法 greedy を推定用セットに適用し，選択順に並んだインデックス集合 sidx を求める．このとき，m ステップ目で選ばれている変数のインデックス集合は sidx の 1 番目から m 番目までの要素である（すなわち，sidx[1:m] である）．

24 ～ 30 行目：このループにおいて，各 m に対して次のことを実行する．まず，推定用セットに対して得られた変数の組 sidx[1:m] の下での係数の推定値 coef を計算する．次に，検証用セットのデザイン行列 Xv[, sidx[1:m]] に対する出力値を計算し，検証用セットの目的変数のサンプル yv に対する二乗誤差和を計算する．これを errtmp に格納し，それを cvej[m] に加算していく．

32 行目：cvej をサンプル数で割った cve が検証誤差となる．

34 ～ 41 行目：この関数では，さらに，全サンプルに対して推定されたモデルを返す．検証誤差 cve が求まった後に，cve を最小化する項数 pos を求める．次に，全サンプルに対して greedy 関数を用いて貪欲的な順番で選ばれたインデックス集合 sidx を得る．sidx[1:pos] は検証誤差を最小化する項数までのインデックス集合であるから，それを改めて sidx として，その下で最小二乗推定量 coef を計算している．

結局，この R 関数は，各 m での検証誤差 cve，そして，推定されたモデル（選ばれたインデックス集合 sidx とその下での係数 coef）を返す．したがって，説明変数のデザイン行列を X とすると，回帰式の出力が X[, sidx] %*% coef によって得られる．

ここで，注意すべきことは，分割ごとに（推定用セットごとに），説明変数の順番が異なることを許している点である．これは一見すると，推定用セットごとにモデルが異なってしまうように思われるかもしれないが，係数の推定量が推定用セットによってバラつくのと同様に，選択される説明

```
cal_cverr_greedy <- function(X, y, folds) {
# サンプルの順番をシャッフルする
  shuf <- sample(1:n, replace = F)
  X <- X[shuf, ]
  y <- y[shuf]
# ブロックごとのサンプル数とブロックの始点と終点を計算する
  n1b <- floor(n / folds)
  nB <- rep(n1b, folds)
  if (n != n1b * folds) nB[1:(n - n1b * folds)] <- nB[1:(n - n1b * folds)] + 1
  st <- c(1, cumsum(nB)[-folds] + 1)
  ed <- c(cumsum(nB))
# 検証誤差を計算する
  cvej <- numeric(ncol(X))
  for (j in 1:folds) {
# 推定用セットと検証用セットを構成する
    idx <- (st[j]:ed[j])
    Xe <- X[-idx, ]
    ye <- y[-idx]
    Xv <- X[idx, ]
    yv <- y[idx]
# 推定用セットに対して貪欲法を適用する
    sidx <- greedy(Xe, ye)
# sidx の順番で係数を再推定し，検証誤差を計算する
    for (m in 1:length(sidx)) {
      Xvt <- matrix(Xv[, sidx[1:m]], nrow(Xv), m)
      Xet <- matrix(Xe[, sidx[1:m]], nrow(Xe), m)
      coef <- solve(t(Xet) %*% Xet) %*% t(Xet) %*% ye
      errtmp <- sum((yv - Xvt %*% coef)^2)
      cvej[m] <- cvej[m] + errtmp
    }
  }
  cve <- cvej / nrow(X)
# 検証誤差を最小化する変数の個数を求める
  pos <- which.min(cve)
# すべてのサンプルに対して貪欲法を適用する
  sidx <- greedy(X, y)
# 検証誤差に基づいて求めた個数の変数の下で係数を推定する
  sidx <- sidx[1:pos]
  Xpos <- matrix(X[, sidx], nrow(X), pos)
  coef <- solve(t(Xpos) %*% Xpos) %*% t(Xpos) %*% y
  return(list(cve = cve, sidx = sidx, coef = coef))
}
```

コード 3.14　貪欲法に対してクロス・バリデーションを適用する R 関数

変数の順番もバラつくのは自然であり，むしろ，このことを含めた推定に対する予測の評価をここでは行っている．したがって，ここで評価すべきハイパーパラメータは，パラメータ数（項数）のみであり，この評価でどの変数が含まれるかを決めることにはならない．予測の段階では，すべてのサンプルに対して貪欲法を適用し，クロス・バリデーションによって求まった項数のところまでの説明変数を用いることになる．このとき，分割に偏りがなければ，推定用セットが全サンプルの傾向を反映しているため，重要な説明変数はすべての推定用セットにおいて初期のステップで取り込まれていると考えられる．したがって，クロス・バリデーションによって妥当な項数が選択できれば，全サンプルに対する妥当な説明変数の組が選択されると考えられる．ただし，推定用セットのサンプル数が全サンプル数より小さいことの影響は考慮しておくべきである．

また，以下の点には留意しておく必要がある．まず，ステップがある程度進むと，オーバーフィッティングのフェーズに入る．このとき，3.1.4 項に述べたように，サンプルの雑音成分に合うように変数が取り込まれるので，特定の変数が常に選ばれるということはない．したがって，クロス・バリデーションにおいては，選択される説明変数の順番は，特に，項数が多いところで分割ごとにバラつく．もちろん，重要ではあるが影響の小さい説明変数については，サンプル数などに応じて，選択順位が左右される．また，3.1.2 項で述べたように，すべての説明変数の中に真の回帰式を構成する m^* 個の変数が存在しても，貪欲法の m^* ステップまでに，その m^* 個の変数が選択される保証は一般にはないことにも注意が必要である．

ここでは，貪欲法にクロス・バリデーションを適用した数値例をあげておく．多項式回帰において，入力 x を $[-1,1]$ の間で等間隔にとり，真の回帰式を $f(x)=0.5\sin(\pi x)$，加法雑音の分布を $N(0,0.4^2)$ とし，サンプル数を $n=100$ とする．このサンプルを 500 セット生成し，それぞれに対して，各項数での予測二乗誤差，PSE およびクロス・バリデーションの検証誤差を計算した．ただし，予測二乗誤差は，500 個の予測用サンプルセットを生成して，それらに対する二乗誤差平均として計算した．また，クロス・バリデーションの分割数は $k=10$ とした．

予測二乗誤差と PSE については，3.1.3 項と同様に，各セットに対して貪欲法を適用して得られた変数の順番の下で計算している．クロス・バリデーションについては，コード 3.14 によって，各項数での検証誤差を計算している（各項数で選ばれる変数は分割ごとに異なることもある）．500 回の試行に対する予測二乗誤差，PSE およびクロス・バリデーションの検証誤差の平均を図 3.15 に

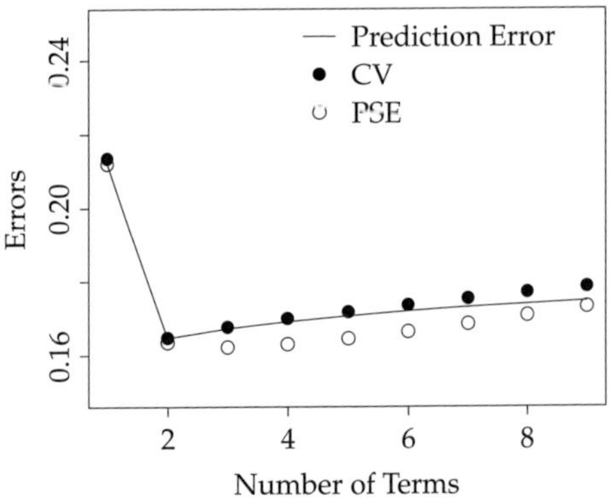

図 3.15　検証誤差と予測二乗誤差の平均

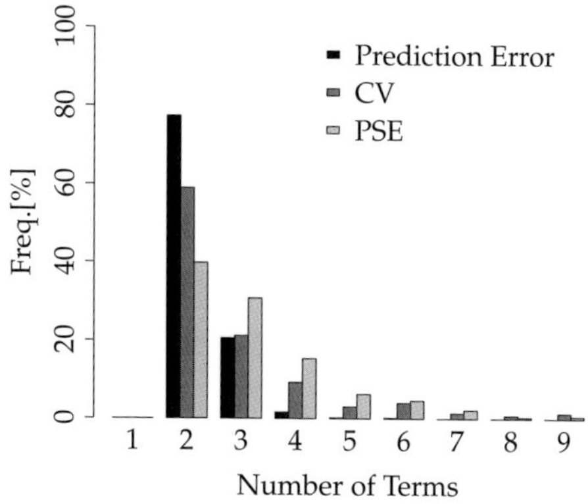

図 3.16 項数の選択頻度

示す（横軸は項数である）．また，各試行において，予測二乗誤差，PSE および検証誤差をそれぞれ最小とする項数を選択するものとして，それらの選択頻度を図 3.16 に示す．これらの図は，それぞれ，図 3.4 および図 3.5 に対応する結果である．

図 3.16 より，クロス・バリデーションの選択頻度は，PSE の場合と比較して，予測二乗誤差の選択頻度に近づいていることがわかる．このことから，ここで考えたクロス・バリデーションの手順は貪欲法に対して有効であると考えられる．一方，図 3.15 より，項数が小さいところでは，検証誤差の平均は予測二乗誤差の平均と近く，PSE のように小さくなってしまう傾向はない．このことが図 3.16 の選択頻度の結果に現れている．ただし，項数が大きいところでは，検証誤差の平均が予測二乗誤差とずれている．これは，推定用・予測用のサンプル数が限られていることによるものと考えられる．

3.3.4 ℓ_2 正則化の下での検証誤差の解析解

クロス・バリデーションではパラメータ推定を分割数だけ繰り返す必要がある．上の線形回帰の ℓ_2 正則化の例においてもこの手順で検証誤差を計算している．しかしながら，以下に述べるように，線形回帰の ℓ_2 正則化の場合には，検証誤差を簡単に計算できる．

まず，与えられたデータを推定用セットと検証用セットに分割し，推定用セットに対して推定した回帰式の検証用セットに対する誤差（検証用誤差）を求めることを考える．サンプルを $\{(\boldsymbol{x}_i, y_i) \mid i = 1, \ldots, n\}$ として，$N = \{1, \ldots, n\}$ とする．ただし，$\boldsymbol{x}_i = (x_{i,0}, \ldots, x_{i,m})$ である．T および V を，それぞれ，推定用セットと検証用セットのインデックス集合とする．このとき，$N = T \cup V$ かつ $T \cap V = \phi$ である．それぞれのインデックス集合の要素数を $n_T = |T|$ および $n_V = |V| = n - n_T$ とする．回帰式を

$$f_{\boldsymbol{\beta}}(\boldsymbol{x}_i) := \sum_{k=0}^{m} \beta_k x_{i,k}$$

とする．$\mathbf{X}$ を (i, j) 要素が $x_{i,j-1}$ である $n \times (m+1)$ デザイン行列とし，$\boldsymbol{y} = (y_1, \ldots, y_n)^\top$ とする．以下では，表記を簡単にするために，推定量などについて λ を陽に記述しない．ℓ_2 正則化推定量は，式 (3.5) より

$$\widehat{\boldsymbol{\beta}} = (\mathbf{X}^\top \mathbf{X} + \lambda \mathbf{I}_{m+1})\mathbf{X}^\top \boldsymbol{y} \tag{3.17}$$

であったから,

$$\mathbf{H} := \mathbf{X}(\mathbf{X}^\top \mathbf{X} + \lambda \mathbf{I}_{m+1})^{-1}\mathbf{X}^\top \tag{3.18}$$

と定義すると,

$$\boldsymbol{f}_{\widehat{\boldsymbol{\beta}}} := (f_{\widehat{\boldsymbol{\beta}}}(\boldsymbol{x}_1), \ldots, f_{\widehat{\boldsymbol{\beta}}}(\boldsymbol{x}_n))^\top = \mathbf{X}\widehat{\boldsymbol{\beta}} = \mathbf{H}\boldsymbol{y}$$

である. したがって, $\mathbf{H}$ の (i, j) 要素を $h_{i,j}$ とおくと,

$$f_{\widehat{\boldsymbol{\beta}}}(\boldsymbol{x}_i) = \sum_{j=1}^{n} h_{i,j} y_j \tag{3.19}$$

と書ける. このとき, i 番目のサンプルに対する誤差は

$$\widehat{e}_i = y_i - \sum_{j=1}^{n} h_{i,j} y_j \tag{3.20}$$

で与えられる.

さて, 推定用セット T に対する ℓ_2 正則化のコスト関数を

$$C_T(\boldsymbol{\beta}) := \sum_{i \in T} (y_i - f_{\boldsymbol{\beta}}(\boldsymbol{x}_i))^2 + \lambda \sum_{j=0}^{m} \beta_j^2$$

で定義する. C_T を最小化する $\boldsymbol{\beta}$ は,

$$\widetilde{\boldsymbol{\beta}}_T := (\widetilde{\beta}_{T,0}, \ldots, \widetilde{\beta}_{T,m})^\top = (\mathbf{X}_T^\top \mathbf{X}_T + \lambda \mathbf{I}_{m+1})^{-1} \mathbf{X}_T^\top \boldsymbol{y}_T$$

で与えられる. ただし, $\boldsymbol{y}_T$ は y_i, $i \in T$ を並べた n_T 次元ベクトル, $\mathbf{X}_T$ は行ベクトルが $(x_{i,0}, \ldots, x_{i,m})$, $i \in T$ である $n_T \times (m+1)$ 行列である. ただし, $\boldsymbol{y}_T$ と $\mathbf{X}_T$ 内の要素の順番は適当に合わせるものとする. いま,

$$\widetilde{y}_i := \begin{cases} y_i & (i \in T) \\ f_{\widetilde{\boldsymbol{\beta}}_T}(\boldsymbol{x}_i) & (i \in V) \end{cases}$$

と定義し, $\widetilde{\boldsymbol{y}} = (\widetilde{y}_1, \ldots, \widetilde{y}_n)^\top$ とする. このとき,

$$\begin{aligned}
\widetilde{C}(\boldsymbol{\beta}) &:= \sum_{i=1}^{n} (\widetilde{y}_i - f_{\boldsymbol{\beta}}(\boldsymbol{x}_i))^2 + \lambda \sum_{j=0}^{m} \beta_j^2 \\
&\geq \sum_{i \in T} (\widetilde{y}_i - f_{\boldsymbol{\beta}}(\boldsymbol{x}_i))^2 + \lambda \sum_{j=0}^{m} \beta_j^2 = \sum_{i \in T} (y_i - f_{\boldsymbol{\beta}}(\boldsymbol{x}_i))^2 + \lambda \sum_{j=0}^{m} \beta_j^2 \\
&\geq \sum_{i \in T} \Big(y_i - f_{\widetilde{\boldsymbol{\beta}}_T}(\boldsymbol{x}_i)\Big)^2 + \lambda \sum_{j=0}^{m} \widetilde{\beta}_{T,j}^2 = \sum_{i=1}^{n} \Big(\widetilde{y}_i - f_{\widetilde{\boldsymbol{\beta}}_T}(\boldsymbol{x}_i)\Big)^2 + \lambda \sum_{j=0}^{m} \widetilde{\beta}_{T,j}^2
\end{aligned}$$

である．最後の等号は $\widetilde{y}_i$, $i \in V$ の定義に従う．この式は，任意の $\boldsymbol{\beta}$ に対して成り立つから，$\widetilde{C}(\boldsymbol{\beta})$ を最小化する $\boldsymbol{\beta}$ は $C_T(\boldsymbol{\beta})$ を最小化する $\widetilde{\boldsymbol{\beta}}_T$ と一致する．したがって，$\widetilde{C}(\boldsymbol{\beta})$ を最小化する推定量は $\widetilde{\boldsymbol{\beta}}_T$ であり，それは，

$$\widetilde{\boldsymbol{\beta}}_T = (\mathbf{X}^\top \mathbf{X} + \lambda \mathbf{I}_{m+1})^{-1} \mathbf{X}^\top \widetilde{\boldsymbol{y}}$$

である．このとき，

$$\boldsymbol{f}_{\widetilde{\boldsymbol{\beta}}_T} := (f_{\widetilde{\boldsymbol{\beta}}_T}(\boldsymbol{x}_1), \ldots, f_{\widetilde{\boldsymbol{\beta}}_T}(\boldsymbol{x}_n))^\top = \mathbf{X}\widetilde{\boldsymbol{\beta}}_T = \mathbf{H}\widetilde{\boldsymbol{y}}$$

だから，

$$f_{\widetilde{\boldsymbol{\beta}}_T}(\boldsymbol{x}_i) = \sum_{j=1}^{n} h_{i,j} \widetilde{y}_j \tag{3.21}$$

と書ける．いま，推定用セットに対して推定した係数をもつ回帰式 $f_{\widetilde{\boldsymbol{\beta}}_T}(\boldsymbol{x}_i)$ と y_i の誤差は

$$\widetilde{e}_{T,i} := y_i - f_{\widetilde{\boldsymbol{\beta}}_T}(\boldsymbol{x}_i) \tag{3.22}$$

である．このとき，$i \in V$ に対しては，$\widetilde{y}_i$ の定義，式 (3.20) および式 (3.21) より，

$$\begin{aligned}
\widetilde{e}_{T,i} &= y_i - \sum_{j=1}^{n} h_{i,j} \widetilde{y}_j = y_i - \sum_{j \in T} h_{i,j} \widetilde{y}_j - \sum_{j \in V} h_{i,j} \widetilde{y}_j \\
&= y_i - \sum_{j \in T} h_{i,j} y_j - \sum_{j \in V} h_{i,j} f_{\widetilde{\boldsymbol{\beta}}_T}(\boldsymbol{x}_i) \\
&= y_i - \sum_{j=1}^{n} h_{i,j} y_j + \sum_{j \in V} h_{i,j} y_j - \sum_{j \in V} h_{i,j} f_{\widetilde{\boldsymbol{\beta}}_T}(\boldsymbol{x}_i) = \widehat{e}_i + \sum_{j \in V} h_{i,j} \widetilde{e}_{T,j}
\end{aligned}$$

となる．よって，

$$\widetilde{e}_{T,i} - \sum_{j \in V} h_{i,j} \widetilde{e}_{T,j} = \widehat{e}_i \tag{3.23}$$

である．$\widetilde{\boldsymbol{e}}_T$ を $\widetilde{e}_{T,i}$, $i \in V$ を要素とする n_V 次元ベクトルとする．これは，推定用セットに対して推定された回帰式が検証用セットに対して与える誤差からなるベクトルである．$\widehat{\boldsymbol{e}}_V$ を $\widehat{e}_i$, $i \in V$ を要素とする n_V 次元ベクトルとする．また，$\mathbf{H}_V$ を $h_{i,j}$, $i,j \in V$ を要素とする $n_V \times n_V$ 行列とする．このとき，式 (3.23) は，行列表現により，

$$(\mathbf{I}_{n_V} - \mathbf{H}_V)\widetilde{\boldsymbol{e}}_T = \widehat{\boldsymbol{e}}_V$$

と書けて，$\mathbf{I}_{n_V} - \mathbf{H}_V$ が正則ならば，

$$\widetilde{\boldsymbol{e}}_T = (\mathbf{I}_{n_V} - \mathbf{H}_V)^{-1} \widehat{\boldsymbol{e}}_V \tag{3.24}$$

となる．

特殊なケースとして，$n_V = 1$ のとき，$V = \{i\}$ とすると，$\widetilde{e}_{T,i}$ は

$$\widetilde{e}_{T,i} = \frac{\widehat{e}_i}{1 - h_{i,i}}$$

で与えられる．

以上の結果より，k-fold CV の検証誤差を求める．クロス・バリデーションにおける j 番目のブロック B_j について，$n_j = |B_j|$ を B_j に含まれるサンプル数とする．上の議論において，$T = \overline{B}_j$ および $V = B_j$ とおくと，B_j に対する検証誤差和 $\widehat{E}_j(\gamma)$ は，

$$\widehat{E}_j(\gamma) = \widetilde{\boldsymbol{e}}_{B_j}^\top \widetilde{\boldsymbol{e}}_{B_j} = \widehat{\boldsymbol{e}}_{B_j}^\top (\mathbf{I}_{n_j} - \mathbf{H}_{B_j})^{-2} \widehat{\boldsymbol{e}}_{B_j}$$

となる．したがって，検証誤差は $\widehat{E}(\gamma)$ は

$$\widehat{E}(\gamma) = \frac{1}{n} \sum_{j=1}^{k} \widehat{\boldsymbol{e}}_{B_j}^\top (\mathbf{I}_{n_j} - \mathbf{H}_{B_j})^{-2} \widehat{\boldsymbol{e}}_{B_j} \tag{3.25}$$

で与えられる．すなわち，全サンプルを利用して式 (3.18) によって $\mathbf{H}$ を計算し，

$$\widehat{\boldsymbol{e}} := (\widehat{e}_1, \ldots, \widehat{e}_n) = \boldsymbol{y} - \mathbf{H}\boldsymbol{y}$$

を計算しておけば，$\mathbf{H}$ と $\widehat{e}$ をブロックごとに取り出して，式 (3.25) を計算することで，検証誤差が求められることになる．このことは，検証誤差を計算するために，分割ごとの推定を行う必要がないことを意味している．特に，LOOCV の計算では，$k = n$ であるから，$B_j = \{j\}, n_j = 1$ として，

$$\widehat{E}(\lambda) = \frac{1}{n} \sum_{j=1}^{n} \frac{\widehat{e}_j^2}{(1 - h_{j,j})^2} \tag{3.26}$$

と非常に簡単になる．これは **PRESS** (PREdiction Sum of Squares) 統計量とも呼ばれている（例えば [38]）．LOOCV を通常の方法で実行するとき，1 サンプルだけ抜いたパラメータ推定をサンプルの数だけ繰り返す必要があるため，ここでの結果は有効である．

この解析的な解が可能であるのは，パラメータの推定量が線形推定量（$\boldsymbol{y}$ の線形変換）であることによる．これに対して，貪欲法などの場合には，パラメータの推定量が線形推定量とはならないため，上記のような議論はできないことに注意する．

第 4 章

一般化線形モデル

線形回帰は，目的変数が量的変数であり，説明変数の関数である回帰式を用いて説明変数と目的変数の間の関係を直接推測するという点で直感的にも理解しやすい．一方で，例えば，医療関係の応用を考えると，検査結果から疾病の有無を判断したり，疾病の有無とその要因の関係をモデリングしたい場合がある．目的変数となる疾病の有無はカテゴリカル変数（質的変数）であり，それをダミー変数化するとしても，説明変数（検査結果や疾病の要因）と目的変数の関係を線形回帰のように直接記述することは難しい．こうした状況では，説明変数が与えられた下での目的変数の条件付き確率分布に回帰式を組み込むことで，説明変数に関連付けて目的変数の出現の傾向を知ることを考える．また，このモデリングによって，予測や変数選択などの分析も可能となる．

特に，この枠組みで，回帰式を線形式に限定したモデルを一般化線形モデルという．1.10 節において，回帰式を確率分布に組み込む形のモデリングを紹介したが，これは一般化線形モデルの特別な形である．一般化線形モデルは，説明変数が与えられた下での目的変数の条件付き確率分布を指数分布族と呼ばれる種類の確率分布によって記述する．指数分布族は，典型例として，正規分布，ベルヌイ分布およびポアソン分布を含んでいる．一般化線形モデルは，これらの確率分布のとり方に応じて，これまでにみた線形回帰に加えて，応用において有用であるロジスティック回帰やポアソン回帰を含むものとなっている．

4.1　一般化線形モデル

4.1.1　指数分布族

パラメータ (θ, ϕ) をもつ $y \in \mathbb{R}$ の確率密度が

$$f_{\theta,\phi}(y) = \exp\left\{\frac{y\theta - b(\theta)}{a(\phi)} + c(y,\phi)\right\} \tag{4.1}$$

と書けるとき，対応する確率分布は**指数分布族**に属するという [29]．θ を**自然パラメータ**，ϕ を**局外パラメータ**という．一般に，興味の対象が自然パラメータにあるときは局外パラメータを既知として扱うこともある．

以下では，関数 $s(u)$ の u に関する k 階微分を $s^{(k)}(u)$ と表す．いま，指数分布族に属する確率分布について，

$$\int_{\mathbb{R}} f_{\theta,\phi}(y)dy = 1 \tag{4.2}$$

より，微分と積分の交換が可能であれば，両辺を θ で微分して，

$$\int_{\mathbb{R}} \frac{df_{\theta,\phi}(y)}{d\theta}dy = 0 \tag{4.3}$$

となる．同様に，

$$\int_{\mathbb{R}} \frac{d^2 f_{\theta,\phi}(y)}{d\theta^2}dy = 0 \tag{4.4}$$

が成り立つ．一方，

$$\frac{df_{\theta,\phi}(y)}{d\theta} = \frac{y - b^{(1)}(\theta)}{a(\phi)} f_{\theta,\phi}(y) \tag{4.5}$$

$$\frac{d^2 f_{\theta,\phi}(y)}{d\theta^2} = f_{\theta,\phi}(y)\left(-\frac{b^{(2)}(\theta)}{a(\phi)} + \left(\frac{y - b^{(1)}(\theta)}{a(\phi)}\right)^2\right) \tag{4.6}$$

である．式 (4.2)，式 (4.3) および式 (4.5) より，

$$\mathbb{E}[Y] = \int_{\mathbb{R}} y f_{\theta,\phi}(y)dy = a(\phi)\int_{\mathbb{R}}\left(\frac{df_{\theta,\phi}(y)}{d\theta}\right)dy + b^{(1)}(\theta)\int_{\mathbb{R}} f_{\theta,\phi}(y)dy = b^{(1)}(\theta) \tag{4.7}$$

を得る．同様にして，式 (4.2)，式 (4.4) および式 (4.6) より，

$$\mathbb{V}[Y] := \mathbb{E}[(Y - \mathbb{E}[Y])^2] = b^{(2)}(\theta)a(\phi) \tag{4.8}$$

を得る．すなわち，指数分布族の平均と分散は，それを決めるパラメータの関数として求めることができる．

以下に指数分布族の例を挙げておく．

正規分布

パラメータ $\mu \in \mathbb{R}$ および $\sigma^2 > 0$ をもつ**正規分布** $N(\mu, \sigma^2)$ の確率密度は式 (B.48) で与えられる．式 (B.48) は，

$$f_{\mu,\sigma^2}(y) = \exp\left(\frac{y\mu - \mu^2/2}{\sigma^2} - \frac{1}{2}\left(\frac{y^2}{\sigma^2} + \log(2\pi\sigma^2)\right)\right)$$

と書けるから，正規分布は指数分布族であり，

$$\begin{aligned} \theta &= \mu \\ a(\phi) &= \sigma^2 \\ b(\theta) &= \mu^2/2 = \theta^2/2 \\ c(y,\phi) &= -\frac{1}{2}\left(\frac{y^2}{\sigma^2} + \log(2\pi\sigma^2)\right) \end{aligned} \tag{4.9}$$

である．すなわち，平均 μ は自然パラメータであり，関数 a を $a(\phi) = \phi$ とすると，分散 σ^2 は局外パラメータである．

Y を正規分布に従う確率変数とすると，Y の平均と分散は式 (B.49) と式 (B.50) となることが直接計算できるが，これは，式 (4.9)，式 (4.7) および式 (4.8) を用いて計算した結果と一致する．

ベルヌイ分布

パラメータ $\mu \in [0,1]$ をもつ**ベルヌイ** (Bernoulli) **分布** $\mathrm{Ber}(\mu)$ の確率関数は式 (B.36) で与えられる．明らかなように，$f_\mu(1) = \mu$ だから，μ は $\{y=1\}$ の出現確率を表している．式 (B.36) は，

$$f_\mu(y) = \exp\left(y \log\left(\frac{\mu}{1-\mu} \right) + \log(1-\mu) \right)$$

と書けるから，ベルヌイ分布は局外パラメータを含まない指数分布族であり，

$$\begin{aligned} \theta &= \log(\mu/(1-\mu)) \\ a(\phi) &= 1 \\ b(\theta) &= -\log(1-\mu) = \log(1+\exp(\theta)) \\ c(y,\phi) &= 0 \end{aligned} \tag{4.10}$$

である．このとき，自然パラメータは 0 と 1 の出現確率の比の対数であり，これを**対数オッズ**という．

Y をベルヌイ分布に従う確率変数とすると，その平均と分散は式 (B.37) と式 (B.38) で与えられることが知られているが，これは，式 (4.10)，式 (4.7) および式 (4.8) を用いて計算した結果と一致する．このとき，パラメータ μ は分布の平均となっていることがわかる．すなわち，$\mathbb{E}[Y]$ は $\{y=1\}$ の出現確率と一致する．

ポアソン分布

パラメータ $\mu > 0$ をもつ**ポアソン** (Poisson) **分布** $\mathrm{Po}(\mu)$ の確率関数は式 (B.42) で与えられる．式 (B.42) は，

$$f_\mu(y) = \exp(y \log \mu - \mu - \log y!), \quad y = 0, 1, 2, \ldots$$

と書けるから，ポアソン分布は，指数分布族であり，

$$\begin{aligned} \theta &= \log \mu \\ a(\phi) &= 1 \\ b(\theta) &= \mu = \exp(\theta) \\ c(y,\phi) &= -\log y! \end{aligned} \tag{4.11}$$

となる．

Y をポアソン分布に従う確率変数とすると，その平均と分散は式 (B.43) と式 (B.44) で与えられるが，これは，期待値の定義から計算することもできるし，$b(\theta) = \mu = \exp(\theta)$ より，指数分布族の結果から計算することもできる．

4.1.2　連結関数と一般化線形モデル

さて，ここでは，上述した指数分布族をどのようにして統計的回帰のコンテクストに落とし込むかを述べていく．まず，統計的回帰の問題設定を簡単に述べておく．例えば，目的変数を疾病の発

症の有無とし，説明変数を体温，脈拍やその他の検査における数値などとする．このとき，説明変数から目的変数を推測する問題を考える．その間の関連性がみつかれば，自動的な医療診断に応用できそうである (現実的には医療診断をサポートできる可能性がある)．このとき，目的変数はカテゴリカル変数であるから，一般には，「無」を 0 に，「有」を 1 に数値化して，目的変数のとる値の集合を $\{0,1\}$ とする．これは 1.9 節において述べたダミー変数化である．特に，このとき，とり得る値が 2 値であることから，ダミー変数を 2 値変数という．ここでは，「有・無」という目的変数を考えたが，応用では，さらに，生息する生物の数や通過する車の台数など，目的変数が整数の場合もあるかもしれない．いずれにしても，こうした状況では，説明変数による目的変数の推測をどのように定式化するかが問題となる．

いま，説明変数と目的変数の組 $(\boldsymbol{x}, y)$ を確率変数 $(\boldsymbol{X}, Y)$ の実現値とする．ただし，$\boldsymbol{x} = (x_1, \ldots, x_m)$ および $\boldsymbol{X} = (X_1, \ldots, X_m)$ として，$Y \in \mathcal{Y}$ とする．目的変数の属する集合 $\mathcal{Y}$ は状況に応じて，実数 $\mathbb{R}$ であったり，2 値 $\{0,1\}$ であったり，非負の整数 $\{0,1,2,\ldots\}$ であったりする．例えば，疾病の有無の場合は，ダミー変数化によって $\mathcal{Y} = \{0,1\}$ とする．以下では，$\boldsymbol{X} = \boldsymbol{x}$ が与えられた下での Y の条件付き期待値 $\mathbb{E}[Y|\boldsymbol{X} = \boldsymbol{x}]$ および $A \subseteq \mathcal{Y}$ に対する条件付き確率 $\mathbb{P}[Y \in A|\boldsymbol{X} = \boldsymbol{x}]$ を，単に，$\mathbb{E}[Y|\boldsymbol{x}]$ および $\mathbb{P}[Y \in A|\boldsymbol{x}]$ と書くことにする．

いま，$\boldsymbol{X} = \boldsymbol{x}$ が与えられた下での Y の条件付き確率分布が指数分布族に属しているとする．このとき，分布の自然パラメータ θ が $\boldsymbol{x}$ に依存して決まることを仮定すると，条件付き確率密度は

$$f_{\theta(\boldsymbol{x}),\phi}(y|\boldsymbol{x}) = \exp\left\{\frac{y\theta(\boldsymbol{x}) - b(\theta(\boldsymbol{x}))}{a(\phi)} + c(y,\phi)\right\} \tag{4.12}$$

と書ける．この仮定の妥当性については後の具体的なモデルでわかる．この条件付き確率密度は $\boldsymbol{X} = \boldsymbol{x}$ が与えられた下での Y の確率的挙動を決めているという意味で，$\boldsymbol{X}$ と Y の関係についての情報をもっている．

$(\boldsymbol{x}, y)$ についての独立なサンプルを $\{(\boldsymbol{x}_i, y_i) \mid i = 1, \ldots, n\}$ とする．ただし，$\boldsymbol{x}_i = (x_{i,1}, \ldots, x_{i,m})$ および $y_i \in \mathcal{Y}$ である．定数項を考えるときには，$x_{i,1} = 1,\ i = 1, \ldots, n$ とすればよい．このときの実質的な説明変数の数は $m - 1$ である．以下では，$\mathbf{X}$ を (i,j) 成分が $x_{i,j}$ である $n \times m$ デザイン行列とし，$\boldsymbol{y} = (y_1, \ldots, y_n)^\top$ とする．そして，必要に応じて $\boldsymbol{x}$ および $\boldsymbol{x}_i$ を縦ベクトルとする．

回帰分析では説明変数が目的変数にどのような形で関連するかを記述する必要がある．例えば，重回帰では説明変数の線形和として目的変数を直接記述している．こうした線形性の導入の仕方を拡張したモデルが一般化線形モデル (GLM: Generalized Linear Model) である．いま，

$$\mu(\boldsymbol{x}) := \mathbb{E}[Y|\boldsymbol{x}]$$

と定義する．すなわち，$\mu(\boldsymbol{x})$ は $\boldsymbol{X} = \boldsymbol{x}$ が与えられた下での Y の条件付き期待値 (平均) であり，説明変数と目的変数の関係性 (の不変的な部分) を表す関数である．このとき，$\boldsymbol{\beta} = (\beta_1, \ldots, \beta_m)^\top \in \mathbb{R}^m$ をパラメータ，g を単調かつ微分可能な関数として

$$g(\mu(\boldsymbol{x})) = \boldsymbol{x}^\top \boldsymbol{\beta} = \sum_{j=1}^{m} x_j \beta_j \tag{4.13}$$

と表すモデルを**一般化線形モデル**といい，g を**連結関数** (link function) という．すなわち，条件付き平均の適当な関数を説明変数の線形結合として表すモデルが一般化線形モデルである．

例えば，条件付き確率分布が正規分布の場合で考える．$\boldsymbol{X}=\boldsymbol{x}$ が与えられた下での Y の確率分布が正規分布のとき，条件付き確率密度は，条件付き期待値が平均となることから，

$$f(y|\boldsymbol{x})=\frac{1}{\sqrt{2\pi\sigma^2}}\exp\left(-\frac{(y-\mu(\boldsymbol{x}))^2}{2\sigma^2}\right) \tag{4.14}$$

である．このとき，このモデルを，連結関数が恒等関数である一般化線形モデルとしてとらえると，

$$g(\mu(\boldsymbol{x}))=\mu(\boldsymbol{x})=\boldsymbol{x}^\top\boldsymbol{\beta}$$

と表すことになる．このモデルは，条件付き期待値（真の回帰式）を説明変数の線形式で記述するモデルであるから，線形回帰（重回帰）モデルに他ならない．この定式化の重要な点は，$\boldsymbol{x}$ と y の間の関係を推測するために，$\boldsymbol{X}=\boldsymbol{x}$ が与えられた下での y の挙動を定める条件付き確率密度について，その不変的な部分を説明変数の関数（特に，線形式）で記述できている点にある．

一方で，正規分布の場合の自然パラメータは，

$$\theta(\boldsymbol{x})=\mu(\boldsymbol{x})$$

なので，連結関数が恒等関数だとすると，

$$\theta(\boldsymbol{x})=g(\mu(\boldsymbol{x}))$$

が成り立っている．これを一般化して，条件付き確率分布を指数分布族として，自然パラメータを条件付き期待値の関数と考え，

$$\theta(\boldsymbol{x})=g(\mu(\boldsymbol{x})) \tag{4.15}$$

のように連結関数を構成することを考える．こうした連結関数を**正準連結関数**という．つまり，式 (4.13) と式 (4.15) から，正準連結関数で決められる一般化線形モデルは，

$$\theta(\boldsymbol{x})=\boldsymbol{x}^\top\boldsymbol{\beta}$$

とするモデルとなる．

ベルヌイ分布とポアソン分布の場合の正準連結関数をみておく．

- ベルヌイ分布 $\mathrm{Ber}(\mu)$ の場合，

$$\theta(\boldsymbol{x})=\log(\mu(\boldsymbol{x})/(1-\mu(\boldsymbol{x}))) \tag{4.16}$$

  であるから，正準連結関数は $g(u)=\log(u/(1-u))$ である．ベルヌイ分布を仮定した一般化線形モデルを**ロジスティック回帰モデル**あるいは単に**ロジスティック回帰**という．

- ポアソン分布 $\mathrm{Po}(\mu)$ の場合，

$$\theta(\boldsymbol{x})=\log(\mu(\boldsymbol{x})) \tag{4.17}$$

  であるから，正準連結関数は $g(u)=\log(u)$ である．ポアソン分布を仮定した一般化線形モデルを**ポアソン回帰モデル**あるいは単に**ポアソン回帰**という．

以下では，説明変数が与えられた下での目的変数の条件付き確率分布が指数分布族であると仮定した一般化線形モデルについて詳細に説明する．まず，そのパラメータ推定について説明し，その後にロジスティック回帰モデルとポアソン回帰モデルについて詳しく述べる．ここで考えるのは確率分布のパラメータ推定なので，最尤法を採用する．そのために，まず，指数分布族の対数尤度を求めておく．

4.1.3　対数尤度

一般化線形モデルでは，自然パラメータを説明変数の線形式で表すので，自然パラメータは

$$\theta(\boldsymbol{x}, \boldsymbol{\beta}) = \boldsymbol{x}^\top \boldsymbol{\beta} \tag{4.18}$$

である．以下では，簡単のため，$\theta_i = \theta(\boldsymbol{x}_i, \boldsymbol{\beta})$ と略記する．

$$\ell_i(\boldsymbol{\beta}) := \log f_{\theta_i,\phi}(y_i|\boldsymbol{x}_i) = a(\phi)^{-1}\left(y_i\theta_i - b(\theta_i)\right) + c(y_i, \phi) \tag{4.19}$$

と定義すれば，サンプルの独立性より，対数尤度は，

$$\ell(\boldsymbol{\beta}) := \sum_{i=1}^{n} \ell_i(\boldsymbol{\beta}) \tag{4.20}$$

で与えられる．いま，式 (4.18) と式 (4.19) より，

$$\ell_i(\boldsymbol{\beta}) = a(\phi)^{-1}\left(y_i\boldsymbol{x}_i^\top\boldsymbol{\beta} - b(\theta_i)\right) + c(y_i, \phi) \tag{4.21}$$

である．このとき，式 (4.18) より，$\partial\theta_i/\partial\boldsymbol{\beta} = \boldsymbol{x}_i$ だから，

$$\eta_i = \eta(\boldsymbol{x}_i, \boldsymbol{\beta}) := b^{(1)}(\theta_i) \tag{4.22}$$

$$d_i := a(\phi)^{-1}(y_i - \eta_i) \tag{4.23}$$

と定義すると，

$$\frac{\partial\ell_i(\boldsymbol{\beta})}{\partial\boldsymbol{\beta}} = a(\phi)^{-1}\left(y_i\boldsymbol{x}_i - b^{(1)}(\theta_i)\frac{\partial\theta_i}{\partial\boldsymbol{\beta}}\right) = d_i\boldsymbol{x}_i \tag{4.24}$$

となる．したがって，

$$\frac{\partial\ell(\boldsymbol{\beta})}{\partial\boldsymbol{\beta}} = \sum_{i=1}^{n} d_i\boldsymbol{x}_i \tag{4.25}$$

である．これを**スコア関数**という．このとき，$\boldsymbol{d} = (d_1, \ldots, d_n)^\top$ とすると，

$$\frac{\partial\ell(\boldsymbol{\beta})}{\partial\boldsymbol{\beta}} = \mathbf{X}^\top\boldsymbol{d} \tag{4.26}$$

と書ける．

正規分布の場合

条件付き確率分布が正規分布の場合，式 (4.9) と式 (4.22) より，

$$\eta_i = \theta_i$$

となる．したがって，$\boldsymbol{\eta} = (\eta_1, \ldots, \eta_n)^\top$ とすると，式 (4.18) から $\boldsymbol{\eta} = \mathbf{X}\boldsymbol{\beta}$ である．これを式 (4.26) に代入すると，正規分布の場合，$a(\phi) = \sigma^2$ だから，スコア関数は，

$$\frac{\partial \ell(\boldsymbol{\beta})}{\partial \boldsymbol{\beta}} = \frac{1}{\sigma^2}\mathbf{X}^\top(\boldsymbol{y} - \mathbf{X}\boldsymbol{\beta})$$

となる．したがって，

$$\frac{1}{\sigma^2}\mathbf{X}^\top(\boldsymbol{y} - \mathbf{X}\boldsymbol{\beta}) = \mathbf{0}_m$$

を満たす $\boldsymbol{\beta}$ が最尤推定量であるが，σ^2 を既知とすると，これは解析的に解けて，

$$\widehat{\boldsymbol{\beta}} = (\mathbf{X}^\top\mathbf{X})^{-1}\mathbf{X}^\top\boldsymbol{y}$$

を得る．すなわち，最尤推定量 $\widehat{\boldsymbol{\beta}}$ は最小二乗推定量と一致する．もちろん，これは 1.10 節の結果とも一致する．

4.2　一般化線形モデルのパラメータ推定

前節のように，正規分布の場合は，最尤推定量を解析的に求めることができた．しかしながら，指数分布族としてベルヌイ分布やポアソン分布を考えるとき，最尤推定量を解析的に計算することは難しい．そこで，尤度のパラメータに関する最大化（すなわち，最尤法）において，逐次的な繰り返し計算が必要となる．ここでは，そのための方法を説明する．

最適化の分野では，一般に，最小化あるいは最大化すべき関数を**目的関数**という．ここでの目的関数は対数尤度である．ただし，対数尤度の最大化はその負符号の最小化であるため，以下の議論では，目的関数の最小化を考えることにする．

4.2.1　最急勾配法

最急勾配法 (gradient descent) は，パラメータ空間上で定義された目的関数について，適当なパラメータの初期値から始めて，繰り返し計算によってパラメータ値を動かし，目的関数の局所最小値を与えるパラメータ値にたどり着く一般的な方法である．

いま，$\boldsymbol{\beta} = (\beta_1, \ldots, \beta_m)^\top$ をパラメータとして，目的関数を $g(\boldsymbol{\beta})$ とする．$g(\boldsymbol{\beta})$ は $\boldsymbol{\beta}$ に関して微分可能であるとする．繰り返し計算において，$\boldsymbol{\beta}(t)$ を t 回目の更新値とする．$S(\boldsymbol{\beta}) := \partial g(\boldsymbol{\beta})/\partial \boldsymbol{\beta}$ を第 k 要素が $\partial g(\boldsymbol{\beta})/\partial \beta_k$ である m 次元縦ベクトルとする．また，$S(t) := S(\boldsymbol{\beta})|_{\boldsymbol{\beta}=\boldsymbol{\beta}(t)}$ と定義する．これは，$S(\boldsymbol{\beta})$ を計算した式において $\boldsymbol{\beta}$ に $\boldsymbol{\beta}(t)$ を代入したものが $S(t)$ であるという意味である．最急勾配法の更新式は，適当な $\boldsymbol{\beta}(0)$ を初期値とし，$\nu > 0$ として，

$$\boldsymbol{\beta}(t) = \boldsymbol{\beta}(t-1) - \nu S(t-1) \tag{4.27}$$

で与えられる．この式において $\boldsymbol{\beta}(t-1)$ は更新前のパラメータ値であり，$\boldsymbol{\beta}(t)$ は更新後のパラメータ値であるから，右辺第 2 項は更新量を表している．更新量が勾配 $S(\boldsymbol{\beta})$ によって決まることに注意する．ここで，ν は更新の大きさを決める量であり，これを**ステップサイズ**という．ステップサイズは，十分小さな正定数にとられることが多いが，繰り返し回数とともに適当な規則によって修正する方法もある．この更新の停止については，予め設定した最大の繰り返し回数に達したら停止する，あるいは，更新量の絶対値 $|\boldsymbol{\beta}(t)-\boldsymbol{\beta}(t-1)|$ が予め決めた小さな正定数より小さくなったら停止するなどが考えられる．

この更新式の意味を簡単なケースで説明する．

$$g(\beta)=\beta^2$$

を最小にする $\beta\in\mathbb{R}$ を求めるものとする．図 4.1 を参照してほしい．最小値は $\beta=0$ である．このとき，$S(t-1)=2\beta(t-1)$ である．いま，$\beta(t-1)>0$ ならば，$\beta(t-1)$ での傾き $S(t-1)$ は正なので，$\beta(t)=\beta(t-1)-\nu S(t-1)$ によって，$\beta(t)<\beta(t-1)$ となるように更新される．このとき，ν が十分に小さければ，$\beta(t)>0$ を保っており，したがって，解である $\beta=0$ に近づくことになる．ν が大きければ，$\beta=0$ を通り越して更新され，$\beta(t)<0$ となることもあることに注意する．一方，$\beta(t-1)<0$ ならば，同様に，$\beta(t)>\beta(t-1)$ となるように更新され，ν が十分に小さければ，解である $\beta=0$ に近づく．このときも ν が大きければ，更新量が大きくなりすぎて，$\beta(t)>0$ となることもある．

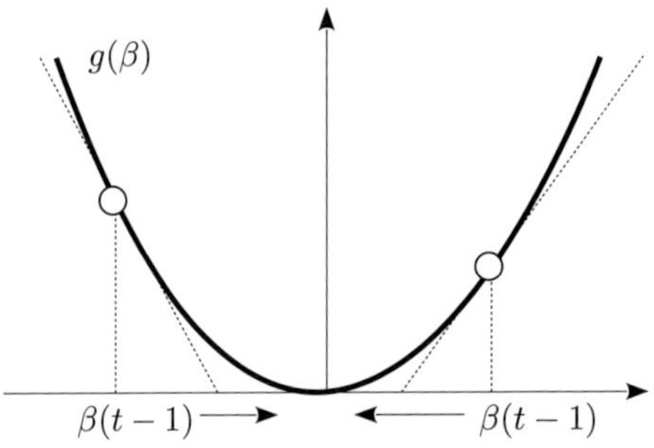

図 4.1 最急勾配法による更新の例

以上のことから，初期値をどこにとっても，ν が十分小さければ，$\beta(t)$ は解 $\beta=0$ に近づく．したがって，最小値の近傍の状況によるが，適当な繰り返し回数で止めれば，解の近くの値が得られることが期待される．ただし，ステップサイズが大きければ，正負に大きく振動して，収束しない．一方で，ステップサイズを小さくとると更新量が小さくなるので，最適解付近にたどり着くまでに時間がかかる．したがって，ステップサイズを適切に選ぶ必要がある．

ここでは最も単純な例を考えたが，例えば，目的関数について勾配（微分）がほとんど零となる点があるときは，ステップサイズを大きくとらないと更新は進まないなど，目的関数の形状によっても問題は生じる．こうしたことから，勾配を用いた最適化においては，目的関数の形状をうまく反映したステップサイズのスケジューリングなども必要となることは理解できる．

一般には，パラメータは多変数であり，最急勾配法での更新では，微分の（ベクトルの意味での）方向と逆方向にパラメータ値を更新することで，より目的関数を小さくすることになる．この場合には，更新の大きさだけでなく，更新ベクトルの方向が適切に選ばれないと目的関数をうまく減少させることができない．最急勾配法では，局所的な微分の情報のみを利用しているため，方向の観点からも，目的関数の形状によってはうまく更新が進行しないこともある．こうしたこともあり，一般には，最急勾配法は収束が遅い．詳細については第 6 章でも説明する．

なお，上記の例から明らかなように，目的関数を小さくする方向に更新できるのは目的関数の微分（勾配）の情報を利用しているからである．したがって，局所的な最小値があって，その付近に初期値を設定すると，パラメータ値はその局所最小値に収束する．すなわち，最急勾配法（一般には，微分の情報を利用する方法）は大域的な最小値を見つける方法ではない．一般に，大域的最小値を的確に見つける方法は存在しない．しかしながら，応用上は目的関数の微分を利用した最適化の方法はよく用いられている（最急勾配法はその最も基本的な方法である）．必要であれば，初期値を変えて何度か最適化を行い，その中で目的関数の値が最も小さくなった試行を採用すればよい．

ここでは，指数分布族に属する正規分布について，具体的に最急勾配法を適用してみる．この場合，一般化線形モデルの対数尤度を経由して最急勾配の更新式を具体的に書くことができる．しかしながら，最急勾配法の理解のために，以下では，正規分布の対数尤度から更新式を直接導くことにする．式 (4.14) より，正準連結関数を考えると，対数尤度は，

$$\ell(\boldsymbol{\beta}) = -\frac{n}{2}\log(2\pi\sigma^2) - \frac{1}{2\sigma^2}\sum_{i=1}^{n}(y_i - \boldsymbol{x}_i^\top \boldsymbol{\beta})^2$$

となる．いま，$\boldsymbol{\beta}$ のみを求めることを考えると，$\ell(\boldsymbol{\beta})$ の最大化は

$$g(\boldsymbol{\beta}) = \frac{1}{2}\sum_{i=1}^{n}(y_i - \boldsymbol{x}_i^\top \boldsymbol{\beta})^2 = \frac{1}{2}(\boldsymbol{y} - \mathbf{X}\boldsymbol{\beta})^\top(\boldsymbol{y} - \mathbf{X}\boldsymbol{\beta})$$

の最小化となるので，最尤推定は最小二乗推定となる．上述したように，この場合，解は解析的に求められる．ここでは，上記の g を目的関数として，最急勾配法で解く際の更新式を求めてみる．これは，線形回帰の最小二乗推定量を最急勾配法で求めることと同じである．いま，

$$S(\boldsymbol{\beta}) = \frac{\partial g(\boldsymbol{\beta})}{\partial \boldsymbol{\beta}} = -\mathbf{X}^\top(\boldsymbol{y} - \mathbf{X}\boldsymbol{\beta})$$

と計算できる．これは，正規分布を指数分布族としてみたときの式 (4.26) に一致する（ただし，符号は負である）．したがって，更新式は，

$$\boldsymbol{\beta}(t) = \boldsymbol{\beta}(t-1) + \nu\mathbf{X}^\top(\boldsymbol{y} - \mathbf{X}\boldsymbol{\beta}(t-1))$$

となる．

機械学習の分野では，パラメータ推定を「学習」と呼ぶことはすでに述べた（ただし，モデル選択まで含んで「学習」ということもある）．最急勾配法は逐次的なパラメータ推定法であり，ここでの説明からわかるように，初期値はデタラメでも，データを提示するたびにパラメータ値が適切な値に更新されていく．この逐次的な過程は，例から試行錯誤的に学ぶという生物の学習に感覚的にも対応している．第 6 章でも述べるが，この意味で，こうした逐次的なパラメータ推定法を**学習法**という言葉で呼ぶ．また，ここでのステップサイズは学習の度合いを決める量であったから，機械学習の分野では，**学習率**と呼ぶ．

最急勾配法は最も単純な方法であるが，上述したように，一般には収束が遅い．このため，特に，一般化線形モデルに対しては，次に示すニュートン・ラフソン法が用いられる．

4.2.2　ニュートン・ラフソン法

まず，パラメータを $\boldsymbol{\beta}$ とし，g を目的関数として，一般的な状況におけるニュートン・ラフソン法を説明する．$H(\boldsymbol{\beta}) := \partial^2 g(\boldsymbol{\beta})/\partial\boldsymbol{\beta}\partial\boldsymbol{\beta}^\top$ を第 (k,l) 要素が $\partial^2 g(\boldsymbol{\beta})/\partial\beta_k\partial\beta_l$ である $m \times m$ 対称行列とする．$\partial^2 g(\boldsymbol{\beta})/\partial\boldsymbol{\beta}\partial\boldsymbol{\beta}^\top$ を**ヘッセ行列**という．ここでは，g に対してヘッセ行列が存在することを仮定する．**ニュートン・ラフソン** (Newton-Raphson) **法**の更新式は，適当な $\boldsymbol{\beta}(0)$ を初期値として，

$$\boldsymbol{\beta}(t) = \boldsymbol{\beta}(t-1) - H(t-1)^{-1}S(t-1) \tag{4.28}$$

で与えられる．ただし，$H(t-1) := H(\boldsymbol{\beta})|_{\boldsymbol{\beta}=\boldsymbol{\beta}(t-1)}$ である．この式からわかるように，最急勾配法は，$\mathbf{I}_m$ を $m \times m$ 単位行列として，ニュートン・ラフソン法において $H(t-1) = \nu\mathbf{I}_m$ とした場合である（すなわち，ヘッセ行列を単位行列で近似したものである）．

ニュートン・ラフソン法は，目的関数を $\boldsymbol{\beta}$ の 2 次式で近似し，その最小値を与える点にパラメータ値を更新する方法となっている．このことを説明する．いま，$g(\boldsymbol{\beta})$ を $\boldsymbol{\beta}(t-1)$ の周りで 2 次の項までで近似することを考える．すなわち，

$$\begin{aligned} g_Q(\boldsymbol{\beta}) := g(\boldsymbol{\beta}(t-1)) &+ S(t-1)^\top(\boldsymbol{\beta} - \boldsymbol{\beta}(t-1)) \\ &+ \frac{1}{2}(\boldsymbol{\beta} - \boldsymbol{\beta}(t-1))^\top H(t-1)(\boldsymbol{\beta} - \boldsymbol{\beta}(t-1)) \end{aligned}$$

として，$g(\boldsymbol{\beta}) \simeq g_Q(\boldsymbol{\beta})$ であるとする．$S(t-1)$ と $H(t-1)$ が定数であることに注意すると，2 次近似 g_Q を最小化する $\boldsymbol{\beta}$ は $\partial g_Q(\boldsymbol{\beta})/\partial\boldsymbol{\beta} = \mathbf{0}_m$ より，

$$\boldsymbol{\beta} = \boldsymbol{\beta}(t-1) - H(t-1)^{-1}S(t-1)$$

となる．ニュートン・ラフソン法は，この解を更新後の点 $\boldsymbol{\beta}(t)$ として採用したものであることがわかる．

4.2.3　ニュートン・ラフソン法の応用

さて，一般化線形モデルのパラメータ推定にニュートン・ラフソン法を応用することを考える．まず，式 (4.18) より，$\partial 0_i/\partial\boldsymbol{\beta} = \boldsymbol{x}_i$ だから，式 (4.22) より

$$\frac{\partial\eta_i}{\partial\beta_l} = b^{(2)}(\theta_i)\frac{\partial\theta_i}{\partial\beta_l} = b^{(2)}(\theta_i)x_{i,l} \tag{4.29}$$

を得る．式 (4.25) の第 k 要素は，

$$\frac{\partial\ell(\boldsymbol{\beta})}{\partial\beta_k} = a(\phi)^{-1}\sum_{i=1}^{n}(y_i - \eta_i)\,x_{i,k} \tag{4.30}$$

であるから，

$$w_i = w(\boldsymbol{x}_i, \boldsymbol{\beta}) := -a(\phi)^{-1}b^{(2)}(\theta_i) \tag{4.31}$$

と定義すると，式 (4.29) より，

$$\frac{\partial^2 \ell_i(\boldsymbol{\beta})}{\partial \beta_k \partial \beta_l} = -a(\phi)^{-1} \frac{\partial \eta_i}{\partial \beta_l} x_{i,k} = w_i x_{i,k} x_{i,l} \tag{4.32}$$

となる．したがって，

$$\frac{\partial^2 \ell(\boldsymbol{\beta})}{\partial \beta_k \partial \beta_l} = \sum_{i=1}^{n} w_i x_{i,k} x_{i,l}$$

であるから，$\mathbf{W}$ を (i,i) 要素が w_i である対角行列とすると

$$\frac{\partial^2 \ell(\boldsymbol{\beta})}{\partial \boldsymbol{\beta} \partial \boldsymbol{\beta}^\top} = \mathbf{X}^\top \mathbf{W} \mathbf{X} \tag{4.33}$$

となる．式 (4.28)，式 (4.25) および式 (4.33) より，ニュートン・ラフソン法のアルゴリズムは以下のようになる．

1. 初期値 $\boldsymbol{\beta}(0)$ を適当に決める．
2. 各 $t = 1, 2, \ldots, T$ について，以下を繰り返す．ここで，T は繰り返し回数である．$\boldsymbol{\beta} = \boldsymbol{\beta}(t-1)$ として，各分布の下で，式 (4.22)，式 (4.23) および式 (4.31) より，(d_i, w_i)，$i = 1, \ldots, n$ を計算し，$\boldsymbol{d}$ および $\mathbf{W}$ を求める．それらを $\boldsymbol{d}(t-1)$ および $\mathbf{W}(t-1)$ とおくと，更新式は，

$$\boldsymbol{\beta}(t) = \boldsymbol{\beta}(t-1) - (\mathbf{X}^\top \mathbf{W}(t-1)\mathbf{X})^{-1} \mathbf{X}^\top \boldsymbol{d}(t-1) \tag{4.34}$$

   となる．

このアルゴリズムは別の見方ができる．式 (4.34) を変形して，$\boldsymbol{z}(t-1) = \mathbf{X}\boldsymbol{\beta}(t-1) - \mathbf{W}(t-1)^{-1}\boldsymbol{d}(t-1)$ とおくと，

$$(\mathbf{X}^\top \mathbf{W}(t-1)\mathbf{X})\boldsymbol{\beta}(t) = \mathbf{X}^\top \mathbf{W}(t-1)\boldsymbol{z}(t-1)$$

と書ける．これは，簡単に確かめられるように，重み付きの二乗誤差和：

$$(\boldsymbol{z}(t-1) - \mathbf{X}\boldsymbol{\beta})^\top \mathbf{W}(t-1)(\boldsymbol{z}(t-1) - \mathbf{X}\boldsymbol{\beta})$$

を最小化する $\boldsymbol{\beta}$ が満たす方程式において $\boldsymbol{\beta} = \boldsymbol{\beta}(t)$ としたものである．つまり，上記のアルゴリズムは，各ステップで重み付き最小二乗法の解を求めている形に書き直せる．このため，ニュートン・ラフソン法による更新を**反復重み付き最小二乗法**ということがある．

4.3 一般化線形回帰モデルの具体例

4.3.1 ロジスティック回帰

説明変数が与えられた下での目的変数の条件付き確率分布としてベルヌイ分布を仮定する．この仮定での一般化線形モデルはロジスティック回帰モデルである．このときの正準連結関数

$g(u) = \log(u/(1-u))$ は**ロジット**と呼ばれる．$\boldsymbol{x}$ が与えられた下でのベルヌイ分布のパラメータは $\mu(\boldsymbol{x}) = \mu_{\boldsymbol{\beta}}(\boldsymbol{x})$ であり，式 (4.16) と式 (4.18) より，

$$\theta(\boldsymbol{x}, \boldsymbol{\beta}) = \log\left(\frac{\mu_{\boldsymbol{\beta}}(\boldsymbol{x})}{1-\mu_{\boldsymbol{\beta}}(\boldsymbol{x})}\right) = \boldsymbol{x}^\top \boldsymbol{\beta} \tag{4.35}$$

である．ここで，ベルヌイ分布の性質から，

$$\mu_{\boldsymbol{\beta}}(\boldsymbol{x}) = \mathbb{P}[Y=1|\boldsymbol{x}] = \mathbb{E}[Y|\boldsymbol{x}]$$

である．したがって，ロジットは $\mathbb{P}[Y=1|\boldsymbol{x}]$ と $\mathbb{P}[Y=0|\boldsymbol{x}] = 1-\mathbb{P}[Y=1|\boldsymbol{x}]$ の比の対数をとったものとなる．これを**対数オッズ**という．さて，式 (4.35) を書き直すと，

$$\mu_{\boldsymbol{\beta}}(\boldsymbol{x}) = \frac{1}{1+\exp\left(-\boldsymbol{x}^\top \boldsymbol{\beta}\right)} \tag{4.36}$$

となる．ここで，$\varphi(u) = (1+\exp(-u))^{-1}$ と定義すると，$\mu_{\boldsymbol{\beta}}(\boldsymbol{x}) = \varphi(\boldsymbol{x}^\top \boldsymbol{\beta})$ と書ける．この φ を**ロジスティック関数**（あるいは**ロジスティック・シグモイド関数**）という．$\boldsymbol{\beta}$ の適当な推定値を $\widehat{\boldsymbol{\beta}}$ とすると，$\mu_{\widehat{\boldsymbol{\beta}}}(\boldsymbol{x})$ は $\mu(\boldsymbol{x})$ の推定値となる．すなわち，$\mu_{\widehat{\boldsymbol{\beta}}}(\boldsymbol{x})$ は $\mathbb{P}[Y=1|\boldsymbol{x}]$ の推定値となる．したがって，ロジスティック回帰モデルは，$\boldsymbol{X} = \boldsymbol{x}$ における目的変数の平均（あるいは目的変数が 1 をとる確率）をロジスティック関数で記述するモデルであるといえる．

ロジスティック回帰の対数尤度は，式 (4.10)，式 (4.20) および式 (4.21) より，

$$\ell(\boldsymbol{\beta}) = \sum_{i=1}^{n} \left\{ y_i \boldsymbol{x}_i^\top \boldsymbol{\beta} - \log(1+\exp(\boldsymbol{x}_i^\top \boldsymbol{\beta})) \right\}$$

となる．これは，式 (4.36) を用いると，

$$-\ell(\boldsymbol{\beta}) = -\sum_{i=1}^{n} \left(y_i \log(\mu_{\boldsymbol{\beta}}(\boldsymbol{x}_i)) + (1-y_i)\log(1-\mu_{\boldsymbol{\beta}}(\boldsymbol{x}_i)) \right)$$

と書ける．機械学習の分野では，右辺を**交差エントロピー誤差**と呼んでいる．すなわち，ロジスティック回帰の場合，対数尤度の負符号は交差エントロピー誤差である．したがって，最尤法は交差エントロピー誤差を最小化するパラメータ推定法である．交差エントロピー誤差が y_i と $\mu_{\boldsymbol{\beta}}(\boldsymbol{x}_i)$ とのずれの尺度であると解釈すれば，その最小化の妥当性は直感的にも理解できる．

ロジスティック回帰では，上の対数尤度の式から，線形回帰（正規分布の場合）と異なり，最尤推定量を解析的に求めることは困難であることがわかる．そこで，ニュートン・ラフソン法を適用する．このためには，ベルヌイ分布の下で η_i と w_i および d_i を求めればよい．いま，ベルヌイ分布については，式 (4.10)，式 (4.22)，式 (4.23) および式 (4.31) より，

$$\eta_i = b^{(1)}(\theta_i) = (1+\exp(-\theta_i))^{-1} = (1+\exp(-\boldsymbol{x}_i^\top \boldsymbol{\beta}))^{-1} \tag{4.37}$$

$$d_i = y_i - \eta_i \tag{4.38}$$

$$w_i = -a(\phi)^{-1} b^{(2)}(\theta_i) = -\eta_i(1-\eta_i) \tag{4.39}$$

となる．したがって，ニュートン・ラフソン法の t ステップ目において，$\boldsymbol{\beta} = \boldsymbol{\beta}(t-1)$ として上式を用いて (η_i, w_i)，$i = 1, \ldots, n$ を求め，$(\boldsymbol{d}(t-1), \mathbf{W}(t-1))$ を構成し，式 (4.34) を用いて更新する．

R では一般化線形モデルが glm 関数として用意されており，ロジスティック回帰も簡単に利用できる．ここでは，アルゴリズムの理解のために，ロジスティック回帰について，ニュートン・ラフソン法を適用してパラメータ推定を行う R 関数 lr_train をコード 4.2 に示す．lr_train は，サンプル (X, y)，パラメータの初期値 beta，繰り返し回数 itmax を引数として受け取って，推定されたパラメータ値を返す．2 ～ 10 行目がアルゴリズムの繰り返しのループである．ループ内の it 回目の繰り返しにおいて，eta は式 (4.37) を並べたベクトル，d は式 (4.38) に基づく $\boldsymbol{d}(t-1)$，score は式 (4.26) によるスコア，W は式 (4.39) を対角成分とする行列 $\mathbf{W}(t-1)$ であり，これらを用いて更新量 dbeta を計算している．ループの最後では，現在のパラメータ値 beta を式 (4.34) に従って上書きによって更新している（初期値は関数の引数として与えていることに注意する）．

コード 4.3 に，説明変数が 1 変量のケースについて，ロジスティック回帰に対するニュートン・ラフソン法の適用例を示す．この例では，説明変数 x のサンプルを $[-2, 2]$ の間の等間隔な点として，目的変数のサンプルは，rbinom 関数を用いて，x が与えられた下での条件付き確率：

$$\mu(x) = (1 + \exp(-2x))^{-1}$$

をもつベルヌイ分布から生成している．$\mu(x)$ は真の条件付き確率と呼ぶべきものである．これが 2 ～ 7 行目で行われている．このサンプルに対して，

```
1  lr_train <- function(X, y, beta, itmax) {
2    for (it in 1:itmax) { # 学習のループ
3      eta <- as.vector(1 / (1 + exp(-X %*% beta)))
4      d <- y - eta
5      score <- t(X) %*% d
6      W <- diag(eta * (eta - 1))
7      hessian <- t(X) %*% W %*% X
8      dbeta <- solve(hessian) %*% score # 更新量の計算
9      beta <- beta - dbeta # 更新式の計算
10   }
11   return(beta)
12 }
```

コード 4.2 ロジスティック回帰に対するニュートン・ラフソン法

```
1  # サンプルの生成
2  set.seed(2017)
3  n <- 100
4  x <- (0:(n - 1)) / (n - 1) * 4 - 2
5  tbeta <- c(0, 2)
6  p <- 1 / (1 + exp(-(tbeta[1] + tbeta[2] * x)))
7  y <- rbinom(n, 1, prob = p)
8  # lr_train による学習
9  beta <- runif(2, -1, 1) # 初期値
10 itmax <- 10 # 繰り返し回数
11 X <- cbind(rep(1, n), x) # デザイン行列
12 beta <- lr_train(X, y, beta, itmax)
```

コード 4.3 ロジスティック回帰に対するニュートン・ラフソン法の適用例

$$\mu_{\boldsymbol{\beta}}(x) = (1 + \exp(-\beta_0 - \beta_1 x))^{-1}, \quad \boldsymbol{\beta} = (\beta_0, \beta_1)$$

としてロジスティック回帰を適用している．したがって，$\boldsymbol{\beta}^* = (0, -2)$ なる真のパラメータ値が存在する．ニュートン・ラフソン法の初期値 `beta` は $[-1, 1]$ 区間の一様乱数とし，繰り返し回数 `itmax` は 10 回としている．図 4.4 にサンプル（○），真の条件付き確率（点線）および推定された条件付き確率（実線）を示す．まず，真の条件付き確率の設定より，説明変数の値が大きいほど 1 の方の出現確率が高くなるが，この図より，データがその法則によって生成されていることがわかる．また，推定された条件付き確率は真の条件付き確率に近い関数となっており，適切に推定がなされていることがわかる．なお，推定されたパラメータ値も真値と比較してみるとよい．

ところで，ロジスティック回帰では，条件付き確率をロジスティック関数で表す．このとき，ロジスティック関数は単調増加関数であるから，モデルで表現される条件付き確率は単調増加（減少）なものに限られる．この例では，真のパラメータ値が存在する状況を考えており，真の条件付き確率は単調増加であった．これは，例えば，模擬試験の点数を説明変数として，大学の合否を目的変数とする状況と考えればよい．このとき，模擬試験の点数が高いほど大学に合格する確率は高くなることは自然であるため，このモデリングは妥当である（ただし，条件付き確率がロジスティック

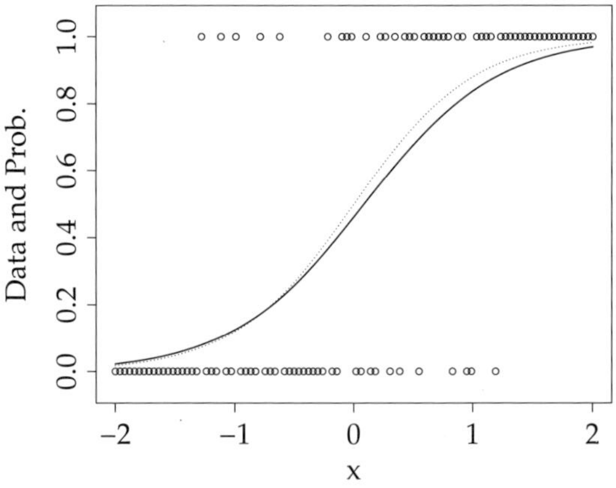

図 4.4　データ（○），真の条件付き確率（点線）および推定された条件付き確率実線

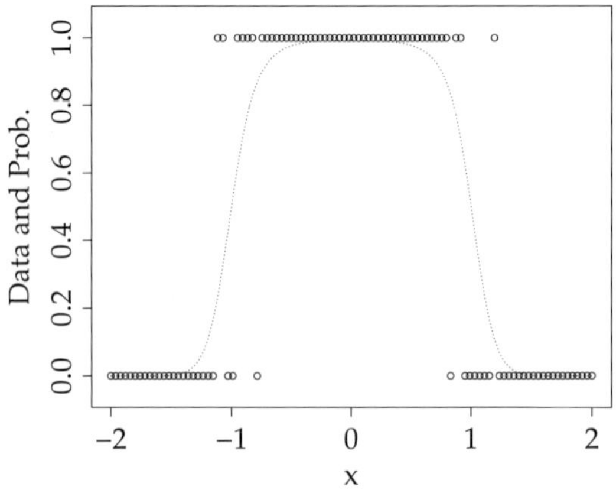

図 4.5　単調性がない真の条件付き確率（点線）とデータ（○）

関数で表されるかどうかは考える必要がある）．しかしながら，例えば，図 4.5 に示すように，必ずしも単調性をもたないデータも考えられる．例えば，薬品の投与量が多すぎても，少なすぎても効き目がない場合などを考えるとよい．こうした場合は，例えば，多項式回帰モデルでみたように，条件付き確率を

$$\mu_{\boldsymbol{\beta}}(x) = \bigl(1 + \exp(-\beta_0 - \beta_1 x - \beta_2 x^2)\bigr)^{-1}, \quad \boldsymbol{\beta} = (\beta_0, \beta_1, \beta_2)$$

として実装すれば，これは一般化線形モデルの枠組みで，非線形な条件付き確率をある程度表現でき，かつ，ニュートン・ラフソン法によるパラメータ推定が適用できる．

多変量の場合でも，多変量の適当な多項式を用いて条件付き確率を構成すればよいが，そうすると，説明変数の乗算や冪の次数などに応じてパラメータ数が増加するので，注意が必要である．いずれにしても，説明変数が多変量の場合やより柔軟なモデリングのためには，線形式を第 5 章に述べるノンパラメトリック回帰や第 6 章で述べる多層パーセプトロンに置き換えればよいことはすぐに思いつく．実際，多層パーセプトロンは，後述するマルチクラス対応のロジスティック回帰の非線形バージョンとして実装されることが多い．

なお，ロジスティック回帰のパラメータの推定量は最尤推定量であるため，適当な条件の下で，サンプル数が多いときには，推定量は近似的に正規分布に従うことが知られている（例えば [5]）．これを用いて，パラメータの推定量の p 値などを計算し，対応する説明変数（や変数の関数）の重要性を議論することができる．実際，R の `glm` 関数では p 値も求められる．

4.3.2 ポアソン回帰

説明変数が与えられた下での目的変数の条件付き確率分布としてポアソン分布を仮定する．この仮定での一般化線形モデルをポアソン回帰モデルという．ポアソン分布は計数データ（回数など）に対する確率分布である．例えば，疾患による死亡例数や交通事故の発生件数などの確率的法則を記述する状況で仮定する．交通事故の発生件数を考えると，その発生件数は事故の起きた道路の状況（幅，自動車の交通量，横断歩道の歩行者数など）や時間帯に依存する可能性がある．そうした場合，これらを説明変数として，交通事故の発生件数を目的変数とするポアソン回帰モデルによって予測・分析を行えばよい．ポアソン回帰モデルにおける正準連結関数は $\varphi(u) = \log(u)$ であった．説明変数 $\boldsymbol{x}$ が与えられた下でのポアソン分布のパラメータは $\mu(\boldsymbol{x}) = \mu_{\boldsymbol{\beta}}(\boldsymbol{x})$ であり，式 (4.17) と式 (4.18) より，

$$\theta(\boldsymbol{x}, \boldsymbol{\beta}) = \log(\mu_{\boldsymbol{\beta}}(\boldsymbol{x})) = \boldsymbol{x}^\top \boldsymbol{\beta}$$

である．ポアソン回帰の対数尤度は，式 (4.11)，式 (4.20) および式 (4.21) より，

$$\ell(\boldsymbol{\beta}) = \sum_{i=1}^{n} \left\{ y_i \boldsymbol{x}_i^\top \boldsymbol{\beta} - \exp(\boldsymbol{x}_i^\top \boldsymbol{\beta}) - \log(y_i!) \right\}$$

となる．

ニュートン・ラフソン法を構成するためには，ポアソン分布の下で η_i と w_i および d_i を求めればよい．いま，ポアソン分布については，式 (4.11)，式 (4.22)，式 (4.23) および式 (4.31) より，

$$\eta_i = b^{(1)}(\theta_i) = \exp(\theta_i) = \exp(\boldsymbol{x}_i^\top \boldsymbol{\beta})$$
$$d_i = y_i - \eta_i$$
$$w_i = -a(\phi)^{-1} b^{(2)}(\theta_i) = -\exp(\boldsymbol{x}_i^\top \boldsymbol{\beta})$$

となる．したがって，ニュートン・ラフソン法の t ステップ目において，$\boldsymbol{\beta} = \boldsymbol{\beta}(t-1)$ として上式を用いて (η_i, w_i)，$i = 1, \ldots, n$ を求め，$(\boldsymbol{d}(t-1), \mathbf{W}(t-1))$ を構成し，式 (4.34) を用いてパラメータ値を更新する．

4.4　一般化線形モデルの正則化法

線形回帰モデルの場合と同様に，一般化線形モデルに対しても 3.2 節に述べた正則化法を利用できる．

4.4.1　ℓ_2 正則化

$\ell(\boldsymbol{\beta})$ を対数尤度として，コスト関数を

$$C(\boldsymbol{\beta}) = -\ell(\boldsymbol{\beta}) + \lambda r(\boldsymbol{\beta})$$

と定義する．$r(\boldsymbol{\beta})$ は正則化項であり，一般に，オーバーフィッティングに対するペナルティとなる関数を採用する．$\lambda \geq 0$ は正則化パラメータである．正則化パラメータは，データに対する適合の度合い（対数尤度）とペナルティの度合い（正則化項）の間のバランスを決めるものであった．r が $\boldsymbol{\beta}$ に関して 2 階微分可能であるとすると，

$$S(\boldsymbol{\beta}) := \frac{\partial C(\boldsymbol{\beta})}{\partial \boldsymbol{\beta}} = \frac{\partial \ell(\boldsymbol{\beta})}{\partial \boldsymbol{\beta}} + \lambda \frac{\partial r(\boldsymbol{\beta})}{\partial \boldsymbol{\beta}}$$
$$H(\boldsymbol{\beta}) := \frac{\partial^2 C(\boldsymbol{\beta})}{\partial \boldsymbol{\beta} \partial \boldsymbol{\beta}^\top} = \frac{\partial^2 \ell(\boldsymbol{\beta})}{\partial \boldsymbol{\beta} \partial \boldsymbol{\beta}^\top} + \lambda \frac{\partial r(\boldsymbol{\beta})}{\partial \boldsymbol{\beta} \partial \boldsymbol{\beta}^\top}$$

として，コスト関数を最小化するパラメータ値は，

$$\boldsymbol{\beta}(t) = \boldsymbol{\beta}(t-1) + H(t-1)^{-1} S(t-1)$$

を更新式とするニュートン・ラフソン法によって求められる．特に，

$$r(\boldsymbol{\beta}) = \frac{1}{2} \|\boldsymbol{\beta}\|^2 = \frac{1}{2} \sum_{j=1}^{m} \beta_j^2$$

とした ℓ_2 正則化の場合は，$\mathbf{I}_d$ を $d \times d$ 単位行列として，

$$S(\boldsymbol{\beta}) = \frac{\partial \ell(\boldsymbol{\beta})}{\partial \boldsymbol{\beta}} + \lambda \boldsymbol{\beta}$$
$$H(\boldsymbol{\beta}) = \frac{\partial^2 \ell(\boldsymbol{\beta})}{\partial \boldsymbol{\beta} \partial \boldsymbol{\beta}^\top} + \lambda \mathbf{I}_d$$

となる．ただし，各式第 1 項は，仮定するモデルに応じて前節のとおり計算できる．

4.4.2 Elastic net

$C(\boldsymbol{\beta})$ において $r(\boldsymbol{\beta})$ を ℓ_1 ノルムとした ℓ_1 正則化など，必ずしも微分可能でない正則化項を導入する場合は，ニュートン・ラフソン法を利用できない．そこで，ここでは，Elastic net の下での一般化線形モデルに対する座標降下法を考える．ただし，一般化線形モデルの最尤推定に対して座標降下法をそのまま適用することは難しい．このため，以下に示すように，対数尤度の 2 次近似を利用することで近似的に反復法を構成する．

ある $\widetilde{\boldsymbol{\beta}}$ に対して，式 (4.22) の定義に従い $\widetilde{\eta}_i := \eta(\boldsymbol{x}_i, \widetilde{\boldsymbol{\beta}})$ および $\widetilde{d}_i := a(\phi)^{-1}(y_i - \widetilde{\eta}_i)$ と定義する．対数尤度の $\widetilde{\boldsymbol{\beta}}$ における 2 次近似は式 (4.24) と式 (4.32) より，

$$
\begin{aligned}
\ell_Q(\boldsymbol{\beta}) &:= \ell(\widetilde{\boldsymbol{\beta}}) + \sum_{k=1}^{m}\sum_{i=1}^{n} \frac{\partial \ell_i(\widetilde{\boldsymbol{\beta}})}{\partial \beta_k}(\beta_k - \widetilde{\beta}_k) \\
&\quad + \frac{1}{2}\sum_{k=1}^{m}\sum_{l=1}^{m}\sum_{i=1}^{n} \frac{\partial^2 \ell_i(\widetilde{\boldsymbol{\beta}})}{\partial \beta_k \partial \beta_l}(\beta_k - \widetilde{\beta}_k)(\beta_l - \widetilde{\beta}_l) \\
&= \ell(\widetilde{\boldsymbol{\beta}}) + \sum_{k=1}^{m}\sum_{i=1}^{n} \widetilde{d}_i(\beta_k - \widetilde{\beta}_k)x_{i,k} \\
&\quad + \frac{1}{2}\sum_{k=1}^{m}\sum_{l=1}^{m}\sum_{i=1}^{n} \widetilde{w}_i(\beta_k - \widetilde{\beta}_k)(\beta_l - \widetilde{\beta}_l)x_{i,k}x_{i,l} \\
&= \ell(\widetilde{\boldsymbol{\beta}}) + \sum_{i=1}^{n} \widetilde{d}_i(\boldsymbol{x}_i^\top \boldsymbol{\beta} - \boldsymbol{x}_i^\top \widetilde{\boldsymbol{\beta}}) + \frac{1}{2}\sum_{i=1}^{n} \widetilde{w}_i(\boldsymbol{x}_i^\top \boldsymbol{\beta} - \boldsymbol{x}_i^\top \widetilde{\boldsymbol{\beta}})^2
\end{aligned}
$$

とできる．これを変形して，$\widetilde{z}_i = \boldsymbol{x}_i^\top \widetilde{\boldsymbol{\beta}} + \widetilde{d}_i / \widetilde{w}_i$ とおくと，

$$
-\ell_Q(\boldsymbol{\beta}) = \frac{1}{2}\sum_{i=1}^{n} \widetilde{w}_i \left(\boldsymbol{x}_i^\top \boldsymbol{\beta} - \widetilde{z}_i\right)^2 + c(\widetilde{\boldsymbol{\beta}}) \tag{4.40}
$$

と書ける．ただし，$c(\widetilde{\boldsymbol{\beta}})$ は $\boldsymbol{\beta}$ に関係しない定数である．$\widetilde{\boldsymbol{\beta}}$ を与えた下での対数尤度の最大化は近似的に重み付き線形最小二乗法となり，目的関数の近似

$$
C_Q(\boldsymbol{\beta}) = -\ell_Q(\boldsymbol{\beta}) + \lambda \sum_{j=1}^{m} |\boldsymbol{\beta}_j|
$$

に対しては，座標降下法が適用できる．$\boldsymbol{\beta}$ の初期値を適当に決め，$j = 1, \ldots, m, 1, \ldots, m, \ldots$ の各値において（ランダムな順でもよい），$\widetilde{\boldsymbol{\beta}}$ を現在のパラメータ値として，式 (3.13) および式 (3.14) に従い，

$$
\begin{aligned}
\gamma_j &= \frac{1}{n}\sum_{i} \widetilde{w}_i x_{i,j}^2 + \lambda(1-\alpha) \\
\widetilde{\xi}_j &= \frac{1}{n}\sum_{i} \widetilde{w}_i x_{i,j}(\widetilde{z}_i - \widetilde{y}_i^{(j)})
\end{aligned}
$$

を計算し，

$$
\beta_j \leftarrow \frac{1}{\gamma_j} S(\widetilde{\xi}_j, \lambda\alpha)
$$

によって β_j を更新する．ただし，$\widetilde{y}_i^{(j)} = \sum_{k=1, k\neq j}^{m} x_{i,k}\widetilde{\beta}_k$ であり，S は式 (3.16) で定義される Soft-Thresholding 関数である．

ロジスティック回帰

ロジスティック回帰の場合，式 (4.37)，式 (4.38) および式 (4.39) より，

$$\begin{aligned}\widetilde{\eta}_i &= (1+\exp(-\boldsymbol{x}_i^\top \widetilde{\boldsymbol{\beta}}))^{-1} \\ \widetilde{d}_i &= y_i - \widetilde{\eta}_i \\ \widetilde{w}_i &= \widetilde{\eta}_i(1-\widetilde{\eta}_i)\end{aligned}$$

であり，$\widetilde{\eta}_i$ を用いて $\widetilde{d}_i$ を求め，$\widetilde{d}_i$ と $\widetilde{w}_i$ を用いて $\widetilde{z}_i$ を求める．これらを用いて γ_j と $\widetilde{\xi}_j$ を求め，Soft-Thresholding 関数による更新式を計算すればよい．

ポアソン回帰

ポアソン回帰の場合，4.3.2 項の結果より，

$$\begin{aligned}\widetilde{\eta}_i &= \exp(\boldsymbol{x}_i^\top \widetilde{\boldsymbol{\beta}}) \\ \widetilde{d}_i &= y_i - \widetilde{\eta}_i \\ \widetilde{w}_i &= -\exp(\boldsymbol{x}_i^\top \widetilde{\boldsymbol{\beta}})\end{aligned}$$

であり，$\widetilde{\eta}_i$ を用いて $\widetilde{d}_i$ を求め，$\widetilde{d}_i$ と $\widetilde{w}_i$ を用いて $\widetilde{z}_i$ を求める．これらを用いて γ_j と $\widetilde{\xi}_j$ を求め，Soft-Thresholding 関数による更新式を計算すればよい．

4.5 マルチクラス・ロジスティック回帰

4.5.1 ロジスティック回帰による識別

ロジスティック回帰は「回帰」という名前が付いているが，2 クラスの分類問題に利用されることがある．いま，説明変数 $\boldsymbol{x}$ を個体の属性とみて，その属性をもつ個体が属するクラスが 2 クラス $\{C_0, C_1\}$ の場合を考える．以下では，「$\boldsymbol{x} \in C$」という表記で属性 $\boldsymbol{x}$ をもつ個体がクラス $C \in \{C_0, C_1\}$ に属することを意味するものとする．いま，クラスの判別について，ダミー変数 $y \in \{0, 1\}$ を導入し，$y = 0$ を $\boldsymbol{x} \in C_0$ に，$y = 1$ を $\boldsymbol{x} \in C_1$ に対応づけることにする．このとき，変数 $(\boldsymbol{x}, y)$ に関するサンプルの下で，$\mu_{\boldsymbol{\beta}}(\boldsymbol{x})$ は，式 (4.36) より，$\boldsymbol{X} = \boldsymbol{x}$ が与えられた下で $Y = 1$ となる確率 $\mathbb{P}[Y = 1|\boldsymbol{x}]$ を推定するものであった．上記の対応の下では，$\mathbb{P}[Y = 1|\boldsymbol{x}]$ は，$\boldsymbol{x}$ が与えられた下でのクラスが C_1 である確率 $\mathbb{P}[C_1|\boldsymbol{x}]$ である．そこで，最尤推定量 $\widehat{\boldsymbol{\beta}}$ が得られている状況で，新たな個体（の属性）$\boldsymbol{u}$ が与えられたとき，

$$g_{\widehat{\boldsymbol{\beta}}}(\boldsymbol{u}) = \begin{cases} 1 & (\mu_{\widehat{\boldsymbol{\beta}}}(\boldsymbol{u}) > 1/2) \\ 0 & (\mu_{\widehat{\boldsymbol{\beta}}}(\boldsymbol{u}) \le 1/2) \end{cases}$$

なる関数を考え，$g_{\widehat{\boldsymbol{\beta}}}(\boldsymbol{u}) = 1$ を $\boldsymbol{u} \in C_1$ に，$g_{\widehat{\boldsymbol{\beta}}}(\boldsymbol{u}) = 0$ を $\boldsymbol{u} \in C_0$ に対応させることを考える．これは，$\mathbb{P}[C_1|\boldsymbol{u}] > \mathbb{P}[C_0|\boldsymbol{u}]$ のときに $\boldsymbol{u}$ を C_1 に割り当てる規則を推定したものとなり，与えられたサンプルに基づく分類問題の一つの妥当な解を与えるものとなる．すなわち，この手順により，学習していない $\boldsymbol{u}$ が与えられたときに，学習したロジスティック回帰モデルによってクラスを予測できる（識別できる）．

4.5.2　マルチクラス・ロジスティック回帰

以上は2クラスの分類問題であり，例えば，医療分野における疾病の有無の自動判断などが応用として考えられる．一方で，例えば，画像認識としてハガキの郵便番号の認識などを考えると，書かれている数字は $0 \sim 9$ だから，一つの文字画像に対して10個のクラスのいずれかを割り当てる問題となる．この場合には，ロジスティック回帰を拡張して考える．

説明変数を $\boldsymbol{x} = (x_1, \ldots, x_m)^\top \in \mathbb{R}^m$ とする．クラスの数を K とし，k 番目のクラスを C_k とする．このときの目的変数は以下のように決める．

$$y_k := \begin{cases} 1 & (\boldsymbol{x} \in C_k) \\ 0 & (\boldsymbol{x} \notin C_k) \end{cases}$$

として，$\boldsymbol{y} = (y_1, \ldots, y_K)$ とする．すなわち，目的変数は K 次元ベクトルであり，C_k に属することを，k 番目の要素のみが1であるベクトルに対応させる．こうした対応のさせ方を one-hot encoding という．$\boldsymbol{\omega}_k \in \mathbb{R}^K$ を k 番目の要素のみが1で，その他の要素は0である K 次元ベクトルとする．$\boldsymbol{Y} = (Y_1, \ldots, Y_m)$ を $\{\boldsymbol{\omega}_1, \ldots, \boldsymbol{\omega}_K\}$ に値をとる確率変数，C をクラス $\{C_1, \ldots, C_K\}$ に値をとる確率変数とすると，$\{\boldsymbol{Y} = \boldsymbol{\omega}_k\}$ という事象と $\{C = C_k\}$ は同じである．以下では，簡単のため，$\{C = C_k\}$ を単に $\{C_k\}$ と表す．$\boldsymbol{\eta} = (\eta_1, \ldots, \eta_K)$ を $\sum_{k=1}^K \eta_k = 1$ を満たすベクトルとして，$\boldsymbol{y}$ の確率関数が

$$p_{\boldsymbol{\eta}}(\boldsymbol{y}) = \prod_{k=1}^K \eta_k^{y_k}$$

で与えられるものとする．この分布を**カテゴリカル分布**という．分布のパラメータは $\eta_1, \ldots, \eta_K$ である．ここで，

$$\mathbb{P}[\boldsymbol{Y} = \boldsymbol{\omega}_k] = p_{\boldsymbol{\eta}}(\boldsymbol{\omega}_k) = \eta_k$$

だから，η_k は $\boldsymbol{Y} = \boldsymbol{\omega}_k$ となる確率（したがって，C_k の生起確率）そのものである．特に，$K = 2$ のときのカテゴリカル分布はベルヌイ分布である．

$\boldsymbol{\beta}_k = (\beta_{k,1}, \ldots, \beta_{k,m})^\top$，$k = 1, \ldots, K$ として，

$$\eta_k(\boldsymbol{x}) := \frac{\exp\left(\boldsymbol{x}^\top \boldsymbol{\beta}_k\right)}{\sum_{j=1}^K \exp\left(\boldsymbol{x}^\top \boldsymbol{\beta}_j\right)} \tag{4.41}$$

と定義する．η_k を**ソフトマックス関数**という．ここで，$0 \leq \eta_k(\boldsymbol{x}) \leq 1$ であり，

$$\sum_{k=1}^K \eta_k(\boldsymbol{x}) = 1$$

が成り立っている．いま，$\boldsymbol{x}$ が与えられた下で，$\boldsymbol{y}$ がパラメータ $\boldsymbol{\eta}(\boldsymbol{x}) = (\eta_1(\boldsymbol{x}), \ldots, \eta_k(\boldsymbol{x}))$ のカテゴリカル分布に従うと仮定する．このとき，$\boldsymbol{\eta}(\boldsymbol{x})$ は $\boldsymbol{\beta}_1, \ldots, \boldsymbol{\beta}_K$ によって決まるので，結局，このモデルとしてのパラメータは $\boldsymbol{\beta}_1, \ldots, \boldsymbol{\beta}_K$ となることに注意する．そうすると，$\boldsymbol{x}$ が与えられた下で $\boldsymbol{Y} = \boldsymbol{\omega}_k$ となる確率，すなわち，その $\boldsymbol{x}$ が C_k に属する確率は，カテゴリカル分布の上記の性質

から，

$$\mathbb{P}[\boldsymbol{Y} = \boldsymbol{\omega}_k | \boldsymbol{x}] = \eta_k(\boldsymbol{x})$$

となる．

独立なサンプル $\{(\boldsymbol{x}_i, \boldsymbol{y}_i) \mid i = 1, \ldots, n\}$ について，$\boldsymbol{x}_i = (x_{i,1}, \ldots, x_{i,m})^\top \in \mathbb{R}^m$ および $\boldsymbol{y}_i = (y_{i,1}, \ldots, y_{i,K})^\top \in \{\boldsymbol{\omega}_1, \ldots, \boldsymbol{\omega}_K\}$ とする．このとき，$\boldsymbol{x}_i$ が与えられた下での $\boldsymbol{y}_i$ の分布が $\eta_1(\boldsymbol{x}_i), \ldots, \eta_k(\boldsymbol{x}_i)$ をパラメータとするカテゴリカル分布に従うと仮定する．このモデルを**マルチクラス・ロジスティック回帰**といい，そのパラメータは $\boldsymbol{\beta}_1, \ldots, \boldsymbol{\beta}_K$ である．簡単のため，$\mathbf{B}_K = (\boldsymbol{\beta}_1^\top, \ldots, \boldsymbol{\beta}_K^\top)^\top$ と定義する．このモデルに対して，これまでの議論より，対数尤度は

$$\ell(\mathbf{B}_K) = \sum_{i=1}^{n} \log \prod_{k=1}^{K} \eta_k(\boldsymbol{x}_i)^{y_{i,k}} = \sum_{i=1}^{n} \sum_{k=1}^{K} y_{i,k} \log \eta_k(\boldsymbol{x}_i)$$

となる．ロジスティック回帰のところで述べたように，機械学習の分野では，$-\ell(\mathbf{B}_K)$ を**交差エントロピー誤差**という．

以下では，$-\ell(\mathbf{B}_K)$ に対する最急勾配法を考える．簡単のため，$Z_i(\mathbf{B}_K) = \sum_{j=1}^{K} \exp(\boldsymbol{x}_i^\top \boldsymbol{\beta}_j)$ とおく．式 (4.41) より，$k = l$ のとき，

$$\begin{aligned}
\frac{\partial \eta_k(\boldsymbol{x}_i)}{\partial \beta_{l,j}} &= \frac{x_{i,j} \exp(\boldsymbol{x}_i^\top \boldsymbol{\beta}_l) Z_i(\mathbf{B}_K) - x_{i,l} \exp(\boldsymbol{x}_i^\top \boldsymbol{\beta}_l) \exp(\boldsymbol{x}_i^\top \boldsymbol{\beta}_l)}{Z_i^2(\mathbf{B}_K)} \\
&= x_{i,j} \eta_l(\boldsymbol{x}_i) - x_{i,j} \eta_l^2(\boldsymbol{x}_i) = x_{i,j} \eta_l(\boldsymbol{x}_i)(1 - \eta_l(\boldsymbol{x}_i))
\end{aligned}$$

であり，$k \neq l$ のとき，

$$\frac{\partial \eta_k(\boldsymbol{x}_i)}{\partial \beta_{l,j}} = -\exp(\boldsymbol{x}_i^\top \boldsymbol{\beta}_k) \frac{x_{i,j} \exp(\boldsymbol{x}_i^\top \boldsymbol{\beta}_l)}{Z_i^2(\mathbf{B}_K)} = -x_{i,j} \eta_k(\boldsymbol{x}_i) \eta_l(\boldsymbol{x}_i)$$

である．よって，

$$\begin{aligned}
\frac{\partial}{\partial \beta_{l,j}} \sum_{k=1}^{K} y_{i,k} \log \eta_k(\boldsymbol{x}_i) &= \sum_{k=1}^{K} y_{i,k} \frac{1}{\eta_k(\boldsymbol{x}_i)} \frac{\partial \eta_k(\boldsymbol{x}_i)}{\partial \beta_{l,j}} \\
&= y_{i,l} x_{i,j} (1 - \eta_l(\boldsymbol{x}_i)) - \sum_{k \neq l} y_{i,k} x_{i,j} \eta_l(\boldsymbol{x}_i) \\
&= x_{i,j} y_{i,l} - x_{i,j} \eta_l(\boldsymbol{x}_i) \sum_{k=1}^{K} y_{i,k} = x_{i,j} (y_{i,l} - \eta_l(\boldsymbol{x}_i))
\end{aligned}$$

となる．ここで，最後の等号において，$\sum_{k=1}^{K} y_{i,k} = 1$ を用いた．以上より，最急勾配法における t ステップ目でのパラメータ値 $\mathbf{B}_K(t)$ は，学習率を $\nu > 0$ として，

$$\begin{aligned}
\beta_{l,j}(t) &= \beta_{l,j}(t-1) - \nu \left. \frac{\partial(-\ell(\mathbf{B}_K))}{\partial \beta_{l,j}} \right|_{\mathbf{B}_K = \mathbf{B}_K(t-1)} \\
&= \beta_{l,j}(t-1) + \nu \sum_{i=1}^{n} x_{i,j} (y_{i,l} - \eta_l^{(t-1)}(\boldsymbol{x}_i))
\end{aligned}$$

によって更新される．ただし，$\eta_l^{(t-1)}(\boldsymbol{x}_i)$ は $\mathbf{B}_K = \mathbf{B}_K(t-1)$ の下で計算される $\eta_l(\boldsymbol{x}_i)$ である．

いま，学習によって得られたパラメータ値を $\widehat{\mathbf{B}}_K = \left(\widehat{\boldsymbol{\beta}}_1^\top, \ldots, \widehat{\boldsymbol{\beta}}_K^\top\right)^\top$ として，未学習のサンプル $\boldsymbol{u} \in \mathbb{R}^m$ のクラスを予測する問題（分類問題）を考える．$\widehat{\eta}_k$ を $\mathbf{B}_K = \widehat{\mathbf{B}}_K$ とした η とする．これまでの議論より，$\widehat{\eta}_1(\boldsymbol{u}), \ldots, \widehat{\eta}_K(\boldsymbol{u})$ は，$\boldsymbol{u}$ が与えられた下での各クラスの生起確率 $\eta_1(\boldsymbol{u}), \ldots, \eta_K(\boldsymbol{u})$ の推定値である．したがって，$\boldsymbol{u}$ が与えられた下で最も確率の高いクラスを割り当てるという意味で，

$$\widehat{k} = \arg \max_{1 \leq k \leq K} \widehat{\eta}_k(\boldsymbol{u})$$

として，$C_{\widehat{k}}$ に $\boldsymbol{u}$ を割り当てる方法が妥当であると考えられる．

4.5.3　マルチクラス・ロジスティック回帰の例

コード 4.6 にソフトマックスを計算する R 関数を示す．この関数は，ソフトマックス関数への入力行列（サンプル数 × 入力数）X とパラメータ beta（入力数 × クラス数）を引数として受け取り，ソフトマックス関数の行列（データ数 × クラス数）を返す．式 (4.41) がすべてのクラスとサンプルに対して計算され，それらが行列として返される．

コード 4.7 に最急勾配法によってマルチクラス・ロジスティック回帰のパラメータを推定する R 関数を示す．この関数は，説明変数のデザイン行列 X，one-hot encoding された目的変数のデータ行列 y，パラメータの初期値 beta，学習率 nu および繰り返し回数 itmax を引数として受け取り，

```
softmax <- function(X, beta) {
  ncls <- dim(beta)[2]
  comp <- exp(X %*% beta)
  eta <- comp / (apply(comp, 1, sum))
  return(eta)
}
```

コード 4.6　ソフトマックスを計算する関数

```
mlr_train <- function(X, y, beta, nu, itmax) {
  cat("Training...\n")
  ndim <- dim(beta)[1]
  ncls <- dim(beta)[2]
  n <- dim(X)[1]
  for (it in 1:itmax) { # 学習のループ
    cat("it=", it, "\n")
    eta <- softmax(X, beta)
    for (d in 1:ndim) {
      for (m in 1:ncls) {
        db <- sum(X[, d] * (y[, m] - eta[, m])) # 更新量の計算
        beta[d, m] <- beta[d, m] + nu * db # 更新式の計算
      }
    }
  }
  cat("Done!\n")
  return(beta)
}
```

コード 4.7　マルチクラス・ロジスティック回帰に対する最急勾配法を実装した関数

学習後のパラメータ値を返す．

6 ～ 15 行目：学習のループである．

9 ～ 14 行目：パラメータは（入力数 ndim × クラス数 ncls）個なので，d と m に関する二つのループで，すべてのパラメータ値の更新を行っている．

11 行目：更新量を計算し，db に代入している．

12 行目：入力のインデックス d，クラスのインデックス m に対応するパラメータ値 beta[d, m] を上書きによって更新している．

コード 4.8 は，3 クラスの 2 次元データを人工的に作成し，その分類問題をマルチクラス・ロジスティック回帰を用いて解く R スクリプトである．説明変数の人工データは，異なる 3 つの 2 次元正規

```
# サンプルの生成
set.seed(2017)
n1 <- 100; n <- 3 * n1
X1 <- cbind(rnorm(n1, 1, 1), rnorm(n1, 1, 1))
y1 <- cbind(rep(1, n1), rep(0, n1), rep(0, n1))
X2 <- cbind(rnorm(n1, -1, 1), rnorm(n1, -1, 1))
y2 <- cbind(rep(0, n1), rep(1, n1), rep(0, n1))
X3 <- cbind(rnorm(n1, 1, 0.5), rnorm(n1, -1, 0.5))
y3 <- cbind(rep(0, n1), rep(0, n1), rep(1, n1))
X <- rbind(X1, X2, X3); X <- cbind(rep(1, n), X)
y <- rbind(y1, y2, y3)
shuf <- sample(1:n, replace = F); X <- X[shuf, ]; y <- y[shuf, ]
# 学習
ndim <- 3; ncls <- 3; n <- 3 * n1
beta <- matrix(runif(ndim*ncls, -1, 1), ndim, ncls)
nu <- 0.01; itmax <- 100
beta <- mlr_train(X, y, beta, nu, itmax)
eta <- softmax(X, beta) # 出力（各クラスの生起確率）の計算
out <- apply(eta, 1, which.max) # 出力に基づきクラス番号を決定
tc <- apply(y, 1, which.max) # サンプルのクラス番号の特定
err <- sum(ifelse(out != tc, 1, 0)) / n # 誤判別率の計算
cat("err=", err, "\n")
# 分類結果の描画
par(new = F)
col <- c(grey(0), grey(0.5), grey(0.8))
mark <- numeric(n)
xlim <- c(-3, 3); ylim <- c(-3, 3)
for (k in 1:ncls) {
  idx <- which(y[, k] == 1)
  mark[idx] <- k
}
mark <- paste(mark)
for (k in 1:ncls) {
  idx <- which(out == k)
  plot(X[idx, 2], X[idx, 3], pch = mark[idx], col = col[k], xlim = xlim, ylim = ylim)
  par(new = T)
}
```

コード 4.8　マルチクラス・ロジスティック回帰の例

分布 $N_k = N(\boldsymbol{\mu}_k, \sigma_k^2 \mathbf{I}_2)$，$k = 1, 2, 3$ から生成する．スクリプトでは，$\boldsymbol{\mu}_1 = (1, 1)$，$\boldsymbol{\mu}_2 = (-1, -1)$，$\boldsymbol{\mu}_3 = (1, -1)$ とし，$\sigma_1 = \sigma_2 = 1$，$\sigma_3 = 0.5$ としている．目的変数となるクラスとしては，N_k から生成されたサンプルに対して C_k を割り当てている．X はデザイン行列であり，y はクラスを one-hot encoding した目的変数のデータ行列である．このスクリプトでは，人工データの生成，そのデータに対するパラメータ推定，さらに，結果のグラフ化を行っている（何かの機会に使えるかもしれないのでグラフ化のスクリプトも掲載しておく）．

2 ～ 12 行目：サンプルを生成している．上述したように X1，X2 および X3 はそれぞれ異なる正規分布から生成される 2 次元データであり，それぞれのクラスを one-hot encoding したベクトルが y1，y2 および y3 である．これらはそれぞれ X と y にまとめられる．ただし，X では定数項を追加している．

14 ～ 22 行目：上記のデータに対して mlr_train 関数を用いてパラメータ推定を行い，X に対する出力（クラスの生起確率の推定値）を eta に代入している．これに基づき，生起確率の推定値を最大とするクラス番号を out に代入している．tc は one-hot encoding されている目的変数のサンプルをクラス番号に変換したものである．したがって，err は誤判別率である．

24 行目以降：判別（分類）結果を視覚化している．生成された図については次に述べる．

図 4.9 に，パラメータ推定後の分類結果を示す．グラフは 2 次元データの散布図であるが，データ点は属するクラスを番号で表示している．文字の濃淡は分類されたクラス（3 段階）となっている（一番濃い色が C_1 に分類された点，次に濃い色が C_2 に分類された点，一番淡い色が C_3 に分類された点である）．例えば，C_1 に属するデータはデータ点に「1」という文字が表記されており，C_1 に分類されたデータは一番濃い（黒い）色で書かれている．したがって，例えば，「1」という文字で薄い色で書かれているものは，クラス 1 に属しているが，他のクラスに属していると誤判別されたデータである．

図 4.9 をみると，大まかには判別できているが，誤判別となっているサンプルも存在する．これは，異なるクラスに属するサンプルにオーバーラップがあり，それを線形的に判別しているために

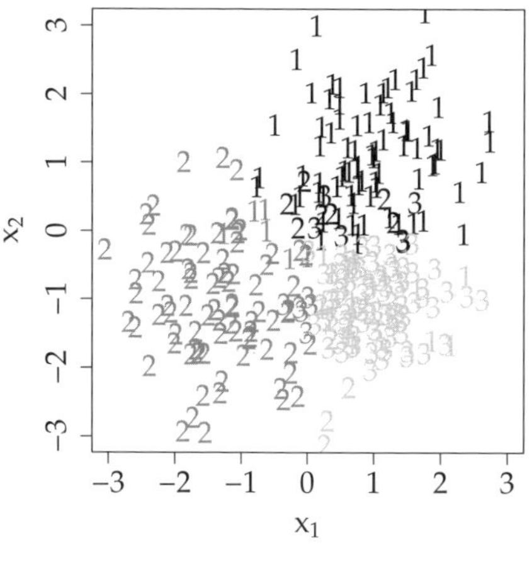

図 4.9　マルチクラス・ロジスティック回帰による分類例

生じる誤差であるため避けられない．この場合，回帰式を複雑にすれば，与えられたサンプルを誤りなく判別する判別規則を推定（構成）できるかもしれない．しかしながら，そうして構成された判別規則が，未知のサンプルに対する誤りを小さくできるとは限らない．これは，一般に，オーバーフィッティングの状況であり，本書で述べた回帰の汎化性の問題は，分類問題にも適用されることに注意する．

4.5.4　ロジスティック回帰との関係

ここでは，マルチクラス・ロジスティック回帰をソフトマックス関数による統計的回帰として扱った．この点について補足をしておく．マルチクラスの問題は，one-hot encoding の下で，カテゴリ（クラス）ごとに独立にロジスティック回帰をする方法も考えられる．すなわち，各 k に対して，確率：

$$\mu_k(\boldsymbol{x}) = \left(1 + \exp(-\boldsymbol{x}^\top \boldsymbol{\beta}_k)\right)^{-1}$$

で決まるベルヌイ分布を想定し，$(\boldsymbol{x}, y_k)$ のサンプルに基づき $\boldsymbol{\beta}_k$ を求める方法である．この場合，μ_k は y_k 上の確率を表しているが，必ずしも $\sum_k \mu_k(\boldsymbol{x}) = 1$ とはならない．すなわち，$\boldsymbol{x}$ に対する各クラスの確からしさを確率の形で与えているわけではない．これに対して，ソフトマックス関数によって決まるカテゴリカル分布を考えるときは，$\sum_k \eta_k(\boldsymbol{x}) = 1$ が成り立っており，$\boldsymbol{x}$ に対するクラスの確からしさを確率の形で自然に与えている．この意味で，後者は識別問題への解としての妥当性があると考えられる．

ここで，2 カテゴリの場合を考え，そのカテゴリ（クラス）を $\{C_1, C_2\}$ とする．ロジスティック回帰では，このとき，一つのダミー変数 $y \in \{0, 1\}$ を用意し，$\boldsymbol{x} \in C_1$ ならば $y = 1$，$\boldsymbol{x} \in C_2$ ならば $y = 0$ と定めている．これに対して one-hot encoding の下では，$\boldsymbol{y} = (y_1, y_2) \in \{0, 1\} \times \{0, 1\}$ であり，$\boldsymbol{x} \in C_1$ ならば $\boldsymbol{y} = (0, 1)$，$\boldsymbol{x} \in C_2$ ならば $\boldsymbol{y} = (1, 0)$ と定めている．これは冗長なコーディングになっている．このとき，式 (4.41) より，

$$\eta_1(\boldsymbol{x}) = \frac{1}{1 + \exp\left(-\boldsymbol{x}^\top (\boldsymbol{\beta}_1 - \boldsymbol{\beta}_2)\right)}$$

と書ける．そこで，$\boldsymbol{\beta} = \boldsymbol{\beta}_1 - \boldsymbol{\beta}_2$ とおけば，$\mu_{\boldsymbol{\beta}}(\boldsymbol{x}) = \eta_1(\boldsymbol{x})$ は $\boldsymbol{\beta}$ をパラメータとするロジスティック回帰の確率となる．一方，マルチクラス・ロジスティック回帰の場合，$y_{i,1} + y_{i,2} = 1$ および式 (4.41) より，

$$\sum_{k=1}^{2} y_{i,k} \log \eta_k(\boldsymbol{x}_i) = y_{i,1} \log \eta_1(\boldsymbol{x}_i) + (1 - y_{i,1}) \log(1 - \eta_1(\boldsymbol{x}_i))$$

である．よって，このときの対数尤度は上記の $\mu_{\boldsymbol{\beta}}$ を想定した場合のロジスティック回帰の対数尤度と一致する．したがって，2 クラスのときは，ロジスティック回帰を行い，その出力 $\mu_{\widehat{\boldsymbol{\beta}}}$ により，$\eta_1(\boldsymbol{x}) = \mu_{\boldsymbol{\beta}}(\boldsymbol{x})$ および $\eta_2(\boldsymbol{x}) = 1 - \mu_{\boldsymbol{\beta}}(\boldsymbol{x})$ とすれば，マルチクラスの設定の解となる．一般には，マルチクラス・ロジスティック回帰の対数尤度（したがって，交差エントロピー誤差）はロジスティック回帰の自然な拡張になっており，これはカテゴリカル分布がベルヌイ分布の拡張になっていることに対応している．

第 5 章

ノンパラメトリック回帰

一般に，統計的回帰の目的は，説明変数が与えられた下での目的変数の条件付き期待値を推定することにあった．例えば，多項式回帰などは，比較的少ないパラメータ数をもつ回帰式を構成することを前提としているため，表現できる関数の集まりはそれほど広くない（回帰式の自由度は低い）．したがって，条件付き期待値が複雑な関数であれば表現できない．これに対して，一般に，自由度の高い回帰式を用いる回帰をノンパラメトリック回帰といい，古くから研究されている．

重回帰の場合は，直線・平面を当てはめて予測に役立てるという意味をもつと同時に，説明変数の係数の推定値に基づいて分析を行うことも主眼であった．これに対して，ノンパラメトリック回帰は，条件付き期待値を精度良く推定することを目的とした曲線・曲面の当てはめという側面が強い．こうしたこともあり，ここでは，説明変数を入力，目的変数を出力と呼ぶことがある．

本章では，統計分野で古くから知られている局所平均，パラメータ数の多い状況の線形回帰，信号処理におけるウェーブレット変換，機械学習におけるガウス過程回帰など，タイプの異なるノンパラメトリック回帰について触れる．

5.1 ノンパラメトリック回帰

5.1.1 局所平均

入出力サンプルを $\{(\boldsymbol{x}_i, y_i) \mid i = 1, \ldots, n\}$ とする．ただし，$\boldsymbol{x}_i = (x_{i,1}, \ldots, x_{i,m})$ である．いま，$\boldsymbol{x} \in \mathbb{R}^m$ に対して，

$$\widehat{f}(\boldsymbol{x}) = \sum_{i=1}^{n} K_i(\boldsymbol{x}) y_i \tag{5.1}$$

なる回帰式を構成することを考える．ここで，$K_i(\boldsymbol{x})$ は対応する入力点 $\boldsymbol{x}_i$ によって決まる非負の関数で，$\boldsymbol{x}_i$ から遠いほど小さな値をとるものとする．すなわち，$\boldsymbol{x}$ における回帰式の値が出力 $y_1, \ldots, y_n$ の重み付き和で表され，その重み $K_i(\boldsymbol{x})$ は $\boldsymbol{x}_i$ で最も影響が大きくなるように付けられる．一般に，こうした推定量を**局所平均**という．重要な点は，線形回帰と異なり，局所平均ではパラメータを導入していないことである．一般に，パラメータを仮定しない回帰を**ノンパラメトリック回帰**といい，局所平均による回帰はノンパラメトリック回帰の典型的な構成方法である．

例えば，入力空間を適当な領域（パーティション）$A_1, \ldots, A_L$ に分割し，$\boldsymbol{x} \in A_k$ ならば A_k に含まれている入力サンプルに対応する出力サンプルの平均を $\boldsymbol{x}$ における回帰式の値とすることを考える．すなわち，

$$\widehat{f}(\boldsymbol{x}) = \frac{\sum_{i=1}^{n} I_{A_k}(\boldsymbol{x}_i) y_i}{\sum_{j=1}^{n} I_{A_k}(\boldsymbol{x}_j)}, \quad \boldsymbol{x} \in A_k \tag{5.2}$$

である．ただし，$I_{A_k}(\boldsymbol{u})$ は，$\boldsymbol{u}$ が A_k に含まれていれば 1，そうでなければ 0 をとる指標関数である．これは，式 (5.1) において，

$$K_i(\boldsymbol{x}) = \frac{I_{A_k}(\boldsymbol{x}_i)}{\sum_{j=1}^{n} I_{A_k}(\boldsymbol{x}_j)}$$

としたものである．この推定量を**パーティショニング推定量**と呼ぶことにする．ここで，A_k に含まれている $\boldsymbol{x}_i$ が存在しないときは $\widehat{f}(\boldsymbol{x}) = 0$ と定義しておけばよいだろう．式 (5.2) は，A_k に含まれる入力サンプルのインデックス集合を I_k，その要素の数を $n_k = |I_k|$ とすれば，

$$\widehat{f}(\boldsymbol{x}) = \frac{1}{n_k} \sum_{i \in I_k} y_i, \quad \boldsymbol{x} \in A_k$$

と書ける．したがって，この例は，局所平均を出力とする回帰式である．すなわち，ある $\boldsymbol{x}$ が与えられたときに，その近傍の $\boldsymbol{x}_i$ に対応する y_i の平均を $\boldsymbol{x}$ における値とするものである．y_i は雑音が重畳しているが，それを近傍で平均化することで，ある程度平滑化された出力（近傍ごとの定数関数）が得られる．

ただし，この場合，パーティション（近傍）をどの程度の数，あるいは，広さでとるかが問題となる．正則化のときの正則化パラメータと同様に，回帰式のパラメータ以外に，回帰式の構成に影響を及ぼすパラメータをハイパーパラメータといった．ノンパラメトリック回帰では回帰式のパラメータはないが，このときの近傍の数や広さは回帰式の構成に影響を及ぼすため，これらはハイパーパラメータである．近傍を広くとりすぎると入力領域のほとんどで定数関数となり，ターゲットとする条件付き期待値の変動をとらえることはできない．このとき，バイアスが大きくなるととらえてよい．一方で，近傍を狭くとると平滑化の効果は薄れる．例えば，極端な場合，領域 A_k は $\boldsymbol{x}_i$ を一つ含むか全く含まないというパーティションの組を考えると，意味のある回帰式は構成できない．このとき，$\boldsymbol{x}$ が $\boldsymbol{x}_i$ だけを含むパーティションにあれば，$\widehat{f}(\boldsymbol{x}) = y_i$ となるため，$\widehat{f}$ が y_i の変動を直接受けるという意味でバリアンスが大きいともいえる．いずれにしても，この場合も明らかに条件付き期待値の変動はとらえられない．すなわち，適切な近傍の決め方は非常に重要であることがわかる．

局所平均タイプの推定量としてよく知られているものに **Nadaraya-Watson**（カーネル）**推定量**がある．この推定量は，

$$\widehat{f}(\boldsymbol{x}) = \sum_{i=1}^{n} y_i K_{i,h}(\boldsymbol{x}) \tag{5.3}$$

$$K_{i,h}(\boldsymbol{x}) = \frac{K_h(\boldsymbol{x} - \boldsymbol{x}_i)}{\sum_{j=1}^{n} K_h(\boldsymbol{x} - \boldsymbol{x}_j)} \tag{5.4}$$

で与えられる．ここで，K_h は $\mathbb{R}^m$ 上の**カーネル関数**と呼ばれており，$h > 0$ は，K_h の入力空間上での広がりを表すパラメータとして，**幅パラメータ**と呼ばれている．よく利用されるカーネル関数の例としては，ガウス関数：

$$K_h(\boldsymbol{u}) = \exp\left(-\frac{1}{2h^2}\|\boldsymbol{u}\|^2\right) \tag{5.5}$$

がある．ここで，h はガウス関数の分散に対応し，幅パラメータの役割を果たしていることは容易にわかる．なお，この場合，$K_{i,h}$ は $\boldsymbol{x}_i$ を中心とする局在性をもつ関数であるため，基本的には，$\boldsymbol{x}_i$ 近傍でのみ影響力をもつ関数となる．

実は，Nadaraya-Watson 推定量は条件付き期待値の自然な推定量となっている．簡単のため，$m = 1$ として，サンプル $\{(x_i, y_i) \mid i = 1, \ldots, n\}$ は確率変数 (X, Y) の同時確率分布からの独立なサンプルとし，確率密度が存在するものとする．このとき，$X = x$ が与えられた下での Y の条件付き期待値は

$$\mathbb{E}[Y|X = x] = \int_{\mathbb{R}} yf(y|x)dy = \int_{\mathbb{R}} y\frac{f(x,y)}{f(x)}dy$$

と書ける．いま，ある関数 K と G が存在し，確率密度 $f(x)$ と $f(x,y)$ が

$$f(x) = \frac{1}{n}\sum_{i=1}^{n} K(x - x_i)$$
$$f(x,y) = \frac{1}{n}\sum_{i=1}^{n} K(x - x_i)G(y - y_i)$$

と表されることを仮定する．K や G のように確率密度を記述するために考える関数も**カーネル関数**と呼ぶ．カーネル関数を用いてサンプルから確率密度を推定する問題は古くから扱われているが，ここでは，$f(x)$ と $f(x,y)$ がカーネル関数で表されることを仮定している．この場合，例えば，カーネル関数をガウス関数とすると，X や Y の確率密度を入力点を中心とするガウス関数の和で記述することに対応する．いま，G について，

$$\int_{\mathbb{R}} yG(y - y_i)dy = y_i$$

が成り立つことを仮定する．これを満たすものとして，例えば，標準正規分布の確率密度やデルタ関数などがある．このとき，

$$\begin{aligned}\mathbb{E}[Y|X = x] &= \int_{\mathbb{R}} y\frac{f(x,y)}{f(x)}dy = \frac{\int_{\mathbb{R}} y\frac{1}{n}\sum_{i=1}^{n} K(x - x_i)G(y - y_i)dy}{\frac{1}{n}\sum_{j=1}^{n} K(x - x_j)} \\ &= \frac{\frac{1}{n}\sum_{i=1}^{n} K(x - x_i)\int_{\mathbb{R}} yG(y - y_i)dy}{\frac{1}{n}\sum_{j=1}^{n} K(x - x_j)} = \frac{\frac{1}{n}\sum_{i=1}^{n} K(x - x_i)y_i}{\frac{1}{n}\sum_{j=1}^{n} K(x - x_j)}\end{aligned}$$

となり，これは Nadaraya-Watson 推定量である．すなわち，確率密度のカーネル関数による表現から導かれる条件付き期待値が Nadaraya-Watson 推定量となる．

この推定量において，カーネル関数のパラメータ h は関数の幅を決めるパラメータであり，これはハイパーパラメータである．この点については，例えば，適当な関数 K を用いて，$K_h(\boldsymbol{x} - \boldsymbol{x}_i) =$

$K((\boldsymbol{x}-\boldsymbol{x}_i)/h)$ と定義すると明確になる．h が大きければ，$K_{i,h}$ は入力上で滑らかな関数となるから，その重み付き和である $\widehat{f}$ は滑らかな関数となる．逆に h が小さいと，$K_{i,h}$ は局所的にしか影響を及ぼさず，その重み付き和は複数の尖った関数の重ね合わせとなり，滑らかな関数とはならない．

このことを，カーネル関数としてガウス関数を用いる場合で説明する．$h \to \infty$ のとき，$K_{i,h}(\boldsymbol{x}) = 1/n$ となるから $\widehat{f}(\boldsymbol{x}) = \frac{1}{n}\sum_{i=1}^{n} y_i$ となる．すなわち，これは，任意の $\boldsymbol{x}$ に対して $y_1, \ldots, y_n$ の平均を出力する関数である．一方で，$\delta_i(\boldsymbol{x})$ を $\boldsymbol{x} = \boldsymbol{x}_i$ のとき $\delta_i(\boldsymbol{x}) = 1$ で，$\boldsymbol{x} \neq \boldsymbol{x}_i$ のとき $\delta_i(\boldsymbol{x}) = 0$ となるクロネッカーのデルタとすると，$h \to 0$ のとき，$K_{i,h}(\boldsymbol{x}) = \delta_i(\boldsymbol{x})$ となるから $\widehat{f}(\boldsymbol{x}) = y_i\delta_i(\boldsymbol{x})$ である．すなわち，$\boldsymbol{x} = \boldsymbol{x}_i$ のときのみ y_i をとる関数となる．この関数はサンプルの入力点以外での値は零であるが，サンプルの入力点では y_i をとる．これは，局所平均におけるパーティションが極端に狭い状況と同じである．見方によってはオーバーフィッティングであり，y_i の変動に出力が大きく影響されるという意味では，バリアンスの悪化といえなくもない．ただし，サンプルの入力点以外での挙動は特殊である．以上のことから，h が大きいときはバイアスが大きくなり，h が小さいときには意味のある推定量が得られないため，Nadaraya-Watson 推定量においてもハイパーパラメータ h のとり方は重要となる．したがって，応用上は，ハイパーパラメータをクロス・バリデーションなどによって決める必要がある．

5.1.2　線形回帰の延長として

以上ではパラメータを導入しない回帰として，ノンパラメトリック回帰を局所平均によって構成した．このタイプの回帰は，ハイパーパラメータの適当な選び方の下で，複雑な真の回帰式（条件付き期待値）を推定できることが期待される．一方，線形回帰のように，有限個のパラメータで決まる回帰式による回帰を**パラメトリック回帰**ということにすると，パラメトリック回帰はサンプル数と比較して少ない数のパラメータにサンプルの情報を集約することが多い．このとき，パラメトリック回帰で真の回帰式をある程度とらえることができたなら，推定後の回帰式の解釈性は良くなり，分析の見通しが良くなる可能性は高い．

しかしながら，例えば，応用上のデータについて，真の回帰式が低次の多項式によって記述できるケースは少ないかもしれない．したがって，パラメトリック回帰は真の回帰式を正確に近似するというタスクには向かないかもしれない．ただし，多項式の次数を増やすことで，より柔軟な非線形性を記述できることはこれまでにもみてきた．ここでは，その極端な延長として，サンプル数と同じパラメータ数（項数）をもつ線形回帰式を考える．この回帰式は，後述するように，すべてのサンプルを通る曲線を構成できる．このため，実質的には，真の回帰式が複雑であっても記述可能であり，高い自由度をもつ回帰式を利用するという意味で，このタイプの回帰式もノンパラメトリック回帰と考えてよい．

前節で定義した入出力サンプルに対する

$$f_{\boldsymbol{\beta}}(\boldsymbol{x}) = \sum_{j=1}^{n} \beta_j K_j(\boldsymbol{x}), \quad \boldsymbol{x} \in \mathbb{R}^m \tag{5.6}$$

による線形回帰を考える．ただし，$\boldsymbol{\beta} = (\beta_1, \ldots, \beta_n)^\top$ である．この問題は，サンプル数と同じ数の関数の線形結合によるフィッティングであり，高い自由度の回帰式と考えられる．以下では，K_j

のことを**成分**ということがある．このタイプの回帰式を用いる場合は，最小二乗法を適用しても，オーバーフィッティングが生じる．そもそも，n が大きいときには，特別なケースを除き，コンピュータによる逆行列の計算が困難となり，最小二乗推定量を求めることができない（第1章に述べた多重共線性の問題である）．

いま，$\mathbf{K}$ を (i,j) 要素が $K_j(\boldsymbol{x}_i)$ である $n \times n$ 行列とする．ここで，$\mathbf{K}$ の j 番目の列ベクトルを $\boldsymbol{k}_j := (K_j(\boldsymbol{x}_1), \ldots, K_j(\boldsymbol{x}_n))^\top$ と定義する．このとき，$\boldsymbol{k}_1, \ldots, \boldsymbol{k}_n$ が線形独立であれば，$\mathbf{K}$ は正則であり，したがって，$\mathbf{K}^\top\mathbf{K}$ は正則だから，理論的には最小二乗推定量が一意に決まる（ただし，その値がコンピュータによって正確に求められるとは限らない）．$\mathbf{K}$ が正則であるとき，最小二乗推定量は，式 (1.11) より，

$$\widetilde{\boldsymbol{\beta}} = (\mathbf{K}^\top\mathbf{K})^{-1}\mathbf{K}^\top\boldsymbol{y} = \mathbf{K}^{-1}(\mathbf{K}^\top)^{-1}\mathbf{K}^\top\boldsymbol{y} = \mathbf{K}^{-1}\boldsymbol{y}$$

となる．このとき，残差二乗和は，

$$S(\widetilde{\boldsymbol{\beta}}) = \|\boldsymbol{y} - \mathbf{K}\widetilde{\boldsymbol{\beta}}\|^2 = \|\boldsymbol{y} - \mathbf{K}\mathbf{K}^{-1}\boldsymbol{y}\|^2 = \|\boldsymbol{y} - \boldsymbol{y}\|^2 = 0$$

となる．すなわち，すべてのサンプルを通る曲線が推定されることになり，サンプルにノイズが重畳していることを考えると，明らかにオーバーフィッティングである．したがって，項数の制限や正則化法が必要となる．

この問題は線形回帰であるから，線形回帰に対する方法がそのまま利用できる．例えば，3.2.2 項で見たように，$\lambda \geq 0$ を正則化パラメータとして，コスト関数を

$$C(\boldsymbol{\beta}) = \|\boldsymbol{y} - \mathbf{K}\boldsymbol{\beta}\|^2 + \lambda\|\boldsymbol{\beta}\|^2 \tag{5.7}$$

とした ℓ_2 正則化推定量は，

$$\widehat{\boldsymbol{\beta}} = (\mathbf{K}^\top\mathbf{K} + \lambda\mathbf{I}_n)^{-1}\mathbf{K}^\top\boldsymbol{y} \tag{5.8}$$

となる．ここで，$\widehat{\boldsymbol{\beta}} = (\widehat{\beta}_1, \ldots, \widehat{\beta}_n)^\top$ である．このとき，任意に与えられた $\boldsymbol{x} \in \mathbb{R}^m$ に対する（推定された）回帰式の値は，

$$\widehat{f}(\boldsymbol{x}) = \sum_{j=1}^{n} \widehat{\beta}_j K_j(\boldsymbol{x})$$

によって求められる．ノンパラメトリック回帰では正則化パラメータ λ の選択が非常に重要となり，一般には，クロス・バリデーションが利用される．このとき，3.3.4 項で述べた検証誤差の計算も適用できる．一方，3.2.3 項の LASSO あるいは Elastic net を導入して，正則化パラメータをクロス・バリデーションによって選択すれば，汎化性をもつように項数の制限ができる．また，貪欲法にクロス・バリデーションを適用して項数を制限することも考えられる．

ここで，K は j のみに依存する関数としているが，K_j はパラメータをもつ場合が一般的である．例えば，K_j として，j 番目の入力点 $\boldsymbol{x}_j$ を中心とするガウス関数を用いることを考えると，

$$K_{\boldsymbol{\Sigma},j}(\boldsymbol{x}) = \exp\left\{-(\boldsymbol{x} - \boldsymbol{x}_j)^\top\boldsymbol{\Sigma}^{-1}(\boldsymbol{x} - \boldsymbol{x}_j)\right\} \tag{5.9}$$

とすればよい．ただし，$\boldsymbol{\Sigma}$ は $n \times n$ 正定値行列であり，その (i,j) 要素を $\sigma_{i,j}$ とする．このとき，$\boldsymbol{\Sigma}$ は，推定すべきパラメータ（係数）とは異なり，係数を推定する際に予め決めておくパラメータ，すなわち，ハイパーパラメータである．式 (5.9) は自由度は高いが，決めるべきハイパーパラメータ数が多くなることから，通常は，$\tau^2 > 0$ をハイパーパラメータとして，$\boldsymbol{\Sigma} = \tau^2 \mathbf{I}_n$ とし，

$$K_{\tau,j}(\boldsymbol{x}) = \exp\left\{-\frac{1}{\tau^2}\|\boldsymbol{x} - \boldsymbol{x}_j\|^2\right\} \tag{5.10}$$

を採用することが多い．このとき，τ^2 はガウス関数の分散パラメータであることから，τ が大きいと $K_{\tau,j}$ はなだらかな関数となり，τ が小さいと尖った関数となる．このパラメータの調整により，回帰式の形状が大きく異なってくることは明らかである．このとき，正則化法を用いるとすると，ハイパーパラメータは (λ, τ) であるから，最適な値の組をクロス・バリデーションによる 2 次元的な探索で見つける必要がある．

一方で，τ をデータに合うように推定することも考えられる．しかしながら，これは非線形回帰の問題となり，式 (5.8) のように陽に解を求めることはできず，非線形最適化の方法が必要となる．非線形回帰については次章で述べる．線形回帰の延長としてのノンパラメトリック回帰は，そのモチベーション，構成法（計算量を含む）および正則化の導入の点で，Nadaraya-Watson 推定量と違いはあるが，いずれも $\boldsymbol{y}$ の線形変換で構成される推定量であるという共通性をもつことに注意する．

ここで，ℓ_2 正則化は係数についてのペナルティであったが，$\mathbf{K}$ を正定値行列となるように選ぶものとして，次のようなペナルティを付加したコスト関数：

$$C(\boldsymbol{\beta}) = \|\boldsymbol{y} - \mathbf{K}\boldsymbol{\beta}\|^2 + \lambda \boldsymbol{\beta}^\top \mathbf{K}^\top \boldsymbol{\beta}$$

を最小化するパラメータ推定を考える．この解は ℓ_2 正則化の場合と同様に計算できて，さらに，$\mathbf{K}$ が対称かつ正則とすると，

$$\widehat{\boldsymbol{\beta}} = (\mathbf{K}^\top\mathbf{K} + \lambda\mathbf{K}^\top)^{-1}\mathbf{K}^\top\boldsymbol{y} = (\mathbf{K} + \lambda\mathbf{I}_n)^{-1}(\mathbf{K}^\top)^{-1}\mathbf{K}^\top\boldsymbol{y} = (\mathbf{K} + \lambda\mathbf{I}_n)^{-1}\boldsymbol{y}$$

となる．この解は**カーネルリッジ回帰**と呼ばれるものである．ここで導入したペナルティは係数（パラメータ）の $\mathbf{K}$ による重み付き和となっており，正則化の議論上は，少し不自然なようにも思われる．ただし，$\boldsymbol{\beta}$ の二次形式という意味で，回帰式の変動に対するペナルティの役割は果たしている．実は，このペナルティ項は，線形回帰に対する ℓ_2 正則化をカーネル法と呼ばれる方法によって拡張した下で自然に現れる．

これらの方法では，サンプル数 n が大きいと，応用上，$\mathbf{K}$ に関わる行列計算に時間がかかるという問題がある．特に，$n \times n$ 行列の逆行列を求めるのは大変である．したがって，例えば，$\mathbf{K}$ を低ランク近似するなど数値計算的な工夫が不可欠となる（例えば [43]）．

5.1.3 ノンパラメトリック回帰の ℓ_2 正則化推定の例

ここでは，式 (5.10) で与えられるガウス関数を用いた線形回帰の延長としてのノンパラメトリック回帰の例を示す．コード 5.1 に数値例のスクリプトを示す．

2 ～ 6 行目：入出力サンプルを生成している．真の回帰式 `tf` は sin 関数とし，加法雑音は正

```
1  # サンプルの生成
2  set.seed(2017)
3  n <- 100; sigma <- 0.2
4  x <- 2*(0:(n - 1)) / (n - 1) - 1
5  tf <- sin(2 * pi * x)
6  y <- tf + rnorm(n, 0, sigma)
7  # デザイン行列の構成
8  K <- NULL; tau <- 0.02
9  for (j in 1:n) K <- cbind(K, exp(-(x - x[j])^2 / tau))
10 # 正則化パラメータの候補集合の生成
11 rpset <- seq(-8, 2, 2); rpset <- 10^rpset; rpset <- sort(rpset)
12 # LOOCV 誤差の計算
13 loocve <- NULL
14 for (rp in rpset) {
15   H <- K %*% solve(t(K) %*% K + rp * diag(n)) %*% t(K)
16   f <- H %*% y
17   loocve <- c(loocve, sum((y - f)^2 / (1 - diag(H))^2) / n)
18 }
19 # LOOCV 誤差を最小とする正則化パラメータ値の特定
20 minpos <- which.min(loocve); rpmin <- rpset[minpos]
21 # 各正則化パラメータ値での出力
22 H <- K %*% solve(t(K) %*% K + rpmin*diag(n)) %*% t(K)
23 fest <- H %*% y
24 H <- K %*% solve(t(K) %*% K + rpset[1]*diag(n)) %*% t(K)
25 fmin <- H %*% y
26 H <- K %*% solve(t(K) %*% K + rpset[length(rpset)]*diag(n)) %*% t(K)
27 fmax <- H %*% y
```

コード 5.1　ノンパラメトリック回帰の ℓ_2 正則化推定の例

規分布 $N(0, 0.2^2)$ からの擬似乱数として，出力サンプル `y` を生成している．サンプル数 `n` は 100 である．

8 ～ 9 行目：ノンパラメトリック回帰式を構成する `n` 個の関数の出力を計算し，デザイン行列 `K` を構成している．`K` は，(i, j) 要素が $K_{\tau,j}(x_i)$ である 100×100 行列である．ガウス関数の幅 τ は `tau` であり，ここでは 0.02 で固定してある．

11 行目：正則化パラメータの候補を `rpset` に格納しており，それは $\{10^{-8}, 10^{-7}, \ldots, 10^2\}$ である．

14 ～ 18 行目：このループでは正則化パラメータを候補の中で変えながら LOOCV 誤差を求めている．このときの ℓ_2 正則化推定量は線形推定量であるから LOOCV 誤差を式 (3.26) を用いてワンショットで計算できることに注意する．正則化パラメータの各候補値での LOOCV 誤差は `loocve` に格納される．

20 行目：LOOCV 誤差を最小とする正則化パラメータ値を `rpmin` に格納している．

22 ～ 27 行目：LOOCV 誤差の最小値を与える正則化パラメータの最適値における出力 `fest`，候補の中の最小値における出力 `fmin` および最大値における出力 `fmax` を計算している．

求められた各出力を図 5.2 に示す．(a) は真の出力（真の回帰式の出力）とサンプルである．(b), (c) および (d) は真の出力と，それぞれ，`fmin`，`fmax` および `fest` を示している．正則化パラメータの値が小さいと出力の自由度が高いのでオーバーフィッティングが生じ，大きいと推定された出力（回帰係数の値）が零に縮小されている様子がわかる．一方で，LOOCV 誤差最小化によって選ばれた正則化パラメータ値では，真の出力に近い出力が推定されていることがわかる．

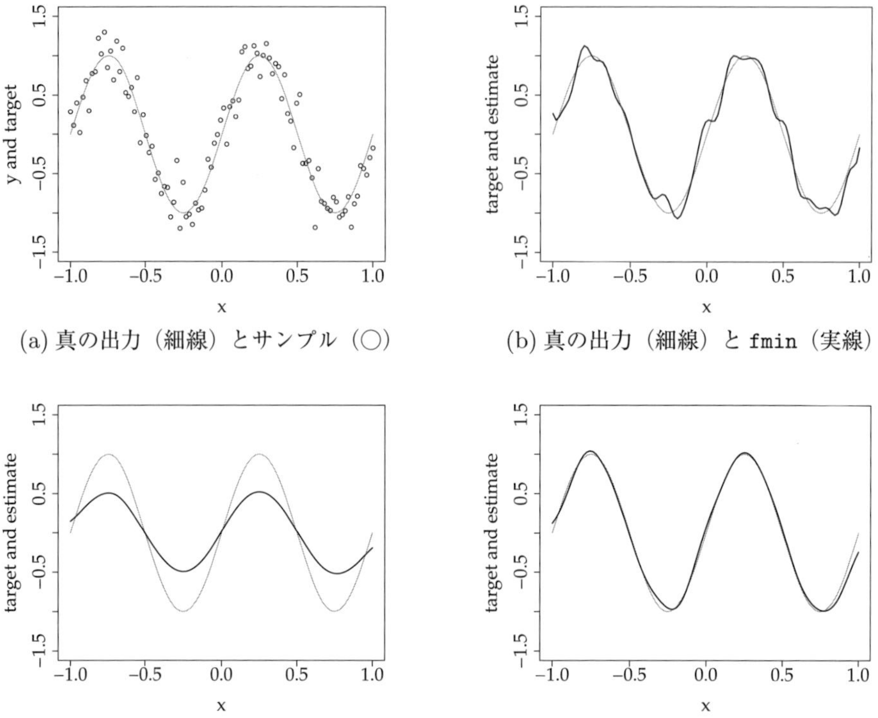

(a) 真の出力（細線）とサンプル（○）　(b) 真の出力（細線）と `fmin`（実線）

(c) 真の出力（細線）と `fmax`（実線）　(d) 真の出力（細線）と `fest`（実線）

図 5.2　ノンパラメトリック回帰の ℓ_2 正則化推定の結果

5.2　離散ウェーブレット変換

5.2.1　ノンパラメトリック直交回帰

以下では，ノンパラメトリック回帰の典型例として，信号処理分野において用いられている離散ウェーブレット変換を解説する．

離散フーリエ変換や離散ウェーブレット変換は信号処理の様々な場面で応用される方法である．機械学習の分野でも音声処理・認識などにおける特徴抽出にこれらの変換が用いられることもある．これらはいずれも，サンプルのある種の変換として定義されるが，ノンパラメトリック回帰の文脈で考えることもできる．特に，時系列の問題では，時刻を t とした信号 $y(t)$ について，ある時刻 t_i での観測値（サンプル）を $y_i = y(t_i)$ としたとき，$\{(t_i, y_i) \mid i = 1, \ldots, n\}$ が与えられた状況を考える．これに対する回帰式 $f_{\boldsymbol{\beta}}(t)$ は時間関数である．通常，サンプリングの時間間隔は等間隔である．その間隔を**サンプリング周期**といい，サンプリング周期の逆数を**サンプリング周波数**という．サンプリング周期の単位が「秒」であるとき，サンプリング周波数の単位は「Hz」（ヘルツ）とされる．

まず，ここでの設定を一般化して定式化しておく．式 (5.6) を回帰式とするノンパラメトリック回帰において，$\gamma > 0$ として，K_j，$j = 1, \ldots, n$ が直交性：

$$\sum_{i=1}^{n} K_j(\boldsymbol{x}_i) K_k(\boldsymbol{x}_i) = \begin{cases} \gamma & (j = k) \\ 0 & (j \neq k) \end{cases} \tag{5.11}$$

すなわち，

$$\mathbf{K}^\top \mathbf{K} = \gamma \mathbf{I}_n \tag{5.12}$$

を満たす場合を考える．$\gamma = 1$ のとき，この条件を**正規直交性**という．式 (5.12) を満たす場合のノンパラメトリック回帰をここでは**ノンパラメトリック直交回帰**ということにする．ノンパラメトリック直交回帰において，係数の最小二乗推定量は，

$$\widetilde{\boldsymbol{\beta}} = (\mathbf{K}^\top \mathbf{K})^{-1} \mathbf{K}^\top \boldsymbol{y} = \frac{1}{\gamma} \mathbf{K}^\top \boldsymbol{y} \tag{5.13}$$

で与えられる．ただし，$\widetilde{\boldsymbol{\beta}} = (\widetilde{\beta}_1, \ldots, \widetilde{\beta}_n)^\top$ である．すなわち，$\boldsymbol{y}$ の $\mathbf{K}$ による線形変換によって $\widetilde{\boldsymbol{\beta}}$ が得られるとみることができる．特に，$\mathbf{K}$ が直交性を満たすので，この変換を**直交変換**という．離散フーリエ変換や離散ウェーブレット変換はいずれもこの形で書ける．直交性 (5.12) より，

$$\boldsymbol{y} = \gamma \mathbf{K} \widetilde{\boldsymbol{\beta}} \tag{5.14}$$

が成り立つ．これは，$\widetilde{\boldsymbol{\beta}}$ から $\boldsymbol{y}$ への逆変換となる．

式 (5.13) より

$$\widetilde{\beta}_j = \frac{1}{\gamma} \boldsymbol{k}_j^\top \boldsymbol{y}, \quad j = 1, \ldots, n \tag{5.15}$$

である．ただし，$\boldsymbol{k}_j$ は前述したように $\mathbf{K}$ の第 j 列ベクトルである．すなわち，個々の $\widetilde{\beta}_j$ は $\boldsymbol{k}_j$ のみによって決まり，他の $\boldsymbol{k}_i$，$i \neq j$ には依存しない．また，$\widetilde{\beta}_j$ が $\boldsymbol{k}_j$ と出力サンプルの内積で与えられることは，幾何学的に考えると，$\boldsymbol{y}$ を $\boldsymbol{k}_j$ に射影したベクトルの長さが $|\widetilde{\beta}_j|$ に対応することを意味する．このことは，A.1 節に示す内積の演算の性質からわかる．したがって，$\boldsymbol{y}$ が $\boldsymbol{k}_j$ とどれくらい似ているかを表しているともいえる．あるいは，逆に，出力サンプル $\boldsymbol{y}$ が関数 K_j の成分をどれくらいもっているかというとらえ方もできる．実際，例えば，離散フーリエ変換の場合には，K_j が適当な周波数をもつ正弦波関数であり，係数 $\widetilde{\boldsymbol{\beta}}_j$ は，信号がその周波数成分 K_j をどの程度含んでいるかを表しているという見方をすることで，信号の周波数分析が可能となる．

5.2.2 直交変換としての離散ウェーブレット変換

ウェーブレット変換は，大雑把に言うと，マザー・ウェーブレットと呼ばれる一つの（局在する）関数形を考え，その時間軸上での位置と伸縮（スケール）を変えた関数の集合を構成し，その線形結合によって信号を展開することで実現される．すなわち，位置とスケールの異なるマザー・ウェーブレットの線形結合によって信号を表現するのが**ウェーブレット変換**である．この展開において，スケールは展開の解像度に対応する．スケールに応じて，例えば，関数の局在する時間軸上の範囲が狭くなれば局所的な解像度は高くなる．一方で，広くなれば，信号の全体的な傾向をとらえるこ

とになるため，時間軸上の解像度は低くなる．この意味で，ウェーブレット変換による信号の解析は**多重解像度解析**と呼ばれている．

離散ウェーブレット変換は，有限個のサンプルから計算される近似的なウェーブレット変換である．離散ウェーブレット変換の背景となる理論は複雑であるため，ここでは，その詳細には立ち入らないが，結果的には，離散ウェーブレット変換は，サンプルの直交変換あるいはディジタル・フィルタの出力として記述される．本書では，この流れで話を進める．ウェーブレット変換の理論については，例えば，[10] などが参考になる．なお，離散ウェーブレット変換は，サンプルの線形変換によって係数を求めるという意味で，ノンパラメトリック回帰としてとらえることができる．

以下では，時系列サンプル $\boldsymbol{y} = (y_1 \ldots, y_n)^\top$ の離散ウェーブレット変換を与える．y_i は時刻 t_i でのサンプルと考えればよい．

k 番目の要素を p_k とする実数列が，$k \notin \{0, \ldots, K-1\}$ に対して $p_k = 0$ であって，$p_0 \neq 0$ かつ $p_{K-1} \neq 0$ であり，整数 m に対して，

$$\sum_{k=0}^{K-1} p_k p_{k-2m} = \delta_m \tag{5.16}$$

を満たすものとする．ただし，

$$\delta_m := \begin{cases} 1 & (m = 0) \\ 0 & (m \neq 0) \end{cases}$$

である．すなわち，実数列についてある種の直交性を仮定している．K を偶数として，$\boldsymbol{p}_K = \{p_0, \ldots, p_{K-1}\}$ を定義する．$\boldsymbol{p}_K$ を**ツースケール数列**という．離散ウェーブレット変換はこのツースケール数列によって決まる．ツースケール数列はウェーブレット変換の理論に基づいて与えられるもので，想定するマザー・ウェーブレットに応じて決まる．マザー・ウェーブレットとしては様々なものが提案されているので，それに応じた様々な数列がある．具体例は後述する．

一方，

$$q_k^\diamond := (-1)^k p_{1-k}$$

と定義し，

$$q_k := q^\diamond_{-K+2+k}$$

と定義すると，$q_k^\diamond$ の定義を介して，K が偶数なので，

$$q_k = (-1)^k p_{K-1-k} \tag{5.17}$$

となる．すなわち，$q_0 = p_{K-1}$，$q_1 = -p_{K-2}, \ldots, q_{K-2} = p_1$，$q_{K-1} = -p_0$ である．$\boldsymbol{q}_K = \{q_0, \ldots, q_{K-1}\}$ とする．このとき，p_k に対する定義から，$k \notin \{0, 1, \ldots, K-1\}$ に対して $q_k = 0$ である．$k = 0, 1, \ldots, K-1$ に対して，$K-1-k = K-1, K-2, \ldots, 0$ であることから，q_k の定義と式 (5.16) より，

$$\begin{aligned}\sum_{k=0}^{K-1} q_k q_{k-2m} &= \sum_{k=0}^{K-1} (-1)^k p_{K-1-k} (-1)^{k-2m} p_{K-1-k+2m} \\ &= \sum_{k=0}^{K-1} p_{K-1-k} p_{K-1-k+2m} = \sum_{k=0}^{K-1} p_k p_{k+2m} = \delta_m \end{aligned} \tag{5.18}$$

となる．また，p_k と q_k の関係および K が偶数であることから，任意の m に対して，

$$\begin{aligned}\sum_{k=0}^{K-1} p_k q_{k-2m} &= \sum_{k=0}^{K-1} p_k (-1)^{k-2m} p_{K-1-k+2m} = \sum_{k=0}^{K-1} (-1)^k p_k p_{K-1-k+2m} \\ &= \sum_{k=0}^{K-1} (-1)^k (-1)^{K-1-k} q_{K-1-k} p_{K-1-k+2m} \\ &= -\sum_{k=0}^{K-1} q_{K-1-k} p_{K-1-k+2m} = -\sum_{k=0}^{K-1} q_k p_{k+2m} = -\sum_{k=0}^{K-1} q_{k-2m} p_k \end{aligned}$$

が成り立つ．ここで，最後の等号では，$k \notin \{0, 1, \ldots, K-1\}$ に対して $p_k = q_k = 0$ であることを用いた．この式より，

$$\sum_{k=0}^{K} p_k q_{k-2m} = 0 \tag{5.19}$$

でなければならない．

離散ウェーブレット変換を考える上で，J を適当な自然数として，サンプル数について，$n = 2^J$ であることを仮定する．$n_j := 2^j$ と定義する．このとき，$n = n_J$ である．$\boldsymbol{p}_K$ と $\boldsymbol{q}_K$ の要素を用いて，$n_{j-1} \times n_j$ 行列 $\mathbf{P}_j$ と $\mathbf{Q}_j$ を

$$\mathbf{P}_j := \begin{pmatrix} p_0 & p_1 & p_2 & p_3 & \cdots & p_{K-2} & p_{K-1} & 0 & 0 & \cdots & 0 & 0 \\ 0 & 0 & p_0 & p_1 & \cdots & p_{K-4} & p_{K-3} & p_{K-2} & p_{K-1} & \cdots & \vdots & \vdots \\ 0 & 0 & 0 & 0 & \cdots & p_{K-6} & p_{K-5} & p_{K-4} & p_{K-3} & \vdots & \vdots & \vdots \\ \vdots & \vdots & \vdots & \vdots & \vdots & \vdots & \vdots & \vdots & \vdots & \vdots & \vdots & \vdots \\ p_2 & p_3 & p_4 & p_5 & \cdots & 0 & 0 & 0 & 0 & \cdots & p_0 & p_1 \end{pmatrix} \tag{5.20}$$

および

$$\mathbf{Q}_j := \begin{pmatrix} q_0 & q_1 & q_2 & q_3 & \cdots & q_{K-2} & q_{K-1} & 0 & 0 & \cdots & 0 & 0 \\ 0 & 0 & q_0 & q_1 & \cdots & q_{K-4} & q_{K-3} & q_{K-2} & q_{K-1} & \cdots & \vdots & \vdots \\ 0 & 0 & 0 & 0 & \cdots & q_{K-6} & q_{K-5} & q_{K-4} & q_{K-3} & \vdots & \vdots & \vdots \\ \vdots & \vdots & \vdots & \vdots & \vdots & \vdots & \vdots & \vdots & \vdots & \vdots & \vdots & \vdots \\ q_2 & q_3 & q_4 & q_5 & \cdots & 0 & 0 & 0 & 0 & \cdots & q_0 & q_1 \end{pmatrix} \tag{5.21}$$

と定義し，$n_j \times n_j$ 行列 $\mathbf{W}_j$ を

$$\mathbf{W}_j := \begin{pmatrix} \mathbf{P}_j \\ \mathbf{Q}_j \end{pmatrix} \tag{5.22}$$

と定義する．式 (5.16)，式 (5.18) および式 (5.19) を利用して計算すると，$\mathbf{W}_j$ は正規直交行列となることが示される．すなわち，$\mathbf{W}_j^\top \mathbf{W}_j = \mathbf{I}_{n_j}$ である．また，$\mathbf{O}_{k,l}$ を $k \times l$ 零行列として，

$$\overline{\mathbf{W}}_j := \begin{pmatrix} \mathbf{W}_j & \mathbf{O}_{n_j, n-n_j} \\ \mathbf{O}_{n-n_j, n_j} & \mathbf{I}_{n-n_j} \end{pmatrix}$$

と定義する．ただし，$\overline{\mathbf{W}}_J = \mathbf{W}_J$ と定義する．このとき，$\mathbf{W}_j$ が正規直交行列であることから，$\overline{\mathbf{W}}_j$ も正規直交行列となることは明らかである．

さて，離散ウェーブレット変換を定義しよう．$\boldsymbol{c}_J = \boldsymbol{y}$ として，

$$\boldsymbol{c}_{j-1} := \mathbf{P}_j \boldsymbol{c}_j \tag{5.23}$$

$$\boldsymbol{d}_{j-1} := \mathbf{Q}_j \boldsymbol{c}_j \tag{5.24}$$

を定義する．このとき，$\boldsymbol{c}_{j-1} \in \mathbb{R}^{n_{j-1}}$ および $\boldsymbol{d}_{j-1} \in \mathbb{R}^{n_{j-1}}$ である．この変換を $j = J, J-1, \ldots, j_0+1$ について実行すれば，$\boldsymbol{c}_{j_0}$ および $\overline{\boldsymbol{d}}_{j_0} = (\boldsymbol{d}_{j_0}^\top, \ldots, \boldsymbol{d}_{J-1}^\top)^\top$ が得られる．$\overline{\boldsymbol{w}}_j = (\boldsymbol{c}_j^\top, \overline{\boldsymbol{d}}_j^\top)^\top$ と定義する．インデックス j を**レベル**といい，$\boldsymbol{y}$ から $\overline{\boldsymbol{w}}_{j_0}$ への変換をレベル j_0 における**離散ウェーブレット変換**という．いま，$\boldsymbol{w}_j = (\boldsymbol{c}_j^\top, \boldsymbol{d}_j^\top)^\top$ と定義すると，$\overline{\boldsymbol{w}}_j = (\boldsymbol{w}_j^\top, \boldsymbol{d}_{j+1}^\top, \ldots, \boldsymbol{d}_{J-1}^\top)^\top$ である．このとき，式 (5.23) と式 (5.24) は，

$$\boldsymbol{w}_{j-1} = \mathbf{W}_j \boldsymbol{c}_j \tag{5.25}$$

と書けるから，$\overline{\mathbf{W}}_j$ の定義より，

$$\overline{\boldsymbol{w}}_{J-1} = \overline{\mathbf{W}}_J \boldsymbol{y},\ \overline{\boldsymbol{w}}_{J-2} = \overline{\mathbf{W}}_{J-1} \overline{\boldsymbol{w}}_{J-1}, \ldots, \overline{\boldsymbol{w}}_{j_0} = \overline{\mathbf{W}}_{j_0+1} \overline{\boldsymbol{w}}_{j_0+1}$$

となる．したがって，

$$\mathbf{H}_j := \overline{\mathbf{W}}_j \overline{\mathbf{W}}_{j+1} \cdots \overline{\mathbf{W}}_J$$

とおくと，レベル j_0 における離散ウェーブレット変換は，

$$\overline{\boldsymbol{w}}_{j_0} = \mathbf{H}_{j_0+1} \boldsymbol{y}$$

と書ける．このとき，任意の j に対して $\overline{\mathbf{W}}_j$ が直交行列であることから，$\mathbf{H}_{j_0+1}$ は直交行列であることはすぐにわかる．すなわち，離散ウェーブレット変換はサンプル $\boldsymbol{y}$ の直交変換である．

一方で，正規直交行列の性質（式 (5.12) において $\gamma = 1$ の場合）より，$\mathbf{W}_j^{-1} = \mathbf{W}_j^\top$ であるから，各レベル j において，

$$\boldsymbol{c}_j = \mathbf{W}_j^{-1} \boldsymbol{w}_{j-1} = \mathbf{W}_j^\top \boldsymbol{w}_{j-1} \tag{5.26}$$

が成り立つ．すなわち，レベル $j-1$ での $\boldsymbol{w}_{j-1} = (\boldsymbol{c}_{j-1}^\top, \boldsymbol{d}_{j-1})^\top$ から $\boldsymbol{c}_j$ を簡単に再構成できる．さらに，$\mathbf{H}_{j_0+1}$ が直交行列であることから，

$$\boldsymbol{y} = \mathbf{H}_{j_0+1}^{-1} \overline{\boldsymbol{w}}_{j_0} = \overline{\mathbf{W}}_{j_0+1}^\top \cdots \overline{\mathbf{W}}_J^\top \overline{\boldsymbol{w}}_{j_0}$$

により $\overline{\boldsymbol{w}}_{j_0}$ から元のサンプルを復元（再構成）できる．これを**逆離散ウェーブレット変換**という．

5.2.3 フィルタ処理としての離散ウェーブレット変換

$\mathbf{H}_{j_0+1}$ は $n \times n$ 行列であるから，サンプル数が大きいときには，離散ウェーブレット変換および逆変換を行列操作によって実行することは難しい．また，一般的には，$K \ll n$ ととることが多く，このときには，各 $\overline{\mathbf{W}}_j$ は疎な行列となっているから，変換と逆変換の行列計算には無駄が多い．したがって，実装には，行列計算を成分ごとに書きなおした単純な計算方法が用いられており [26]，この方法は，ディジタル信号処理における**フィルタ処理**となっている．

いま，$\boldsymbol{c}_j$ の第 k 要素を $c_{j,k}$，$\boldsymbol{d}_j$ の第 k 要素を $d_{j,k}$ とする．$c_{j,k}$ と $d_{j,k}$ について $1 \leq k \leq n_j$ である．計算の便宜上，整数 k に対して $c_{j,n_j+k} = c_{j,k}$ および $d_{j,n_j+k} = d_{j,k}$ と定義しておく．これはある種の周期性（巡回性）である．この定義の下で，変換式 (5.23) および (5.24) は，$k = 1, \ldots, n_{j-1}$ に対して，

$$c_{j-1,k} = \sum_{l=0}^{K-1} p_l c_{j,2(k-1)+1+l} \tag{5.27}$$

$$d_{j-1,k} = \sum_{l=0}^{K-1} q_l c_{j,2(k-1)+1+l} \tag{5.28}$$

と書ける．すなわち，レベル j での変換は，$\boldsymbol{p}_K$ および $\boldsymbol{q}_K$ をフィルタ係数とするフィルタに $\boldsymbol{c}_j$ を入力としたときの出力とみることができる．特に，ツースケール数列（係数）$\boldsymbol{p}_K$ および $\boldsymbol{q}_K$ によるフィルタは，一般に，それぞれ，**ローパスフィルタ**（低周波成分を通すフィルタ）および**ハイパスフィルタ**（高周波成分を通すフィルタ）を構成することが知られている（そうなるように係数が決まる）．$\boldsymbol{c}_j$ は，各 j においてローパスフィルタを通したものであることから，前のレベルの係数の大まかな部分の情報を担っていると考えられ，$\boldsymbol{c}_j$ を**近似** (approximation) **係数**という．一方，$\boldsymbol{d}_j$ は各 j においてハイパスフィルタを通した信号であり，前のレベルの係数の急峻に変化する部分の情報を担っていると考えられ，$\boldsymbol{d}_j$ を**詳細** (detail) **係数**という．式 (5.27) と式 (5.28) を**分解アルゴリズム**という．

離散ウェーブレット変換では，通常，$K \ll n$ である．このとき，変換の定義から明らかなように，レベル $J-1$ においては，時系列サンプル $\boldsymbol{y}$ に局在化した $\boldsymbol{p}_K$ をもつローパスフィルタと $\boldsymbol{q}_K$ をもつハイパスフィルタをずらしながら適用していることになる．このとき，近似係数にはサンプルの大まかな形状に関する情報が保持され，詳細係数には急峻な変化の情報が，（局在性から）その発生時刻の情報とともに保持される．次のレベル $J-2$ では，ローパスフィルタを通した係数にさらに同じ処理を行う．このとき，ダウンサンプリング（サンプル数を 1/2 に減らす操作）されて情報は粗くなるが，$\boldsymbol{y}$ 上で考えると，レベル $J-1$ より広い範囲で局在化したフィルタを通すことになる．これにより，近似係数には，サンプルのさらに大まかな形状に関する情報が保持され，詳細係数には，急峻ではあるがレベル $J-1$ より緩い変化の情報が保持される．同様に，各レベル j に応じて，大まかな形状と急峻な情報が抽出されるが，レベルが小さくなるごとにダウンサンプリングされるので，情報としては粗くなる．

一方，$\mathbf{W}_j$ の直交性より，レベル $j-1$ の近似係数と詳細係数からレベル j の近似係数を求めるアルゴリズムもフィルタ処理として記述できる．分解アルゴリズムの場合と同様に，整数 k に対して，$c_{j,n_j+k} = c_{j,k}$ および $d_{j,n_j+k} = d_{j,k}$ と定義する．$\mathbf{W}_j$ の構成に注意すると，式 (5.26) より，

$k = 1, \ldots, n_{j-1}$ に対して，

$$c_{j,2k-1} = \sum_{l=0}^{K-1} \{p_{2l} c_{j-1,k-l} + q_{2l} d_{j-1,k-l}\} \tag{5.29}$$

$$c_{j,2k} = \sum_{l=0}^{K-1} \{p_{2l-1} c_{j-1,k-l} + q_{2l-1} d_{j-1,k-l}\} \tag{5.30}$$

として計算できる．これを**再構成アルゴリズム**という．以上の分解アルゴリズムと再構成アルゴリズムにより，離散ウェーブレット変換と逆離散ウェーブレット変換を効率的に行える．

5.2.4 雑音除去とモデル選択

例えば，離散フーリエ変換は，時間領域から周波数領域への直交変換であり，逆離散フーリエ変換はその逆変換である．一般に，時間領域での表現ではわからなかったことが，周波数領域での表現によってわかるケースがあり，それが離散フーリエ変換による周波数解析の利点である．これは一種の特徴抽出である．特に，音声などの情報は低い声が低い周波数成分に，高い声が高い周波数成分に対応していることから，離散フーリエ変換を音声認識に利用することは自然である．さらに，周波数領域で周波数成分を編集した後に時間領域に逆離散フーリエ変換で戻せば，音声の加工が可能である．

一方で，離散ウェーブレット変換によって得られた近似係数と詳細係数もまた，指定したマザーウェーブレットの下での特徴とみなすことができる．すなわち，離散ウェーブレット変換という直交変換はある種の特徴抽出とみなせる．これにより，離散フーリエ変換の場合と同様に，その特徴に基づき，信号の分析，分類および編集が可能である．離散ウェーブレット変換では，基本的には，信号の中の局在する時間変化を特徴として抽出している．一方で，レベルを下げていく過程で，抽出する範囲は広くなる．こうしたことから，詳細係数と近似係数には，元の信号の局所的な変化と大域的な変化の情報がレベルに応じて取り出されている．つまり，離散ウェーブレット変換は，信号の局在性と分解能に着目した多重解像度解析を離散的に実現する方法となっている．これにより，例えば，観測信号に雑音成分以外の本質的で急激な変化があっても（真の回帰式が急激に変化する場合でも），それが詳細係数に反映されることになる（Haar のマザーウェーブレットを採用した後述の数値例を参照してほしい）．こうした性質のため，離散ウェーブレット変換は，非定常性をもつ一般的な信号の雑音除去に用いられる．

レベル j における離散ウェーブレット変換：

$$\overline{\boldsymbol{w}}_j = \mathbf{H}_j \boldsymbol{y}$$

によって得られる近似係数と詳細係数の組は $\overline{\boldsymbol{w}}_j = (\boldsymbol{c}_j^\top, \boldsymbol{d}_{j+1}^\top, \ldots, \boldsymbol{d}_{J-1}^\top)^\top \in \mathbb{R}^n$ である．以下では，簡単のため，$\overline{\boldsymbol{w}}_j$ の i 番目の要素を $\overline{w}_{j,i}$ と書くことにする．雑音の重畳したサンプル $\boldsymbol{y} = (y_1, \ldots, y_n)^\top$ に対して，離散ウェーブレット変換による雑音除去は以下のような手順となる．

1. 予め決めたレベル j_0 における近似係数と詳細係数の組 $\overline{\boldsymbol{w}}_{j_0}$ を得る．
2. 雑音除去のための適当な変換 $\Theta : \mathbb{R}^n \mapsto \mathbb{R}^n$ により，$\boldsymbol{v}_{j_0} = \Theta(\overline{\boldsymbol{w}}_{j_0})$ を得る．

3. 逆離散ウェーブレット変換により，

$$\widetilde{\boldsymbol{y}}_{j_0,\Theta} = \mathbf{H}_{j_0}^{\top}\boldsymbol{v}_{j_0}$$

を得る．$\widetilde{\boldsymbol{y}}_{j_0,\Theta}$ を各サンプル点において $\boldsymbol{y}$ から雑音を除去した値として採用する．

すなわち，レベル j_0 での係数に現れる雑音成分を変換 Θ によって除去し，逆変換により，その雑音を除去した信号を得ることになる．

なお，上記では，手順をわかりやすくするために，離散ウェーブレット変換および逆変換を行列の形で記述しているが，実際は，分解・再構成アルゴリズムを利用する．このとき，再構成アルゴリズムは $\Theta(\overline{\boldsymbol{w}}_{j_0})$ に対して適用されることに注意する．ここで問題となるのは，j_0 と Θ をどのように選ぶかであり，これはモデル選択の問題である．

ここで注意すべき点は，この問題にはクロス・バリデーションを利用できないことである．クロス・バリデーションでは，検証用セットを除いた学習用セットに対してパラメータ推定を行うが，一般には，サンプル点についての制約から，学習用セットに対して直交性を満たす離散ウェーブレット変換を構成するのは難しい（評価用サンプルを抜き出すと，一般には直交性が損なわれる）．

一つの単純な方法として，次のようなものが考えられる．ノイズは変化の速い成分であることを前提とすると，詳細係数がハイパスフィルタの出力であったことから，レベル j_0 での詳細係数をすべて 0 として，近似係数に対しては何もしないという変換 Θ を考える．ただし，この場合，ノイズ除去の精度が j_0 に大きく依存する可能性や，ノイズ成分でない速い成分（急激に変化する成分）を除去してしまう可能性がある．こうした問題は，次に述べる閾値 (thresholding) 法によって緩和される．

一般に，変換 Θ は $\overline{\boldsymbol{w}}_{j_0}$ の各要素に対して定義される．すなわち，$\mathbb{R}$ 上の適当な関数を θ_i としたとき，上記の手順の中で，$v_{j_0,i} = \theta_i(\overline{w}_{j_0,i})$ として，$\boldsymbol{v}_{j_0} = (v_{j_0,1}, \ldots, v_{j_0,n})^{\top}$ を得る．離散ウェーブレット変換による雑音除去の方法として最も広く知られている方法は **Hard-Thresholding** (HT) **法**と **Soft-Thresholding** (ST) **法**である．$x \in \mathbb{R}$ に対して，$\tau \geq 0$ として，

$$H_\tau(x) := \begin{cases} x & (|x| > \tau) \\ 0 & (|x| \leq \tau) \end{cases}$$

を **Hard-Thresholding** (HT) **関数**と呼び，すでに紹介したように

$$S_\tau(x) := \begin{cases} x - \mathrm{sgn}(x)\tau & (|x| > \tau) \\ 0 & (|x| \leq \tau) \end{cases}$$

を **Soft-Thresholding** (ST) **関数**と呼ぶことにする．ただし，sgn は符号関数であり，

$$\mathrm{sgn}(x) := \begin{cases} 1 & (|x| > \tau) \\ 0 & (|x| = \tau) \\ -1 & (|x| < \tau) \end{cases}$$

とする．τ を**閾値**という．それぞれの関数を図 5.3 に示す．HT 法は，$\theta_i = H_{\tau_i}$ とする方法であり，ST 法は，$\theta_i = S_{\tau_i}$ とする方法である．通常，閾値はすべての成分について共通，すなわち，任意の i について $\tau_i = \tau$ とする．

一方で，変換 Θ の別の選び方としては，縮小推定などが知られている．3.2.2 項で述べたように，縮小推定は ℓ_2 正則化によって得られ，スケーリングによってすべての推定値を零の方向へ縮小するものである．これに対して，HT 法と ST 法は，閾値以下の推定値を強制的に零にする方法であり，ここでは，これらをまとめて**閾値** (thresholding) **法**と呼ぶことにする．このとき，HT 関数が不連続関数であるのに対して，ST 関数は連続関数となっており，ST 法では，閾値処理によって零とならない推定値を閾値の分だけ縮小する．このことによって，例えば，モデル選択を考える場合など，ST 関数の方が理論的に取り扱いやすくなる．なお，ST 法は，直交回帰の ℓ_1 正則化，すなわち，LASSO の解であることが示される．逆に言うと，LASSO は直交回帰の場合に ST 法に帰着される．HT 法と ST 法では閾値がハイパーパラメータであり，それを決める問題がモデル選択となる．以下では，閾値の選び方について述べる．

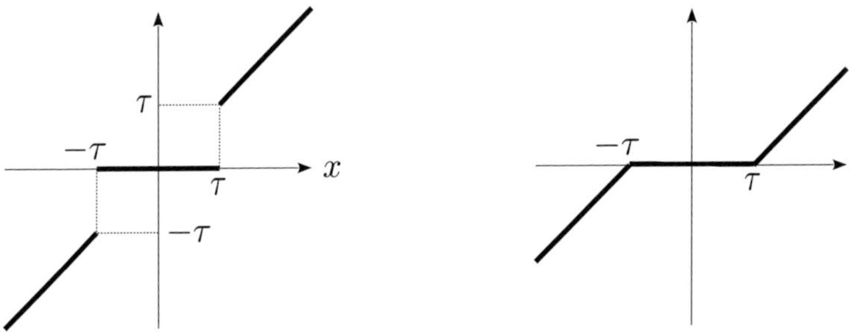

(a) HT 関数　(b) ST 関数

図 5.3　thresholding 関数

いま，サンプルが

$$y_i = h_i + \varepsilon_i, \quad i = 1, \ldots, n$$

によって生成されているものと仮定する．$\boldsymbol{h} = (h_1, \ldots, h_n)^\top$ および $\boldsymbol{\varepsilon} = (\varepsilon_1, \ldots, \varepsilon_n)^\top$ と定義しておく．すなわち，$\boldsymbol{y}$ は，信号 $\boldsymbol{h}$ を観測する際にノイズ $\boldsymbol{\varepsilon}$ が重畳して得られたサンプル（観測値）とする．統計的回帰の枠組みでは，これは加法雑音モデルであり，$\boldsymbol{h}$ は真の回帰式である．ここで，ε_i は加法雑音であり，独立に正規分布 $N(0, \sigma^2)$ に従うことを仮定する．すなわち，$\boldsymbol{\varepsilon} \sim N(\mathbf{0}_n, \sigma^2 \mathbf{I}_n)$ であり，したがって，$\boldsymbol{y} \sim N(\boldsymbol{h}, \sigma^2 \mathbf{I}_n)$ である．このとき，レベル j_0 での係数 $\overline{\boldsymbol{w}}_{j_0}$ は $\boldsymbol{y}$ の正規直交行列 $\mathbf{H}_{j_0+1}$ による線形変換によって得られるから，$\boldsymbol{w}_{j_0} = \mathbf{H}_{j_0+1}\boldsymbol{h}$ とすると，正規分布の性質より，$\overline{\boldsymbol{w}}_{j_0} \sim N(\boldsymbol{w}_{j_0}, \sigma^2 \mathbf{I}_n)$ となることが示される（例えば [6]）．すなわち，$\overline{\boldsymbol{w}}_{j_0}$ と $\boldsymbol{w}_{j_0}$ の i 番目の値を $\overline{w}_{j_0,i}$ および $w_{j_0,i}$ とすると，$\overline{w}_{j_0,i} \sim N(w_{j_0,i}, \sigma^2)$ であり，$\overline{w}_{j_0,1}, \ldots, \overline{w}_{j_0,n}$ は独立である．このとき，$\boldsymbol{w}_{j_0}$ の要素で 0 になるものがあれば，それは，信号 $\boldsymbol{h}$ に関係しないノイズ成分である．

いま，$Z \sim N(0,1)$ とすると，Z の確率密度は $\phi(z) = e^{-z^2/2}/\sqrt{2\pi}$ である．このとき，ϕ の微分が $\phi'(z) = z\phi(z)$ であることに注意すると，$\tau > 0$ に対して，

$$\mathbb{P}[Z>\tau] \le \frac{1}{\tau}\int_\tau^\infty z\phi(z)dz = \frac{1}{\tau}\int_\tau^\infty \phi'(z)dz = \frac{1}{\tau}\phi(\tau)$$

となる．したがって，$\phi(z)=\phi(-z)$ より，

$$\mathbb{P}[|Z|>\tau] \le \frac{2}{\tau}\phi(\tau)$$

を得る．これより，$\tau_n=\sqrt{2\log n}$ と定義すると，独立に $N(0,\sigma^2)$ に従う確率変数列 $Z_1,\ldots,Z_n$ について，

$$\mathbb{P}\left[\max_{1\le i\le n}|Z_i|>\sigma\tau_n\right] \le \sum_{i=1}^n \mathbb{P}[|Z_i|>\sigma\tau_n] \le \frac{2n}{\tau_n}\phi(\tau_n) = \frac{2}{\sqrt{2\log n}}$$

が成り立ち，$n\to\infty$ のとき，これは零に収束する（ただし，収束速度は遅い）．

以上より，改めて，

$$\tau_n := \sqrt{2\sigma^2\log n}$$

と定義し，これを HT 法と ST 法の閾値とすれば，レベル j_0 における i 番目の係数 $\overline{w}_{j_0,i}$ について，$w_{j_0,i}=0$ であれば，十分大きな n に対して $S_{\tau_n}(\overline{w}_{j_0,i})=0$ および $H_{\tau_n}(\overline{w}_{j_0,i})=0$ となる確率は高い．この閾値は **Universal Threshold Level** と呼ばれており，ある意味で最適であることが示されている [12]．ただし，ノイズ分散 σ^2 は未知であるから，応用に際しては適当な推定値で置き換える必要がある．

いま，レベル $J-1$ における詳細係数 $\boldsymbol{d}_{J-1}$ の i 番目の要素を $d_{J-1,i}$ とする．ここで，$1\le i\le n_{J-1}=2^{J-1}$ である．[12, 13] では，ノイズの標準偏差の推定値として，**MAD** (Median Absolute Deviation)：

$$\widehat{\sigma} = \frac{\mathrm{median}(|d_{J-1,1}|,\ldots,|d_{J-1,n_{J-1}}|)}{0.6745}$$

が採用されている．ここで，median(·) は括弧内の要素の中央値を返す関数である．$\boldsymbol{d}_{J-1}$ はサンプル $\boldsymbol{y}$ の速い成分のみを抽出するハイパスフィルタの出力である．このため，そのほとんどがノイズ成分を抽出していることが期待されるため，この選択は妥当であると考えられている．このとき，MAD は，ノイズの正規性を仮定した下での標準偏差のロバストな推定値となっている．

一方で，ST 法については，雑音の正規性の仮定の下で閾値を選択する規準が与えられている．このとき，回帰式の推定に閾値処理が組み込まれているため，線形回帰と同じ解析に基づく規準は適用できないことに注意する．ST 法を用いること，すなわち，$v_{j_0,i}=S_\tau(\overline{w}_{j_0,i})$ とすることを考える．閾値法では，雑音除去のための変換 Θ は τ をパラメータとする方法となるので，再構成された（雑音が除去された）信号 $\widetilde{\boldsymbol{y}}_{j_0,\Theta}$ を $\widetilde{\boldsymbol{y}}_{j_0,\tau}$ と書くことにする．このとき，リスク：

$$R(j_0,\tau,\sigma^2) = \frac{1}{n}\mathbb{E}_{\boldsymbol{y}}\left[\|\widetilde{\boldsymbol{y}}_{j_0,\tau}-\boldsymbol{h}\|^2\right]$$

で j_0 および τ の良さを測ることができる．ここでは，j_0 は固定して，τ の選択のみを考える．いま，$I_\tau=\{i \mid S_\tau(\overline{w}_{j_0,i})\ne 0\}$ とする．すなわち，I_τ は ST 関数によって零とならない係数のインデックスの集合である．$k_\tau=|I_\tau|$（I_τ の要素数）と定義する．このとき，ノイズの正規性の下で，

$$\widetilde{R}(j_0,\tau,\sigma^2) = \frac{1}{n}\|\boldsymbol{y}-\widetilde{\boldsymbol{y}}_{j_0,\tau}\|^2 - \sigma^2 + \frac{2\sigma^2 k_\tau}{n} \tag{5.31}$$

が $R(j_0, \tau, \sigma^2)$ の不偏推定量となることが示されている [13].

この第1項は，サンプルと雑音除去後の再構成波形との誤差（残差二乗平均）である．なお，この項は次のような変形が可能である．いま，

$$\overline{w}_{j_0,i} - S_\tau(\overline{w}_{j_0,i}) = \begin{cases} \overline{w}_{j_0,i} & (|\overline{w}_{j_0,i}| \le \tau) \\ \tau & (|\overline{w}_{j_0,i}| > \tau) \end{cases}$$

だから，

$$(\overline{w}_{j_0,i} - S_\tau(\overline{w}_{j_0,i}))^2 = \min(\overline{w}_{j_0,i}^2, \tau^2)$$

となる．よって，雑音除去の手順と H_{j_0} の正規直交性より，$\widetilde{R}(j_0, \tau, \sigma^2)$ の第1項について，

$$\|\boldsymbol{y} - \widetilde{\boldsymbol{y}}_{j_0,\tau}\|^2 = \|H_{j_0}^\top \overline{\boldsymbol{w}}_{j_0} - H_{j_0}^\top \boldsymbol{v}_{j_0}\|^2 = \|\overline{\boldsymbol{w}}_{j_0} - \boldsymbol{v}_{j_0}\|^2 = \sum_i \min(\overline{w}_{j_0,i}^2, \tau^2) \tag{5.32}$$

と書ける．

一方，式 (5.31) の第3項を考える．いま，τ が小さいと k_τ は大きくなる．このとき，強制的に零とされない係数の数が多くなるので，モデルとしては複雑になる．逆に，τ が大きいと k_τ は小さくなる．このとき，多くの係数が強制的に零とされるので，モデルは単純となる．よって，式 (5.31) の第3項は τ によって決まるモデルの複雑さを表している．すなわち，式 (5.31) は，リスクがバイアスとバリアンスのトレードオフで決まる量であることを明示している．応用に際しては，この場合も σ^2 が未知であるため，上述した MAD などの推定値 $\widehat{\sigma}^2$ で置き換える必要がある．こうして構成された $\widetilde{R}(j_0, \tau, \widehat{\sigma}^2)$ はモデル選択規準となるため，それを最小化する τ を選択すればよい．ただし，以下に述べるように，τ は適当な有限集合から選べばよい．

簡単のため，$\overline{w}_{j_0,i}$, $i = 1, \ldots, n$ は互いに異なるとする（これが成り立たないことは稀であり，成り立たない場合は下記の手順を適当に変更すればよい）．いま，$\overline{w}_{j_0,i}$ を絶対値の値の大きい順に並べて，

$$|\overline{w}_{j_0,i_1}| > |\overline{w}_{j_0,i_2}| > \cdots > |\overline{w}_{j_0,i_n}|$$

のようにインデックスを決める．このとき，例えば，$\tau \ge |\overline{w}_{j_0,i_1}|$ ならば $k_\tau = 0$ であり，$|\overline{w}_{j_0,i_1}| > \tau > |\overline{w}_{j_0,i_2}|$ ならば $k_\tau = 1$ などとなる．したがって，$|\overline{w}_{j_0,i_k}| > \tau > |\overline{w}_{j_0,i_{k+1}}|$ である限り $k_\tau = k$ は定数である．これと式 (5.32) より，$|\overline{w}_{j_0,i_k}| > \tau > |\overline{w}_{j_0,i_{k+1}}|$ ならば $\widetilde{R}(j_0, \tau, \widehat{\sigma}^2)$ は τ の非増加関数となり，したがって，$\widetilde{R}(j_0, \tau, \widehat{\sigma}^2) \ge \widetilde{R}(j_0, |\overline{w}_{j_0,i_{k+1}}|, \widehat{\sigma}^2)$ となる．よって，$\widetilde{R}(j_0, \tau, \widehat{\sigma}^2)$ の最小値は $\tau \in \{|\overline{w}_{j_0,i_k}| \mid 1 \le k \le n\}$ の中に存在する．すなわち，モデル選択規準を最小化する τ は，この候補の中で探せばよいことになる．ST 法による推定量は，k_τ が同じであれば，τ が小さいほど縮小量が小さくなり，最小二乗推定量に近づくため，与えられたサンプルに対する残差は小さくなる．したがって，上述したことは直感的にも理解できる．

5.2.5 雑音除去と subset selection

実は，以下に述べるように，閾値法は全探索の意味での subset selection に対するモデル選択の問題となっている．

離散ウェーブレット変換が（ノンパラメトリックな）直交回帰であることから，式 (5.14) において $\gamma = 1$ の場合を考える．また，$\mathbf{K} = (\boldsymbol{k}_1, \ldots, \boldsymbol{k}_n)$ とする．$\boldsymbol{k}_j$ は $\mathbf{K}$ の第 j 列ベクトルである．いま，$J \subseteq \{1, \ldots, n\}$ に対して $\mathbf{K}_J$ および $\boldsymbol{\beta}_J$ をそれぞれ $\{\boldsymbol{k}_j \mid j \in J\}$ および $\{\beta_j \mid j \in J\}$ を適当に並べたベクトルとする．このとき，$\boldsymbol{\beta}_J$ の最小二乗推定量は二乗誤差和 $S(\boldsymbol{\beta}_J) = \|\boldsymbol{y} - \mathbf{K}_J\boldsymbol{\beta}_J\|^2$ を最小化するから，それを $\widehat{\boldsymbol{\beta}}_J$ と書くと，その要素 $\widehat{\beta}_j$，$j \in J$ は，直交性 (5.12) から簡単に計算できて，$\widehat{\beta}_j = \boldsymbol{k}_j^\top \boldsymbol{y}$ となる．式 (5.15) より，これは $\widetilde{\beta}_j$ と一致する（すなわち，$J = \{1, \ldots, n\}$ のときの最小二乗推定量と同じである）．$\widetilde{\boldsymbol{\beta}}_J$ を $\{\widetilde{\beta}_j \mid j \in J\}$ を適当に並べたベクトルとする．

以上より，直交性 (5.12) から，任意の J における残差二乗和について，

$$
\begin{aligned}
S(\widehat{\boldsymbol{\beta}}_J) &:= \|\boldsymbol{y} - \mathbf{K}_J\widehat{\boldsymbol{\beta}}_J\|^2 = \|\boldsymbol{y}\|^2 - 2\boldsymbol{y}^\top\mathbf{K}_J\widehat{\boldsymbol{\beta}}_J + \|\mathbf{K}_J\widehat{\boldsymbol{\beta}}_J\|^2 \\
&= \|\boldsymbol{y}\|^2 - 2\|\mathbf{K}_J\widehat{\boldsymbol{\beta}}_J\|^2 + \|\mathbf{K}_J\widehat{\boldsymbol{\beta}}_J\|^2 = \|\boldsymbol{y}\|^2 - \|\mathbf{K}_J\widehat{\boldsymbol{\beta}}_J\|^2 \\
&= \|\boldsymbol{y}\|^2 - \|\widehat{\boldsymbol{\beta}}_J\|^2 = \|\boldsymbol{y}\|^2 - \sum_{j \in J}\widehat{\beta}_j^2 = \|\boldsymbol{y}\|^2 - \sum_{j \in J}\widetilde{\beta}_j^2
\end{aligned}
$$

が成り立つ．

いま，$\widetilde{\boldsymbol{\beta}}$ の要素 $(\widetilde{\beta}_1, \ldots, \widetilde{\beta}_n)$ を絶対値の大きい順に並べたときのインデックスを $\{j_1, \ldots, j_n\}$ とする．すなわち，$|\widetilde{\beta}_{j_1}| \geq |\widetilde{\beta}_{j_2}| \geq \cdots \geq |\widetilde{\beta}_{j_n}|$ である．$K \leq n$ に対して J_K を $\{1, \ldots, n\}$ の中の K 個の要素を取り出した集合とする．一方，$M_K = \{j_1, \ldots, j_K\}$ と定義する．そうすると，上の式において，第 2 項の大小を考えると，任意の J_K に対して，$S(\widehat{\boldsymbol{\beta}}_{J_K}) \geq S(\widetilde{\boldsymbol{\beta}}_{M_K})$ が成り立つことは明らかである．このことは，$\widetilde{\boldsymbol{\beta}}_{M_K}$ が subset selection の K ステップ目の解となっていることを意味する．一般の線形回帰の subset selection では，${}_nC_K$ 通りの比較が必要になる．しかしながら，直交回帰では，すべての係数の推定値を求めれば，その係数の絶対値の大きいものを順番に選んでくることで，subset selection の解が得られることになる．

さて，このとき，必要な成分を閾値によって選ぶという上記のモデル選択について再考する．例えば，HT 法において，閾値を τ とすると，$|\widetilde{\beta}_j| > \tau$ を満たす j については係数の推定値は零とならない．したがって，τ を一つ固定したとき，この条件を満たす係数が k 個あるとすると，それらのインデックスは $\{j_1, \ldots, j_k\}$ となる（ただし，零個のときは空である）．すなわち，係数の絶対値の大きい成分から k 個を選んだものとなる．以上より，HT 法は subset selection の下でのパラメータ数を選ぶためのモデル選択になっていることがわかる．ただし，閾値はハイパーパラメータなので，上述したように，妥当な値を決める必要がある．ST 法についても同じであるが，前述したように，ST 法では係数が縮小されることに注意する．

5.2.6 雑音除去の数値例

以下では，離散ウェーブレット変換による雑音除去の R での実装例を示す．

コード 5.4 に分解アルゴリズムの R 関数を示す．この関数は，近似係数 `cj` とツースケール係数（フィルタ係数）`p` を与えることで，式 (5.27) と式 (5.28) に従い，次のレベルでの近似係数 `cj1` と詳細係数 `dj1` の組を返す．このスクリプトを式と照らし合わせて理解してほしい．なお，分解アルゴリズムに必要な係数 $\boldsymbol{q}_k$ はスクリプト中では `q` であり，これは式 (5.17) に従い，`p` から求められている．一方，コード 5.5 に再構成アルゴリズムの R 関数を示す．この関数は，あるレベルでの近

```
wtf_1d <- function(cj, p) {
  K <- length(p)
  Mj <- length(cj)
  Mj1 <- Mj / 2
  cj1 <- numeric(Mj1)
  dj1 <- numeric(Mj1)
  q <- (-1)^(0:(K - 1)) * p[K:1]
  for (l in 1:Mj1) {
    for (k in 1:K) {
      pos <- ((2 * (l - 1) + (k - 1)) %% Mj) + 1
      cj1[l] <- cj1[l] + cj[pos] * p[k]
      dj1[l] <- dj1[l] + cj[pos] * q[k]
    }
  }
  return(rbind(cj1, dj1))
}
```

コード 5.4 分解アルゴリズム

```
iwtf_1d <- function(cj1, dj1, p) {
  K <- length(p)
  Mj1 <- length(cj1)
  Mj <- 2 * Mj1
  cj <- numeric(Mj)
  q <- (-1)^(0:(K - 1)) * p[K:1]
  for (l in 1:(Mj / 2)) {
    for (k in 1:(K / 2)) {
      pos <- (((l - 1) - (k - 1) + Mj1) %% Mj1) + 1
      cj[2 * l - 1] <- cj[2 * l - 1] + p[2 * k - 1] * cj1[pos] + q[2 * k - 1] * dj1[pos]
      cj[2 * l] <- cj[2 * l] + p[2 * k] * cj1[pos] + q[2 * k] * dj1[pos]
    }
  }
  return(cj)
}
```

コード 5.5 再構成アルゴリズム

```
blocks <- function(t) {
  n <- length(t)
  tj <- c(.1, .13, .15, .23, .25, .4, .44, .65, .76, .78, .81)
  hj <- c(4, -5, 3, -4, 5, -4.2, 2.1, 4.3, -3.1, 2.1, -4.2)
  f <- numeric(n)
  for (j in 1:length(tj)) {
    f <- f + hj[j] * (1 + sign(t-tj[j])) / 2
  }
  return(f)
}
```

コード 5.6 blocks 関数

```
thresholding <- function(x, th, type) {
  idx <- which(abs(x) <= th)
  if (type == "s") {
    x[idx] <- 0
    x[-idx] <- x[-idx] - th * sign(x[-idx])
  }
  if (type == "h") {
    x[idx] <- 0
  }
  return(x)
}
```

コード 5.7 ST 関数と HT 関数の計算

似係数 `cj1` と詳細係数 `dj1` およびツースケール係数 `p` を与えることで，式 (5.29) と式 (5.30) に従い，一つ前のレベルでの近似係数 `cj` を返す．このスクリプトについても式と照らし合わせて理解してほしい．

コード 5.8 に離散ウェーブレット変換を用いた雑音除去の例を示す．前述したようにウェーブレット変換ではマザーウェーブレットと係数列の長さ K を決めると，ツースケール係数 p_K が決まり，それから q_K が決まる．マザーウェーブレットとしては多くのものが知られているが，この数値例では，Haar のマザーウェーブレットを利用する．このときのツースケール係数は，$K = 2$ とすると，

$$p_2 = (1/\sqrt{2}, 1/\sqrt{2}), \quad q_2 = (1/\sqrt{2}, -1/\sqrt{2})$$

である．信号としては，Haar のウェーブレットに対するベンチマークとしてよく利用されている blocks と呼ばれる関数を用いる [12]．コード 5.6 に blocks 関数を示す．また，コード 5.7 は ST 関数と HT 関数を計算する R 関数である．引数 `type` が “s” のときは ST 関数，“h” のときは HT 関数の値を返す（本来は引数のチェックが必要であるが省略している）．

コード 5.8 の詳細は以下のとおりである．

2 ～ 7 行目：サンプルを生成している．サンプル数は，`J = 8` として `NJ` $= 256$ 点である．`y` は，blocks 関数 `f` の出力に正規雑音 $N(0, 0.4^2)$ が重畳したサンプルである．

9 行目：`fcoef` は Haar のウェーブレットのツースケール係数 p_2 である．

12 ～ 19 行目：`cj` をサンプル `y` として，レベルを下げながら，`Jmin` $= 4$ まで分解アルゴリズムを適用している．このループの中で，16 行目において，レベル $J - 1$ での詳細係数の MAD を用いて雑音分散の推定値 `esigma` を計算している．各レベルでの近似係数と詳細係数は関数 `wtf_1d` によって計算され，`cj1` と `dj1` に格納されるが，最終的に，`Jmin` までの詳細係数は `w` に，`Jmin` での近似係数は `cj` に格納される．

21 ～ 22 行目：分解アルゴリズムによって得られた係数に対して閾値処理をしている．`tlev` は Universal Threshold Level であり，分解の途中で計算した雑音分散の推定値を用いて計算している．この例では，詳細係数のみに対して HT 関数によって閾値処理をして

```
1  # サンプルの生成
2  set.seed(2017)
3  J <- 8; Jmin <- 4; NJ <- 2^J
4  sigma <- 0.4
5  t <- (0:(NJ - 1)) / (NJ - 1)
6  f <- blocks(t)
7  y <- f + rnorm(NJ, 0, sigma)
8  # Haar のウェーブレットのツースケール係数
9  fcoef <- c(1, 1) / sqrt(2)
10 # 分解アルゴリズムの実行
11 cj <- y; w <- NULL
12 for (j in J:(Jmin + 1)) {
13   cd <- wtf_1d(cj, fcoef)
14   cj1 <- cd[1, ]
15   dj1 <- cd[2, ]
16   if (j == J) esigma <- median(abs(dj1)) / 0.6745 # 雑音分散の推定値
17   w <- append(dj1, w)
18   cj <- cj1
19 }
20 # 閾値処理の実行
21 tlev <- sqrt(2.0 * esigma^2 * log(NJ))
22 w <- thresholding(w, tlev, "h")
23 # 再構成アルゴリズムの実行
24 for (j in Jmin:(J - 1)) {
25   Nj1 <- 2^j
26   dj1 <- w[1:Nj1]
27   w <- w[(Nj1 + 1):length(w)]
28   cj <- iwtf_1d(cj1, dj1, fcoef)
29   cj1 <- cj
30 }
```

コード 5.8　離散ウェーブレット変換による雑音除去例のスクリプト

いる．この実装は，近似係数が滑らかな成分を担っていることを前提として，それに対して何もしない方法となっており，本文の方法とは若干異なることに注意する．

24 ～ 30 行目：閾値処理された詳細係数と無傷の近似係数を用いて，再構成を実行している．最終的に，雑音の重畳したサンプル y に対して雑音除去を施した信号が cj として得られる．

図 5.9 に結果を示す．図 5.9 (a) には信号（真の回帰式の出力）f（細線）とサンプル y（○）を示している．図 5.9 (b) には信号 f（細線）と雑音除去後の出力（太線）を示している．若干オーバーフィッティングしている箇所もあるが，ある程度信号に近い出力が推定されていることがわかる．一般に，雑音成分は急激に変動する成分であるが，この場合は，信号 blocks 自体も急激に変動する成分をもつ．この数値例では，前者を除去し，後者を保持するように回帰式が構成されていることになる．この結果について，いくつか注意すべき点がある．

- 与えられたサンプルに対してどのマザーウェーブレットを選択するかは重要である．信号 blocks は，急激なジャンプが多数みられ，そうでない箇所は一定値をとるようなものであった．このことは，サンプルからも推測できる．こうした状況では，矩形的な Haar ウェーブレット

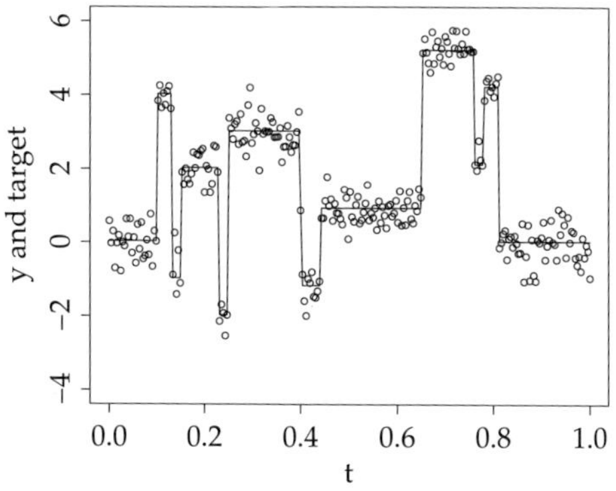

(a) 真の出力（細線）とサンプル（○）

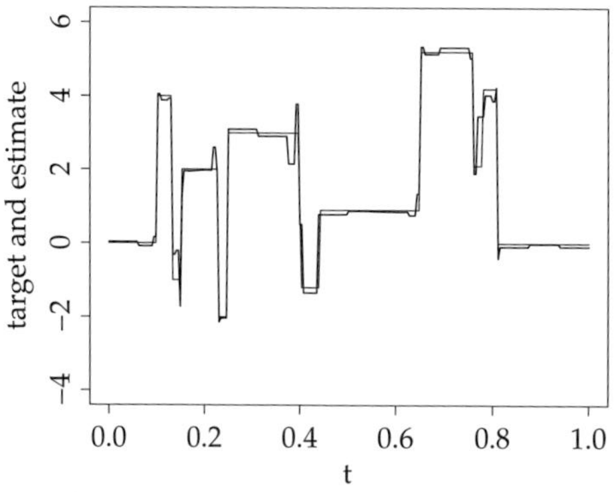

(b) 真の出力（細線）と雑音除去後の出力（太線）

図 5.9　離散ウェーブレット変換による雑音除去の例

を採用する方がよいと考えられる．一方，信号が滑らかな状況では，例えば，Daubechies のウェーブレットなどが知られている．様々なウェーブレットとそれに対応するツースケール係数については [39] を参照してほしい．

- ここでの結果はレベル `Jmin` に依存する．読者は `Jmin` を変化させたときの結果の変化を調べてほしい．また，もちろん，閾値処理の方法にも依存する (ここでは，閾値を Universal Threshold Level とした HT 関数を用いた)．

5.3　ガウス過程回帰

ガウス過程回帰はベイズ的な考え方で導かれるノンパラメトリック回帰であり，回帰曲線を求めるという視点ではなく，大雑把に言うと，回帰曲線の確率分布を求めるものである．

5.3.1　ガウス過程回帰

サンプルを $\{(\boldsymbol{x}_i, y_i) \mid i = 1, \ldots, n\}$ とする．ただし，$\boldsymbol{x}_i = (x_{i,1}, \ldots, x_{i,m})$ とする．$\varepsilon_1, \ldots, \varepsilon_n$ を独立に $N(0, \sigma^2)$ に従うサンプルとして，適当な関数 f があって，加法雑音モデル $y_i = f(\boldsymbol{x}_i) + \varepsilon_i$ を

仮定する．$\boldsymbol{y} = (y_1, \ldots, y_n)^\top$，$\boldsymbol{f} = (f(\boldsymbol{x}_1), \ldots, f(\boldsymbol{x}_n))^\top$ および $\boldsymbol{\varepsilon} = (\varepsilon_1, \ldots, \varepsilon_n)^\top$ と定義すると，$\boldsymbol{y} = \boldsymbol{f} + \boldsymbol{\varepsilon}$ と書ける．このとき，$\boldsymbol{\varepsilon} \sim N(\mathbf{0}_n, \sigma^2 \mathbf{I}_n)$ である．ここで，重要なことは，通常の枠組みでは f を確定値とするのに対して，ガウス過程回帰の枠組みでは f を確率的であるとする点にある．特に，単純なモデル化のために，f を**ガウス過程**（一般には**ガウス場**という）とする．f がガウス過程であるとは，任意の l と $\boldsymbol{\xi}_1, \ldots, \boldsymbol{\xi}_l \in \mathbb{R}^m$ に対して $(f(\boldsymbol{\xi}_1), \ldots, f(\boldsymbol{\xi}_l))$ が常に l 次元正規（ガウス）分布に従うことである．もう少し具体的に述べると，次のような問題設定となる．

回帰の問題では，与えられた入力サンプル $\boldsymbol{x}_1, \ldots, \boldsymbol{x}_n$ 以外の入力点 $\boldsymbol{\xi}$ が与えられたとき，データから推定した回帰式 $\widehat{f}$ を用いて $\boldsymbol{\xi}$ での予測値 $\widehat{f}(\boldsymbol{\xi})$ を求める．このとき，$\widehat{f}(\boldsymbol{\xi})$ はデータによる確率的変動は伴うが，データが与えられれば確定する．一方，ガウス過程回帰では，$\widehat{f}(\boldsymbol{\xi})$ を点として求めるのではなく，確率的なゆらぎをもつ変数と考え，むしろ，その確率分布を推測する．その分布がわかれば，その分布の平均を予測値として採用したり，予測値の信頼区間を計算したりすることができる．このとき，ガウス過程を考えることで，その確率分布を計算できる点が重要なポイントとなる．

分布を求めるという問題をベイズ的に考える（そもそも f が確率的であるとしていることがベイズ的な考え方である）．データ $\boldsymbol{y}$ がわからない状況では，f についての具体的情報はないが，事前に何らかの情報（例えば，$f(\boldsymbol{\xi})$ の平均がある特定の値の可能性が高いなど）があれば，それを確率分布という形で推測に反映させることができる．その事前の情報を反映させた $f(\boldsymbol{\xi})$ の確率分布を**事前分布**という．ところが，データ $\boldsymbol{y}$ を観測すると，それは $f(\boldsymbol{\xi})$ に関する具体的な情報となるので，その情報を使って，正確ではない事前の情報をアップデートすることができる．事前分布からデータ $\boldsymbol{y}$ を用いてアップデートされた確率分布を**事後分布**といい，これは，具体的には，$\boldsymbol{y}$ が与えられた下での $f(\boldsymbol{\xi})$ の条件付き確率分布である．ガウス過程回帰の問題は予測値の事後分布を求める問題であるといえる．詳細を以下に述べる．

$\boldsymbol{\xi}_1, \ldots, \boldsymbol{\xi}_l \in \mathbb{R}^m$ に対して，μ を $\mathbb{R}^m$ 上の関数とし，$\boldsymbol{\mu}_0 = (\mu(\boldsymbol{\xi}_1), \ldots, \mu(\boldsymbol{\xi}_l))^\top$ と定義し，$\boldsymbol{f}_0 = (f(\boldsymbol{\xi}_1), \ldots, f(\boldsymbol{\xi}_l))^\top$ と定義する．ガウス過程回帰では，l と $\boldsymbol{\xi}_1, \ldots, \boldsymbol{\xi}_l$ の任意の選び方に対して，$\boldsymbol{f}_0$ の確率分布 F_0 が l 次元ガウス分布であることを仮定する．その分布を $N(\boldsymbol{\mu}_0, \mathbf{V}_0)$ とする．$\boldsymbol{\mu}_0$ は F_0 の平均ベクトルであり，その不変的な部分を表している．一方，$\mathbf{V}_0$ は F_0 の分散共分散行列であり，$\mathbf{V}_0$ の (i, j) 要素を $v_{0,i,j}$ とすると，$v_{0,i,j}$ は $f(\boldsymbol{\xi}_i)$ と $f(\boldsymbol{\xi}_j)$ の共分散である．

いま，共分散が適当な関数 v の値であると仮定し，$v_{0,i,j} = v(\boldsymbol{\xi}_i, \boldsymbol{\xi}_j)$ とする．v を**共分散関数**という．このとき，$\mathbf{V}_0$ が分散共分散行列であることから，v は，任意の $\boldsymbol{\xi}_i$ と $\boldsymbol{\xi}_j$ の選び方に対して，$\mathbf{V}_0$ が対称かつ正定値行列となるように選ぶ必要がある．これを満たす関数は**正定値カーネル関数**と呼ばれるものであり，例えば，$\tau > 0$ として，

$$v(\boldsymbol{\xi}_i, \boldsymbol{\xi}_j) = \exp\left(-\frac{1}{\tau}\|\boldsymbol{\xi}_i - \boldsymbol{\xi}_j\|^2\right) \tag{5.33}$$

などがある．この関数はガウス関数であるが，正定値カーネル関数として参照するときには，**ガウス・カーネル**と呼ばれている．以上の仮定より，f 上のガウス過程は μ と v という関数によって決まることになる．

この仮定から，サンプル点 $\boldsymbol{x}_1, \ldots, \boldsymbol{x}_n$ 上での f の値で構成される $\boldsymbol{f}_1 = (f(\boldsymbol{x}_1), \ldots, f(\boldsymbol{x}_n))$ についても，$\boldsymbol{\mu}_1 = (\mu(\boldsymbol{x}_1), \ldots, \mu(\boldsymbol{x}_n))^\top$ と定義し，$\mathbf{V}_1$ をその (i, j) 要素が $v(\boldsymbol{x}_i, \boldsymbol{x}_j)$ である $n \times n$ 分散

共分散行列であるとすると，$\boldsymbol{f}_1 \sim N(\boldsymbol{\mu}_1, \mathbf{V}_1)$ である．このとき，$\boldsymbol{y}$ と $\boldsymbol{f}_1$ の関係は $\boldsymbol{y} = \boldsymbol{f}_1 + \boldsymbol{\varepsilon}$ であり，$\boldsymbol{\varepsilon} \sim N(\mathbf{0}_n, \sigma^2 \mathbf{I}_n)$ であることより，$\boldsymbol{y} \sim N(\boldsymbol{\mu}_1, \mathbf{V}_1 + \sigma^2 \mathbf{I}_n)$ である（例えば [6]）．

$\boldsymbol{x}_1, \ldots, \boldsymbol{x}_n$ とは別の，予測したい任意の l 個の入力点 $\boldsymbol{u}_1, \ldots, \boldsymbol{u}_l \in \mathbb{R}^m$ を考える．$\boldsymbol{f}_2 = (f(\boldsymbol{u}_1), \ldots, f(\boldsymbol{u}_n))^\top$，$\boldsymbol{\mu}_2 = (\mu(\boldsymbol{u}_1), \ldots, \mu(\boldsymbol{u}_n))^\top$ と定義し，$\mathbf{V}_2$ をその (i, j) 要素が $v(\boldsymbol{u}_i, \boldsymbol{u}_j)$ である $l \times l$ 分散共分散行列であるとする．$\boldsymbol{f}_2$ の確率分布 F_2 は $N(\boldsymbol{\mu}_2, \mathbf{V}_2)$ である．この $\boldsymbol{u}_1, \ldots, \boldsymbol{u}_l$ は未知（未学習）の入力であり，$\boldsymbol{f}_2$ はそれらの上での予測値という見方ができる．このとき，確率分布 F_2 は，与えられたデータ $\boldsymbol{y}$ を利用せずに構成された予測値の確率分布ということになる．したがって，F_2 はベイズ的には事前分布である．いま，$\boldsymbol{y} = \boldsymbol{f}_1 + \boldsymbol{\varepsilon}$ であり，$\boldsymbol{\varepsilon} \sim N(\mathbf{0}_n, \sigma^2 \mathbf{I}_n)$ であるから，

$$\mathbb{E}[y_i] = \mathbb{E}[f(\boldsymbol{x}_i) + \varepsilon_i] = \mathbb{E}[f(\boldsymbol{x}_i)]$$

である．ここで，$\boldsymbol{u}_j \in \mathbb{R}^m$ に対して，$f(\boldsymbol{u}_j)$ と ε_i は独立であると仮定すると，$\mathbb{E}[\varepsilon_i(f(\boldsymbol{u}_j) - \mathbb{E}[f(\boldsymbol{u}_j)])] = 0$ である．これは加法雑音が関数値 $f(\boldsymbol{u}_j)$ の出現とは無関係であることを意味するので，不自然な仮定ではない．これより，y_i と $f(\boldsymbol{u}_j)$ の共分散は，

$$\begin{aligned}
&\mathbb{E}[(y_i - \mathbb{E}[y_i])(f(\boldsymbol{u}) - \mathbb{E}[f(\boldsymbol{u}_j)])] \\
&= \mathbb{E}[(f(\boldsymbol{x}_i) + \varepsilon_i - \mathbb{E}[f(\boldsymbol{x}_i)])(f(\boldsymbol{u}_j) - \mathbb{E}[f(\boldsymbol{u}_j)])] \\
&= \mathbb{E}[(f(\boldsymbol{x}_i) - \mathbb{E}[f(\boldsymbol{x}_i)])(f(\boldsymbol{u}_j) - \mathbb{E}[f(\boldsymbol{u}_j)])] = v(\boldsymbol{x}_i, \boldsymbol{u}_j)
\end{aligned}$$

である．この下で，$\boldsymbol{y}$ と $\boldsymbol{f}_2$ の同時確率分布を考えると，

$$\begin{pmatrix} \boldsymbol{y} \\ \boldsymbol{f}_2 \end{pmatrix} \sim N\left(\begin{pmatrix} \boldsymbol{\mu}_1 \\ \boldsymbol{\mu}_2 \end{pmatrix}, \begin{pmatrix} \mathbf{V}_1 + \sigma^2 \mathbf{I}_n & \mathbf{V}_{12} \\ \mathbf{V}_{12}^\top & \mathbf{V}_2 \end{pmatrix} \right)$$

と書ける．ただし，$\mathbf{V}_{12}$ は (i, j) 要素が $v(\boldsymbol{x}_i, \boldsymbol{u}_j)$ である $n \times l$ 行列である．このとき，$\boldsymbol{y}$ が与えられた下での $\boldsymbol{f}_2$ の条件付き確率分布 $F_{\boldsymbol{f}_2|\boldsymbol{y}}$ は上記の確率分布と $\boldsymbol{y}$ の周辺確率分布から計算できて，

$$\boldsymbol{\mu}_{|\boldsymbol{y}} = \boldsymbol{\mu}_2 + \mathbf{V}_{12}^\top (\mathbf{V}_1 + \sigma^2 \mathbf{I}_n)^{-1} (\boldsymbol{y} - \boldsymbol{\mu}_1) \tag{5.34}$$

$$\mathbf{V}_{|\boldsymbol{y}} = \mathbf{V}_2 - \mathbf{V}_{12}^\top (\mathbf{V}_1 + \sigma^2 \mathbf{I}_n)^{-1} \mathbf{V}_{12} \tag{5.35}$$

として，$N(\boldsymbol{\mu}_{|\boldsymbol{y}}, \mathbf{V}_{|\boldsymbol{y}})$ となる（例えば [6]）．この $F_{\boldsymbol{f}_2|\boldsymbol{y}}$ は $\boldsymbol{y}$ の情報を用いてアップデートされた事後分布である．一般に，f に関する事前の知識がないときは，任意の $\boldsymbol{x} \in \mathbb{R}^m$ に対して $\mu(\boldsymbol{x}) = 0$ として考える．したがって，事後分布の平均の式において $\boldsymbol{\mu}_1 = \mathbf{0}_n$ および $\boldsymbol{\mu}_2 = \mathbf{0}_l$ である．このときには，

$$\boldsymbol{\mu}_{|\boldsymbol{y}} = \mathbf{V}_{12}^\top (\mathbf{V}_1 + \sigma^2 \mathbf{I}_n)^{-1} \boldsymbol{y}$$

となる．この平均の式は，$\widehat{\boldsymbol{\beta}} = (\mathbf{V}_1 + \sigma^2 \mathbf{I}_n)^{-1} \boldsymbol{y}$ とすれば，5.1.2 項のカーネルリッジ回帰と同じものである．ただし，ここでは，K_j を $\boldsymbol{x}_j$ によって決まる関数，すなわち，$K_j(\boldsymbol{u}) = K_{\boldsymbol{x}_j}(\boldsymbol{u})$ の形で考える．

5.3.2 ガウス過程回帰の数値例

ここでは，ガウス過程回帰の数値例を示す．応用上は共分散関数のパラメータおよび雑音分散 σ^2 がハイパーパラメータとなる．ハイパーパラメータを決める方法として，クロス・バリデーションも利用できるが，ガウス過程回帰の場合，ハイパーパラメータが与えられた下での $\boldsymbol{y}$ の周辺尤度を最大化する方法もある．

いま，共分散関数として式 (5.33) を採用すると，ハイパーパラメータは $\boldsymbol{\theta} = (\tau, \sigma)$ である．$\boldsymbol{\mu}_1 = \mathbf{0}_n$ と仮定すると，$\boldsymbol{y} \sim N(\mathbf{0}_n, \mathbf{V}_1 + \sigma^2\mathbf{I}_n)$ であるから，B.4 節より，その確率密度の対数をとった対数周辺尤度は，

$$L(\boldsymbol{y}|\boldsymbol{\theta}) = -\frac{1}{2}\boldsymbol{y}^\top(\mathbf{V} + \sigma^2\mathbf{I}_n)^{-1}\boldsymbol{y} - \frac{1}{2}\log\left|\mathbf{V} + \sigma^2\mathbf{I}_n\right| - \frac{n}{2}\log(2\pi)$$

```
# サンプルの生成
set.seed(202103)
n <- 10
l <- 100
sigma <- 0.4
x <- runif(n, -1, 1)
tf <- sin(pi * x)
y <- tf + rnorm(n, 0, sigma)
u <- 2 * (0:(l - 1)) / (l - 1) - 1
# ハイパーパラメータの候補集合の構成
Cans <- as.vector(c(1, 2, 5) %o% c(0.01, 0.1, 1))
Cant <- as.vector(c(1, 2, 5) %o% c(0.01, 0.1, 1))
# すべてのハイパーパラメータの組に対する対数周辺尤度の計算
mll <- NULL
for (esigma in Cans) {
  mlltmp <- NULL
  for (etau in Cant) {
    V11 <- exp(-as.matrix(dist(x))^2 / etau)
    V11 <- V11 + esigma^2 * diag(rep(1, n))
    V11i <- solve(V11)
    L <- -y %*% V11i %*% y / 2 - log(det(V11)) / 2 - n * log(2 * pi)
    mlltmp <- c(mlltmp, L)
  }
  mll <- rbind(mll, mlltmp, deparse.level = 0)
}
# 対数周辺尤度を最大化するハイパーパラメータ値の特定
pos <- which(mll == max(mll), arr.ind = T)
# 求めたハイパーパラメータ値での平均関数の計算
esigma <- Cans[pos[1]]
etau <- Cant[pos[2]]
V <- exp(-as.matrix(dist(c(x, u)))^2 / etau)
V11 <- V[1:n, 1:n]
V12 <- V[1:n, (n+1):ncol(V)]
V22 <- V[(n+1):nrow(V), (n+1):ncol(V)]
Vi <- solve(V11 + esigma^2 * diag(rep(1, n)))
mu <- t(V12) %*% Vi %*% y
Vy <- V22 - t(V12) %*% Vi %*% V12
mup <- mu + sqrt(diag(Vy))
mum <- mu - sqrt(diag(Vy))
```

コード 5.10 ガウス過程回帰の数値例のスクリプト

で与えられる．これは，ハイパーパラメータを決めた下での $\boldsymbol{y}$ の出現の尤もらしさの尺度であるとみなすことができ，したがって，それが大きいほどハイパーパラメータの値としては妥当である．なお，L は $\boldsymbol{x}_1, \ldots, \boldsymbol{x}_n$ によっても条件付けられているが，表記からは省略した．

ここでは，周辺尤度に基づくモデル選択を含めたガウス過程回帰の数値例を示す．このときの対数周辺尤度は $\boldsymbol{\theta}$ の関数として記述できるので，例えば，勾配法を用いて最大化することも可能であるが，この数値例では，適当な候補の中から選ぶようにしてある．

数値例の R スクリプトをコード 5.10 に示す．このスクリプトでは，まず，対数周辺尤度に基づいて (τ, σ) を選択し，そのハイパーパラメータ値で，予測点上でのガウス過程が求められている．

2 ～ 9 行目：サンプルを生成している．サンプル数を $n = 10$ としてある．入力次元は $m = 1$ で，入力サンプル x を $[-1, 1]$ 区間でランダムに生成し，$y_i = \sin(\pi x_i) + \varepsilon_i$ によって出力サンプル y を生成している．ただし，ε_i は正規分布 $N(0, 0.4^2)$ からの独立なサンプルである．一方で，予測点として，区間 $[-1, 1]$ 上で等間隔にサンプリングした 100 点を生成して，これを u に代入している．

11 ～ 12 行目：ハイパーパラメータの組 (τ, σ) の候補集合を生成している．τ と σ の候補は共に $\{0.01, 0.02, 0.05, 0.1, 0.2, 0.5, 1, 2, 5\}$ であり，これを外積を利用して生成し，Cant と Cans に格納している．

15 ～ 25 行目：このループでは，すべてのハイパーパラメータの組において対数周辺尤度を計算している（グリッドサーチを実行している）．τ と σ の値はスクリプトでは etau と esigma に対応する．この二重ループを通して，行列 mll にグリッド的に対数周辺尤度が格納される．

27 行目：対数周辺尤度の最大値を与える (τ, σ) のグリッド内での位置を pos に代入している．

29 行目以降：選ばれたハイパーパラメータ値の下で，推定された平均関数（曲線）の u 上での値を mu に格納し，それに標準偏差を加減した値 mup と mum を格納している（これらから各点での標準偏差がわかる）．

対数周辺尤度によるハイパーパラメータ値の選択結果は $(\tau, \sigma) = (0.5, 0.5)$ であった．その下での mu，mup および mum をサンプル y とともに図 5.11 (a) に示す．この図において，マーカー（○）はサンプルであり，濃い実線が mu，薄い実線で mu の上下に位置している線がそれぞれ mup および mum である．参考のために，図 5.11 (b) から (e) には最適でないハイパーパラメータ値の場合の結果を示している．(b) では $(\tau, \sigma) = (0.5, 0.01)$，(c) では $(\tau, \sigma) = (0.01, 0.5)$，(d) では $(\tau, \sigma) = (0.5, 2.0)$，(e) では $(\tau, \sigma) = (2.0, 0.5)$ である．

以下では，ハイパーパラメータの影響をみてみる．このとき，式 (5.34) および式 (5.35) からわかるように，事後分布の平均と分散は (τ, σ) のいずれにも影響されることに注意が必要である．

まず，σ は，各点での分布の分散（バラツキ）を表している．図 (a)，図 (b) および図 (d) を比較すると，τ は同じであるから，σ が大きいほどそのバラツキが大きいことがわかる（mup と mum の差が大きい）．一方で，式 (5.34) より，σ は平均関数を求める際の正則化パラメータにも対応している．したがって，図 (b) および図 (d) を比較すると，σ が小さいと平均関数はオーバーフィッティ

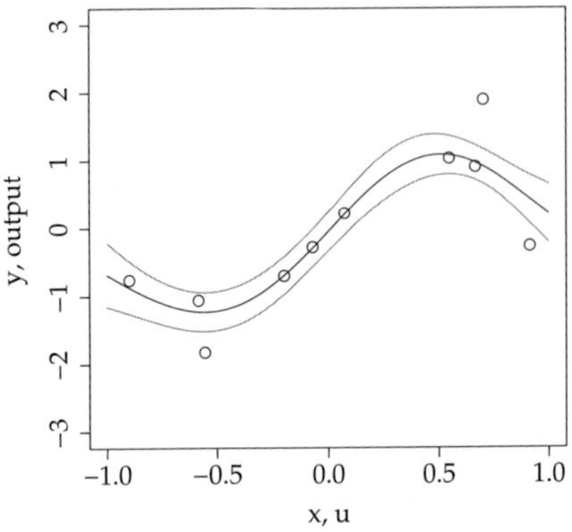

(a) $(\tau, \sigma) = (0.5, 0.5)$

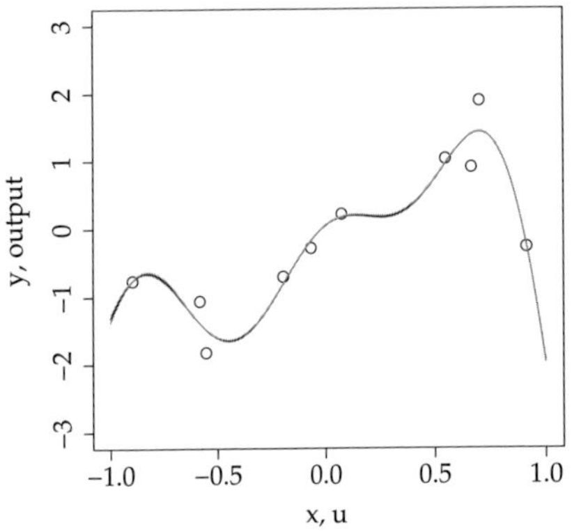

(b) $(\tau, \sigma) = (0.5, 0.01)$

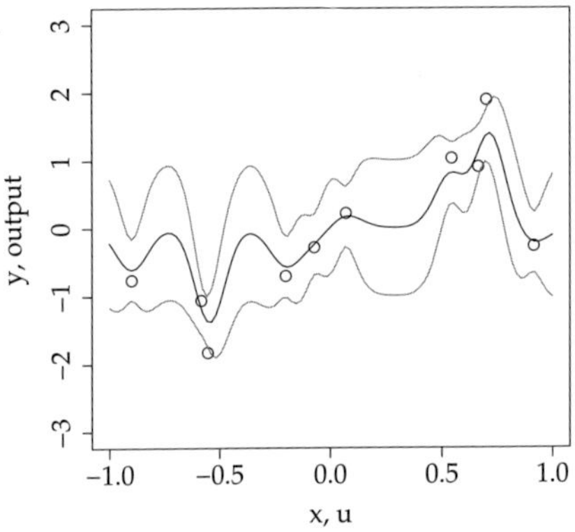

(c) $(\tau, \sigma) = (0.01, 0.5)$

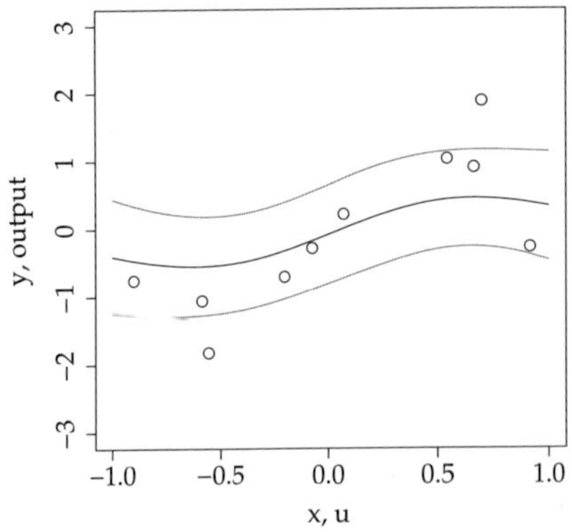

(d) $(\tau, \sigma) = (0.5, 2.0)$

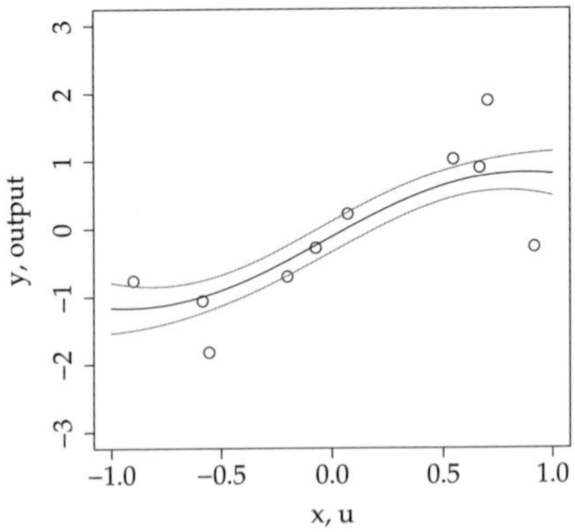

(e) $(\tau, \sigma) = (2.0, 0.5)$

図 5.11　ガウス回帰過程の出力例

ングしているし，大きいと滑らかである．

一方，τ は，共分散関数をガウス・カーネルで表したときの分散であるから，ガウス過程の各点での変動の大きさを決めている．これは，式 (5.34) および式 (5.35) から明らかなように，平均関数および各点での分散の両方に影響する．例えば，図 (a) と図 (e) より，τ が大きいと，各点間での変動が小さいので，平均関数は滑らかになっており，分散も各点であまり変動しない．しかしながら，図 (c) より，τ が小さいと，平均関数および分散は大きく変動している．特に，共分散 $\mathbf{V}_{12}$ はサンプル点と予測点の間の変動を決めるので，τ が小さいと，サンプル点付近とそうでない点での分布のズレは大きくなると考えられる．

なお，図 (a) より，対数周辺尤度に基づいて決めたハイパーパラメータ値は，結果的にも，平均関数およびその周りでのサンプルのバラツキの表現において妥当であるようにみえる．

第 6 章

非線形回帰

パラメータが入出力関係に関して線形に含まれる回帰式を用いた回帰は線形回帰である．したがって，多項式回帰は，入出力関係が非線形であっても線形回帰である．これに対して，入出力関係に関して非線形に含まれるパラメータをもつ回帰式を用いた回帰を非線形回帰という．応用上は，成長曲線のモデルなど，対象のモデリングの過程でその構造を反映させた結果として非線形回帰になる場合がある．

一方で，汎用的な非線形回帰モデルは，機械学習分野において多く利用されている．一般に，汎用的な非線形回帰は線形回帰より柔軟なモデリングを提供するが，パラメータ推定が難しい．こうしたこともあり，機械学習分野では，統計的モデルだけでなく，そのパラメータ推定（最適化）の方法も重要なテーマとなっている．

ここでは，まず，非線形回帰モデルについて簡単に説明する．その後，汎用的な非線形回帰の方法として，近年注目されているディープ・ラーニングのベースとなる階層型ニューラルネットワーク（多層パーセプトロン）について解説する．この解説を通して，非線形回帰に共通する有用さや問題点を明らかにしたい．

6.1 非線形回帰モデル

変数を $\boldsymbol{x} = (x_0, x_1, \ldots, x_D)$ とし（定数項を考えるときは $x_0 = 1$ とする），係数を $\boldsymbol{w} = (w_0, w_1, \ldots, w_D)$ とするとき，線形回帰モデルの回帰式は

$$f(\boldsymbol{x}) = \sum_{d=0}^{D} w_d x_d$$

と表された．このときの「線形」は，回帰式の入出力関係に関してパラメータである係数が線形に含まれていることを意味する．したがって，多項式回帰の場合は，

$$f(x) = \sum_{d=0}^{D} w_d x^d, \quad x \in \mathbb{R}$$

であるから，入出力関係は非線形であるが，線形回帰に帰着される．一方，多変数非線形関数の場合であっても，線形回帰で記述することはできる．例えば，$\boldsymbol{x} = (x_1, x_2)$ のとき，$\boldsymbol{w} = (w_0, w_1, \ldots, w_5)$ として，

$$f_1(\boldsymbol{x}) = w_0 + w_1x_1 + w_2x_2 + w_3x_1^2 + w_4x_2^2 + w_5x_1x_2$$

のような 2 次の多項式を考えると，これは，変数を $(1, x_1, x_2, x_1^2, x_2^2, x_1x_2)$ とみなす線形回帰ととらえられる．

ここで，効率よく多項式を表現することを考える．例えば，パラメータ $\boldsymbol{\alpha} = (\alpha_1, \alpha_2)$ を導入して，

$$f_2(\boldsymbol{x}) = w_0 + w_1x_1^{\alpha_1}x_2^{\alpha_2}$$

なる関数を考える．このとき，$\boldsymbol{\alpha} = (1, 0)$ ととると，x_1 の 1 次までの項による回帰，$\boldsymbol{\alpha} = (2, 0)$ ととると，定数項と x_1 の 2 次の項による回帰など，(x_1, x_2) の任意の次数の組合せの項を表すことができる．この関数 f_2 の表現は上の f_1 の表現を含んではいないが，f_2 において $\boldsymbol{\alpha} = (1, 3)$ ととれることを考えると，f_1 の表現も f_2 の表現を含んではいないことに注意する．いま，$\boldsymbol{\alpha}$ も調整可能なパラメータとすると，$\boldsymbol{\alpha}$ は f_2 の入出力関係に関して非線形に含まれている．

一般に，線形回帰式でない，こうした回帰式を用いた回帰を**非線形回帰**（**非線形回帰モデル**）という．非線形回帰は，非線形パラメータを導入することで回帰式に柔軟性をもたらすという利点がある．一方で，線形回帰では最小二乗推定量をサンプルの関数として陽に計算できたのに対し，パラメータの非線形性によって非線形回帰では一般に最小二乗推定量を解析的に求めることは困難である．第 4 章の一般化線形モデルの場合もそうであったように，非線形回帰のパラメータ推定には逐次的な繰り返し計算が必要となる．

非線形回帰の問題の構造について別の角度から少し考えてみる．例えば，$\boldsymbol{w} = (w_1, \ldots, w_D)$ および $\boldsymbol{b} = (b_1, \ldots, b_D)$ をパラメータとして

$$f_{\boldsymbol{w},\boldsymbol{b}}(\boldsymbol{x}) = \sum_{d=1}^{D} w_j x_j^{b_j}$$

なる回帰式を考える．これは，変数ごとに次数を推定できる多項式回帰であり，非線形回帰である．簡単のために，$K > D$ として $b_j \in \{0, 1, \ldots, K\}$ とする．すなわち，b_j は $\{0, 1, \ldots, K\}$ の中の値に限定されるものとする．このとき，$\boldsymbol{b} \in \{1, \ldots, K\}^D$ と書ける．そうすると，例えば，$D = 1$ で，$K = 2$ のときは，パラメータ $\boldsymbol{b}$ の値の異なる回帰式は，$w_1x_1^0$，$w_1x_1^1$ および $w_1x_1^2$ となる．すなわち，$\boldsymbol{b}$ を推定において選ぶということは，この中から一つ関数形を選ぶことに対応する．ここで，$u_1 = x_1^0$，$u_2 = x_1^1$ および $u_3 = x_1^2$ とおくと，このことは，$\{u_1, u_2, u_3\}$ の中から変数を推定において一つ選ぶことに対応する．すなわち，これは subset selection の問題であり，パラメトリックな関数（この場合は $x_j^{b_j}$）の線形結合によって構成される回帰式に共通する．問題はもう少し複雑で，例えば，$\boldsymbol{b} \in \mathbb{R}^D$ であれば，無限個の関数の中から一つを選ぶことになる．後述する多層パーセプトロンはその例になっている．

非線形回帰としては，成長曲線など，問題に応じて特殊な形状のものが利用されることもある一方で，特に，機械学習分野では汎用的な方法が多くある．以下では，汎用的な非線形回帰の一つとして，近年注目されているディープ・ラーニングのベースにもなっている階層型ニューラルネットワークである多層パーセプトロンについて詳しく述べる．ただし，ここでの解説は，非線形回帰に共通するモデリングの柔軟さや問題点を含んでいると考えてほしい．

6.2 階層型ニューラルネットワーク

6.2.1 多層パーセプトロン

生物の脳は，莫大な数のニューロン（神経細胞）が結合したニューラルネットワーク（神経回路網）である．特に，脳は目や耳などからのセンサー情報を階層的に伝達・処理していることが知られており，そうした階層性をもつニューラルネットワークをモデル化して工学的に応用する試みは古くから行われてきた．近年注目されているディープ・ニューラルネットワークは，基本的には，階層型ニューラルネットワークである．一方で，古くから研究されているシンプルな階層型ニューラルネットワークとして**多層パーセプトロン**があり，それは現在でも，ディープ・ニューラルネットワークの識別（判別）部分に採用されている．

多層パーセプトロンを構成する**演算素子**（**ユニット**あるいは**ニューロン**などとも呼ばれている）は，調整可能なパラメータ $\boldsymbol{w} = (w_0, w_1, \ldots, w_D)$ をもち，入力 $\boldsymbol{u} = (u_1, \ldots, u_D)$ に対する出力が $\varphi\left(w_0 + \sum_{d=1}^{D} w_d u_d\right)$ で与えられる関数である．φ は 1 変数関数であり，**活性化関数**と呼ばれている．$\boldsymbol{w}$ を**結合重み**，あるいは単に**重み**という．活性化関数として，ステップ関数：

$$\varphi(u) = \begin{cases} 1 & (u \geq 0) \\ 0 & (u < 0) \end{cases}, \quad u \in \mathbb{R}$$

を採用することを考える．このとき，$\sum_{d=1}^{D} w_d u_d \geq -w_0$ ならニューロンの出力は 1 であり，そうでなければ 0 である．生物学的なニューロンは，入力の重み付き和がある閾値を超えると次のニューロンに信号を伝達する（発火する）という性質をもつことから，この設定は生物学的なニューロンの直接的なモデルとなっている．このため，w_0 を特別に**閾値**と呼ぶことが多い（したがって，重みと閾値を区別することが多い）．ただし，後述する学習法の性質のために，活性化関数としてステップ関数を採用することはほぼない．

一般には，これに近い形状で微分可能な**ロジスティック・シグモイド関数**：

$$\varphi(u) = (1 + \exp(-u))^{-1} \tag{6.1}$$

や，近年では，**ランプ関数**：

$$\varphi(u) = \max(0, u) \tag{6.2}$$

が用いられている．特に後者を用いた素子（あるいは関数自体）は **ReLU** (Rectified Linear Unit) と呼ばれている．ロジスティック・シグモイド関数は，第 4 章のロジスティック回帰において，条件付き確率を表現するのに用いた．また，場合によっては，恒等関数：

$$\varphi(u) = u \tag{6.3}$$

を用いる．図 6.1 にロジスティック・シグモイド関数とランプ関数を示す．

演算素子は図 6.2 (a) に示すように図的に表現される．図の中の白い丸が演算素子である．各線（入力経路）には重み $\boldsymbol{w}$ が与えられている．図において，素子に $\boldsymbol{x} = (x_1, \ldots, x_D)$ が入力される

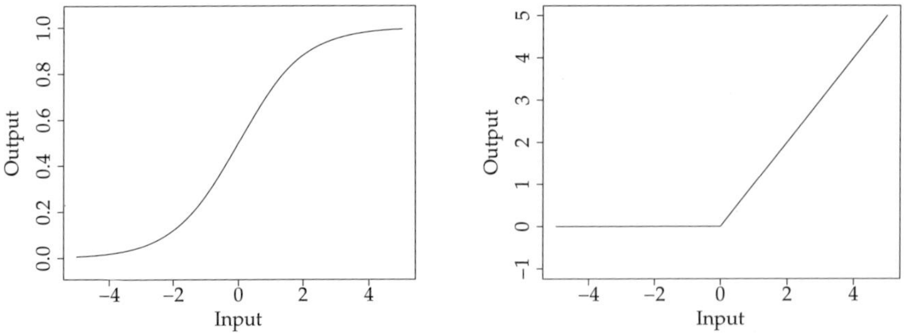

(a) ロジスティック・シグモイド関数　　(b) ランプ関数

図 6.1　活性化関数の例

と，$x_0 = 1$ として，各 x_j に結合重み w_j が乗じられ，その値が演算素子に流入する．演算素子では，それらが足し合わされ，それが活性化関数 φ を通して出力される．すなわち，演算素子の出力は $\varphi(w_0 + w_1 x_1 + \cdots + w_D x_D)$ となる．

多層パーセプトロンは，図 6.2 (b) に示すように，演算素子を階層的に接続して構成される関数である．多層パーセプトロンへの入力を $\boldsymbol{x} = (x_1, \ldots, x_D)$ とする．図に示す L 層パーセプトロン（D 次元入力・M 次元出力）は，$\boldsymbol{x}$ を入力として，$\boldsymbol{f}_L(\boldsymbol{x}) = (f_{L,1}(\boldsymbol{x}), \ldots, f_{L,M}(\boldsymbol{x}))$ を出力する．ただし，以下では，$x_0 = 1$ とする．したがって，多層パーセプトロンは $\mathbb{R}^D$ から $\mathbb{R}^M$ への関数である．

第 1 層を**入力層**といい，入力層では入力 $\boldsymbol{x}$ を受け取り，$\boldsymbol{x}$ を出力する．入力層を層としてカウントしない場合もあるが，カウントしても特に問題は生じないので，ここではカウントすることにする．出力が得られる第 L 層を**出力層**という．入力層と出力層の間の層を**隠れ層**（あるいは**中間層**）という．第 l 層の素子数を K_l と書く．ただし，$1 \leq l \leq L$ であり，$K_1 = D + 1$ および $K_L = M$ である．$l \geq 2$ に対して，第 $l-1$ 層 j 番目の素子と第 l 層 k 番目の間の接続の結合重みを $w_{l-1,j,k}$ と書く．ただし，$0 \leq j \leq K_{l-1}$ および $1 \leq k \leq K_l$ である．入力 $\boldsymbol{x}$ に対する第 l 層 k 番目の素子の出力を $f_{l,k}(\boldsymbol{x})$ と書く．第 l 層 k 番目の素子の活性化関数を $\varphi_{l,k}$ とする．

このとき，図 6.2 (c) に示す第 l 層 k 番目の素子に対する入力は，$l \geq 2$ に対して，

$$s_{l,k}(\boldsymbol{x}) = \sum_{j=0}^{K_{l-1}} w_{l-1,j,k} f_{l-1,j}(\boldsymbol{x}) \tag{6.4}$$

であり，出力は，$l \geq 2$ および $k \geq 1$ に対して，

$$f_{l,k}(\boldsymbol{x}) = \varphi_{l,k}(s_{l,k}(\boldsymbol{x})) \tag{6.5}$$

である．このとき，$l = 1$ においては，形式的であるが，$1 \leq k \leq D$ について $f_{1,k}(\boldsymbol{x}) = x_k$ であり，$f_{1,0}(\boldsymbol{x}) = x_0 = 1$ である．$l > 1$ については，$f_{l,0}(\boldsymbol{x}) = 1$ とする．したがって，$w_{l-1,0,k}$ は閾値である．

一般に，隠れ層ではすべて同じ活性化関数が用いられることが多い．出力層では目的に応じて活性化関数を使い分ける．出力が実数である回帰問題であれば，出力層の活性化関数としては恒等関数を用い，1 出力の分類問題（ロジスティック回帰の非線形バージョン）であればロジスティック・シグモイド関数を用いる．また，多出力の分類問題の場合には，各出力素子でロジスティック・シ

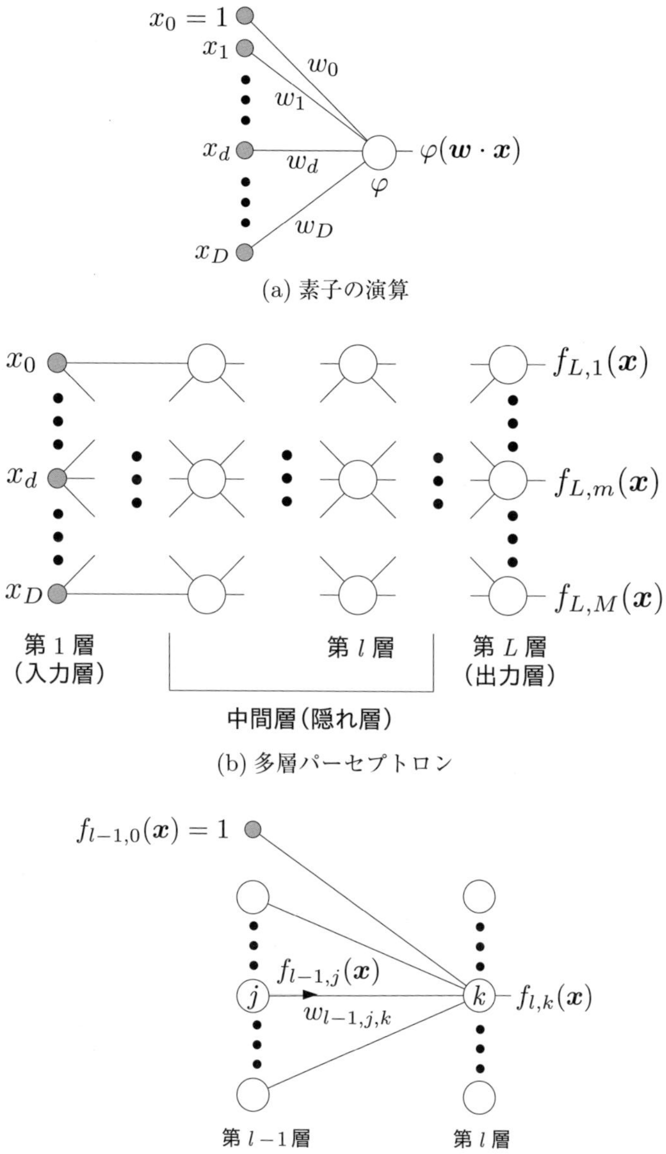

(c) 各層での演算

図 6.2　多層パーセプトロン

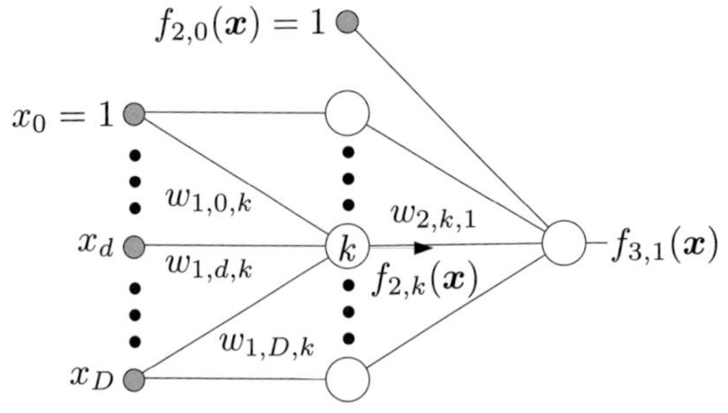

図 6.3　1出力の3層パーセプトロン

グモイド関数を用いてもよい．ただし，後述するように，マルチクラス・ロジスティック回帰の非線形バージョンとして多層パーセプトロンを考えるときは，ソフト・マックス関数を用いる．

多層パーセプトロンの典型例として，D 入力・1出力の3層パーセプトロン（$L=3$，$K_L=1$）で，回帰を目的として，出力層の活性化関数を恒等関数にしたケースを図6.3に示す．このとき，隠れ層は一つであり，$\boldsymbol{x} = (x_1, \ldots, x_D)$ に対する出力は，

$$s_{2,k}(\boldsymbol{x}) = w_{1,0,k} + \sum_{j=1}^{D} w_{1,j,k} x_j$$

$$f_{3,1}(\boldsymbol{x}) = w_{2,0,1} + \sum_{k=1}^{K_2} w_{2,k,1} \varphi_{2,k}(s_{2,k}(\boldsymbol{x}))$$

と書ける．例えば，隠れ素子の活性化関数としてロジスティック・シグモイド関数を採用することを考えると，ロジスティック・シグモイド関数は単調増加関数であるから，一つの演算素子の出力は単純である．しかしながら，第1·2層間の結合重み（閾値を含む）を変えるとロジスティック・シグモイド関数の急峻さや急峻に変化する位置が変わる．その線形結合として出力が得られることから，より複雑な関数を表現できることは明らかである．実際，3層パーセプトロンは層構造としては最も単純であるが，高い表現能力を備えていることが知られている．いま，$f_{3,1}(\boldsymbol{x})$ を回帰式とみると，第2·3層間の結合重み $w_{2,k,1}$，$k = 0, 1, \ldots, K_2$ は線形なパラメータであるが，第1·2層間の結合重み $w_{1,j,k}$，$j = 0, 1, \ldots, D$ は非線形なパラメータである．したがって，3層パーセプトロンを用いた回帰は非線形回帰となる．

線形回帰の場合は，φ_k を D 変数関数として，$(\beta_0, \beta_1, \ldots, \beta_D)$ を係数とすると，回帰式は

$$f(\boldsymbol{x}) = \beta_0 + \sum_{k=1}^{K} \beta_k \varphi_k(\boldsymbol{x})$$

と書ける．線形回帰の場合は，φ_k の形状が k のみに依存して調整可能でない関数の線形結合を採用している．これに対して，3層パーセプトロンの場合は，パラメータ（第1·2層間の結合重み）によって形状を調整できる関数の線形結合を採用している点で大きく異なる．すなわち，3層パーセプトロンでは，与えられたデータに合うように，線形式を構成する各関数の形状を別々にコントロールできるのである．これは，最初に述べた多項式の例において，次数をパラメータとして，その値をデータに合うようにコントロールできることに対応している．この意味で，多層パーセプトロンは subset selection の構造をもつといってもよい．

以上，回帰式としての多層パーセプトロンについて述べてきた．以下では，データ：

$$(\boldsymbol{x}_n, \boldsymbol{y}_n),\ \boldsymbol{x}_n = (x_{n,1}, \ldots, x_{n,D}),\ \boldsymbol{y}_n = (y_{n,1}, \ldots, y_{n,M}),\ n = 1, \ldots, N$$

が与えられた下での多層パーセプトロンのパラメータ推定について述べる．多層パーセプトロンのパラメータは結合重みである．上述したように多層パーセプトロンのパラメータ推定は，そのパラメータに関する非線形性から，逐次的な方法を採用しなければならない．データとの誤差を小さくするような方法では，逐次的な繰り返しを通して，回帰式が徐々にデータにフィットしていく．ニューラルネットワークの分野では，この状況を生物の行動に例えて「**学習**」という．機械学習の起源の一つはニューラルネットワーク研究であり，すでに述べたように，「学習」という用語は機械学習の分野でも使われている．学習に用いるデータのことを**学習データ**あるいは**訓練データ**という．また，$\boldsymbol{y}_n$ は $\boldsymbol{x}_n$ を入力した際の答えに相当するので（特に識別問題の場合），**教師データ**と呼ぶことも多い．非線形回帰モデルのパラメータ推定は，ニューラルネットワーク分野の用語では，教師データがある際の学習となり，これを**教師あり学習** (supervised learning) という．

6.2.2 誤差逆伝搬学習則

多層パーセプトロンの学習（パラメータ推定）は非線形最適化の問題である．その方法として，最も基本的かつ簡単な方法は第 4 章に述べた最急勾配法である．ここでは，多層パーセプトロンの学習に最急勾配法を用いることを考える．このとき，その更新式は，多層パーセプトロンの階層構造から，見通しの良い形で記述される．この更新式による更新則（アルゴリズム）のことを**誤差逆伝搬法** (error backpropagation) あるいは**誤差逆伝搬学習則**という．その名の由来は後ほどわかる．

以下，すべての重み・閾値を一つの重みベクトルとして $\boldsymbol{w}$ と書く．ある $\boldsymbol{w}$ の下で $y_{n,m}$ と $f_{L,m}(\boldsymbol{x}_n)$ の隔たりを表す尺度を $\ell_{n,m}(\boldsymbol{w})$ と書くことにする．この関数は $\boldsymbol{w}$ の関数であり，一般に**損失関数**と呼ばれている．具体的な損失関数については後述するが，二乗誤差はその典型である．以下では，活性化関数と損失関数について，微分可能であることを仮定する．n 番目の学習データ $(\boldsymbol{x}_n, \boldsymbol{y}_n)$ に対する誤差を

$$J_n(\boldsymbol{w}) := \sum_{m=1}^{M} \ell_{n,m}(\boldsymbol{w}) \tag{6.6}$$

と定義する．いま，B を学習に用いるデータのインデックス集合とする．B のとり方については後述するが，すべてのインデック集合でも，一つだけのインデックス集合でも，適当に指定したインデックス集合でもよい．B 内のすべての学習データに対する誤差の総和を

$$J^B(\boldsymbol{w}) := \sum_{n \in B} J_n(\boldsymbol{w}) \tag{6.7}$$

と定義する．J_n や J^B のことを**誤差関数**ともいう．これが最急勾配法の目的関数となる．

パラメータである結合重み $w_{l-1,i,j}$ の学習データ集合 B に対する最急勾配法の更新式は，t 回目の繰り返しにおいて，

$$w_{l-1,i,j}(t) = w_{l-1,i,j}(t-1) - \eta \Delta w_{l-1,i,j}(t-1) \tag{6.8}$$

$$\Delta w_{l-1,i,j}(t-1) := \left.\frac{\partial J^B(\boldsymbol{w})}{\partial w_{l-1,i,j}}\right|_{\boldsymbol{w}=\boldsymbol{w}(t-1)} \tag{6.9}$$

である．$\eta > 0$ はステップサイズであるが，ニューラルネットワークの分野では**学習率**という（学習を進める度合いという意味である）．このとき，$\Delta w_{l-1,i,j}(t-1)$ を**更新量**と呼ぶことにする（実際の更新量はこれに学習率を乗じたものである）．ここで，

$$\Delta w_{l-1,i,j,n}(t-1) := \left.\frac{\partial J_n(\boldsymbol{w})}{\partial w_{l-1,i,j}}\right|_{\boldsymbol{w}=\boldsymbol{w}(t-1)}$$

とおくと，

$$\Delta w_{l-1,i,j}(t-1) = \sum_{n \in B} \Delta w_{l-1,i,j,n}(t-1)$$

である．

$\partial J_n(\boldsymbol{w})/\partial w_{l-1,i,j}$，$2 \le l \le L$ を計算する．式 (6.4) より，

$$\frac{\partial s_{l,j}(\boldsymbol{x}_n)}{\partial w_{l-1,i,j}} = f_{l-1,i}(\boldsymbol{x}_n)$$

である．したがって，

$$\delta_{l,j}(\boldsymbol{x}_n) := \frac{\partial J_n(\boldsymbol{w})}{\partial s_{l,j}(\boldsymbol{x}_n)} \tag{6.10}$$

と定義すると，

$$\frac{\partial J_n(\boldsymbol{w})}{\partial w_{l-1,i,j}} = \frac{\partial J_n(\boldsymbol{w})}{\partial s_{l,j}(\boldsymbol{x}_n)} \frac{\partial s_{l,j}(\boldsymbol{x}_n)}{\partial w_{l-1,i,j}} = \delta_{l,j}(\boldsymbol{x}_n) \cdot f_{l-1,i}(\boldsymbol{x}_n)$$

である．ただし，$f_{1,i}(\boldsymbol{x}_n) = x_{i,n}$ および $f_{1,0}(\boldsymbol{x}_n) = 1$ である．式 (6.10) を計算する．まず，$l = L$ のとき，

$$\delta_{L,j}(\boldsymbol{x}_n) = \frac{\partial J_n(\boldsymbol{w})}{\partial s_{L,j}(\boldsymbol{x}_n)} = \frac{\partial J_n(\boldsymbol{w})}{\partial f_{L,j}(\boldsymbol{x}_n)} \frac{\partial f_{L,j}(\boldsymbol{x}_n)}{\partial s_{L,j}(\boldsymbol{x}_n)} = \frac{\partial J_n(\boldsymbol{w})}{\partial f_{L,j}(\boldsymbol{x}_n)} \cdot \varphi'_{L,j}(s_{L,j}(\boldsymbol{x}_n))$$

である．ただし，$\varphi'_{l,j}$ は $\varphi_{l,j}$ の微分である．一方，$l < L$ のとき，

$$\delta_{l,j}(\boldsymbol{x}_n) = \frac{\partial J_n(\boldsymbol{w})}{\partial s_{l,j}(\boldsymbol{x}_n)} = \frac{\partial J_n(\boldsymbol{w})}{\partial f_{l,j}(\boldsymbol{x}_n)} \frac{\partial f_{l,j}(\boldsymbol{x}_n)}{\partial s_{l,j}(\boldsymbol{x}_n)} = \frac{\partial J_n(\boldsymbol{w})}{\partial f_{l,j}(\boldsymbol{x}_n)} \varphi'_{l,j}(s_{l,j}(\boldsymbol{x}_n))$$

である．ここで，

$$\frac{\partial J_n(\boldsymbol{w})}{\partial f_{l,j}(\boldsymbol{x}_n)} = \sum_{k=1}^{K_{l+1}} \frac{\partial J_n(\boldsymbol{w})}{\partial s_{l+1,k}(\boldsymbol{x}_n)} \frac{\partial s_{l+1,k}(\boldsymbol{x}_n)}{\partial f_{l,j}(\boldsymbol{x}_n)} = \sum_{k=1}^{K_{l+1}} \delta_{l+1,k}(\boldsymbol{x}_n) \cdot w_{l,j,k}$$

だから，

$$\delta_{l,j}(\boldsymbol{x}_n) = \left(\sum_{k=1}^{K_{l+1}} \delta_{l+1,k}(\boldsymbol{x}_n) \cdot w_{l,j,k} \right) \varphi'_{l,j}(s_{l,j}(\boldsymbol{x}_n))$$

となる．以上をまとめると，

$$\Delta w_{l-1,i,j,n}(t-1) = \left. \delta_{l,j}(\boldsymbol{x}_n) f_{l-1,i}(\boldsymbol{x}_n) \right|_{\boldsymbol{w}=\boldsymbol{w}(t-1)} \tag{6.11}$$

であり，ここで，

$$\delta_{l,j}(\boldsymbol{x}_n) = \begin{cases} -\dfrac{\partial J_n(\boldsymbol{w})}{\partial f_{L,j}(\boldsymbol{x}_n)} \cdot \varphi'_{L,j}(s_{L,j}(\boldsymbol{x}_n)) & (l = L) \\ \left(\displaystyle\sum_{k=1}^{K_{l+1}} \delta_{l+1,k}(\boldsymbol{x}_n) \cdot w_{l,j,k} \right) \varphi'_{l,j}(s_{l,j}(\boldsymbol{x}_n)) & (l < L) \end{cases} \tag{6.12}$$

である．

更新式において，$\delta_{l,j}(\boldsymbol{x}_n)$ を**誤差信号**という．以上からわかるように，$\delta_{l+1,k}(\boldsymbol{x}_n)$，$k = 0, \ldots, K_{l+1}$ が計算できていれば，$\delta_{l,j}(\boldsymbol{x}_n)$ は計算できる．したがって，出力層（L 層）における誤差信号が計算できれば，L 層と $L-1$ 層の間の結合重みが更新でき，$L-1$ 層の誤差信号が計算できる．よって，次に，$L-1$ 層と $L-2$ 層の間の結合重みが更新でき，$L-2$ 層の誤差信号が計算できる．このように，出力層から順次，誤差信号を伝搬しながら，入力側に向かって結合重みの更新ができる．この意味で，この更新則（学習則）を誤差逆伝搬法という．

明らかなように，誤差逆伝搬法の計算において，損失関数は出力層の計算にのみ関係している．すなわち，損失関数を変更するときは，プログラム的には，$\delta_{L,j}(\boldsymbol{x}_n)$ の計算式のみを変更し，その他の層の計算はそのままでよい．ただし，どの層においても活性化関数の微分は必要であるため，採用した活性化関数に応じて誤差信号の計算式が変わることに注意する．

以上より，$J^B(\boldsymbol{w})$ に対する更新量は，式 (6.6) と式 (6.7) より，式 (6.11) の総和として，

$$\Delta w_{l-1,i,j}(t-1) = \sum_{n \in B} \delta_{l,j}(\boldsymbol{x}_n) f_{l-1,i}(\boldsymbol{x}_n)\big|_{\boldsymbol{w}=\boldsymbol{w}(t-1)} \tag{6.13}$$

で与えられる．活性化関数のとり方や損失関数に応じた誤差信号は次の項にまとめておく．

6.2.3 活性化関数と損失関数の具体例

誤差逆伝搬法では活性化関数の微分を計算する必要があるので，まず，代表的な例について述べておく．例えば，φ が恒等関数 (6.3) の場合，

$$\varphi'_{l,j}(u) = 1 \tag{6.14}$$

であり，ロジスティック・シグモイド関数 (6.1) の場合，

$$\varphi'_{l,j}(u) = \varphi_{l,j}(u)(1 - \varphi_{l,j}(u)) \tag{6.15}$$

である．また，ランプ関数 (6.2) は原点で微分可能ではないが，実装では，$\varphi'_{l,j}(0)$ を $[0,1]$ の間で適当に定めればよい（そこでの値は学習にはほとんど影響しない．ただし，微分の不連続性は影響するかもしれない）．仮に，$\varphi'_{l,j}(0) = 1$ と定めると，

$$\varphi'_{l,j}(u) = \begin{cases} 1 & (u \geq 0) \\ 0 & (u < 0) \end{cases} \tag{6.16}$$

である．微分の不連続性を考えると，ランプ関数は単純に勾配法の観点からは望ましくないが，実は，ディープ・ラーニング（層数 L が大きいとき）において生じる「勾配の消失」と呼ばれる学習

の問題を解消できることが数式的にも経験的にも知られているため，その改良版も含めて，近年のディープ・ラーニングでは主流となっている（例えば [45]）．

多層パーセプトロンにおいて，隠れ層の素子の活性化関数は基本的に非線形関数であるが，出力層の素子の活性化関数は問題に応じて選ぶ必要がある．問題設定としては，データ $(\boldsymbol{x}_n, \boldsymbol{y}_n)$ について，教師データ $y_{n,m}$ が実数値のケースと $y_{n,m} \in \{0,1\}$ のケースに分けられる．前者は通常の統計的回帰の枠組みであり，後者は識別（分類）問題の枠組みでとらえることもできる．$M = 1$ のとき（出力素子が一つのとき）は，本書では，前者の問題設定では線形回帰やノンパラメトリック回帰について触れ，後者のケースではロジスティック回帰について触れた．多層パーセプトロンは，出力層の素子の活性化関数に応じて，いずれの問題設定でも用いることができて，さらに，多出力（出力が多変量）の場合に対応できる．ただし，問題設定に応じて，損失関数も対応するものを選ぶ必要がある．誤差逆伝搬法においては，出力層の活性化関数と損失関数に応じて，出力層での誤差信号 $\delta_{L,j}(\boldsymbol{x}_n)$ が決まる．以下にいくつかの典型的な例を示しておく．

- $y_{n,m}$ が実数のとき，出力層の素子の活性化関数 $\varphi_{L,m}$ としては，恒等関数など，出力が実数全体を表現できる関数を用いる（場合によってはランプ関数でもよいかもしれない）．このとき，損失関数としては二乗誤差：

$$\ell_{n,m}(\boldsymbol{w}) = \frac{1}{2}(y_{n,m} - f_{L,m}(\boldsymbol{x}_n))^2 \tag{6.17}$$

  を採用するのが一般的である．多層パーセプトロンにおいては，特に $M = 1$ である必要はなく，多変量から多変量への関係を同時に学習によって獲得できる．$\varphi_{L,m}$ が恒等関数のとき，式 (6.14) と式 (6.12) および式 (6.17) より，更新式における誤差信号は，

$$\delta_{L,j}(\boldsymbol{x}_n) = -(y_{n,j} - f_{L,j}(\boldsymbol{x}_n))$$

  とすればよい．

- 多層パーセプトロンによる識別問題（パターン認識）を考える．この場合，$y_{n,m}$ はクラス・ラベルである．例えば，$M = 1$ のときは，ダミー変数化して $y_{n,1} \in \{0,1\}$ とすると，これは 2 値分類問題であり，この問題設定はロジスティック回帰と同じである．このとき，例えば，損失関数を二乗誤差とし，出力層の活性化関数をロジスティック・シグモイド関数とすると，誤差信号は，式 (6.15) と式 (6.12) および式 (6.17) より，

$$\delta_{L,1}(\boldsymbol{x}_n) = -(y_{n,1} - f_{L,1}(\boldsymbol{x}_n))f_{L,1}(\boldsymbol{x}_n)(1 - f_{L,1}(\boldsymbol{x}_n))$$

  となる．損失関数を対数尤度の負符号：

$$\ell_{n,1}(\boldsymbol{w}) = -\left(y_{n,1}\log f_{L,m}(\boldsymbol{x}_n) + (1 - y_{n,1})\log(1 - f_{L,m}(\boldsymbol{x}_n))\right)$$

  として，出力層の活性化関数をロジスティック・シグモイド関数とすると，誤差信号は

$$\begin{aligned}\delta_{L,1}(\boldsymbol{x}_n) &= -\left(\frac{y_{n,1}}{f_{L,1}(\boldsymbol{x}_n)} - \frac{1 - y_{n,1}}{1 - f_{L,1}(\boldsymbol{x}_n)}\right) f_{L,1}(\boldsymbol{x}_n)(1 - f_{L,1}(\boldsymbol{x}_n)) \\ &= -(y_{n,1} - f_{L,1}(\boldsymbol{x}_n))\end{aligned}$$

  となる．

- マルチクラスの場合は，損失関数を交差エントロピー誤差とし，出力層の活性化関数を単純なロジスティック・シグモイド関数として構成することもできるが，マルチクラス・ロジスティック回帰と同様に出力層の活性化関数としてソフトマックス関数を用いるのが一般的である．式 (4.41) より，$\boldsymbol{u} = (u_1, \ldots, u_M)$ とし，$\theta_M(\boldsymbol{u}) = \sum_{m=1}^{M} e^{u_m}$ として，このときの出力層第 k 素子の活性化関数は，

$$\varphi_k(\boldsymbol{u}) = \frac{\exp(u_k)}{\theta_M(\boldsymbol{u})} \tag{6.18}$$

と書ける．この式からわかるように，活性化関数の値は，出力層の他の素子に対する入力にも依存する．この表記の下で，$u_k = s_{L,k}(\boldsymbol{x}_n)$ とおいて，$f_{L,k}(\boldsymbol{x}_n) = \varphi_k(\boldsymbol{u})$ である．簡単な計算から，

$$\frac{\partial \varphi_k(\boldsymbol{u})}{\partial u_j} = \begin{cases} \varphi_k(\boldsymbol{u})(1 - \varphi_k(\boldsymbol{u})) & (j = k) \\ -\varphi_k(\boldsymbol{u})\varphi_j(\boldsymbol{u}) & (j \neq k) \end{cases} \tag{6.19}$$

である．まず，マルチクラス・ロジスティック回帰と同様に，クラスを $\{C_1, \ldots, C_M\}$ とすると，one-hot encoding により，

$$y_{n,m} = \begin{cases} 1 & (\boldsymbol{x}_n \in C_m) \\ 0 & (\boldsymbol{x}_n \notin C_m) \end{cases}$$

というラベル $\boldsymbol{y}_n = (y_{n,1}, \ldots, y_{n,M})$ を考える．この下で，損失関数として，交差エントロピー誤差：

$$\ell_{n,m}(\boldsymbol{w}) = -y_{n,m} \log f_{L,m}(\boldsymbol{x}_n) \tag{6.20}$$

を採用する．出力層の活性化関数としてソフトマックス関数を考える場合は，出力層での誤差信号は，式 (6.19) を用いて，定義に従って計算すると，

$$\begin{aligned} \delta_{L,j}(\boldsymbol{x}_n) &= \frac{\partial J_n(\boldsymbol{w})}{\partial s_{L,j}(\boldsymbol{x}_n)} = \sum_{m=1}^{M} \frac{\partial \ell_{n,m}(\boldsymbol{w})}{\partial s_{L,j}(\boldsymbol{x}_n)} = -\sum_{m=1}^{M} \frac{y_{n,m}}{f_{L,m}(\boldsymbol{x}_n)} \frac{\partial f_{L,m}(\boldsymbol{x}_n)}{\partial s_{L,j}(\boldsymbol{x}_n)} \\ &= -\frac{y_{n,j}}{f_{L,j}(\boldsymbol{x}_n)} f_{L,j}(\boldsymbol{x}_n)(1 - f_{L,j}(\boldsymbol{x}_n)) + \sum_{\substack{m=1 \\ m \neq j}}^{M} \frac{y_{n,m}}{f_{L,m}(\boldsymbol{x}_n)} f_{L,m}(\boldsymbol{x}_n) f_{L,j}(\boldsymbol{x}_n) \\ &= -y_{n,j}(1 - f_{L,j}(\boldsymbol{x}_n)) + f_{L,j}(\boldsymbol{x}_n) \sum_{\substack{m=1 \\ m \neq j}}^{M} y_{n,m} \\ &= -y_{n,j}(1 - f_{L,j}(\boldsymbol{x}_n)) + f_{L,j}(\boldsymbol{x}_n)(1 - y_{n,j}) = -(y_{n,j} - f_{L,j}(\boldsymbol{x}_n)) \end{aligned}$$

となる．ここで，one-hot encoding で成り立つ $\sum_{m=1}^{M} y_{n,m} = 1$ を利用した．なお，この方法は，第 4 章のマルチクラス・ロジスティック回帰の非線形バージョンである．

- 時系列 $z_1, \ldots, z_N$ が与えられたとき，$\boldsymbol{x}_i = (z_{i-1}, \ldots, z_{i-D})$ および $y_i = z_i$ とすれば，過去の D 個の値から現在の時刻 i での値を予測するようなモデリングが可能である．この場合は，出

力層の活性化関数として恒等関数を用いる．ただし，$i \notin \{1, \ldots, N\}$ について z_i を適当に決めるものとする（例えば $z_i = 0$）．1.12 節に述べたように，このときの $\boldsymbol{x}_i$ と y_i の関係を線形回帰式で記述したモデルは（線形）自己回帰モデルであった．ここでは，回帰式として，多層パーセプトロンを考えることを意味し，これは非線形自己回帰モデルの一つの具体例である．なお，この場合は，損失関数として二乗誤差をとればよい．

6.2.4　誤差逆伝搬学習則の実装例

R では多層パーセプトロンのパッケージが用意されているが，ここでは，理解のために，d 入力 1 出力の多層パーセプトロン（隠れ層と出力層の活性化関数がそれぞれロジスティック・シグモイド関数と恒等関数であり，各層に閾値を設置した構成）を R スクリプトで実装してみる．

コード 6.4 に，誤差逆伝搬法で利用する関数をまとめてある．関数 sigmoid は入力 x に対してロジスティック・シグモイド関数の値を返し，関数 dsigmoid はその微分の値を返す．ただし，dsigmoid への引数 x はロジスティック・シグモイド関数の出力値でなければならないことに注意する．

関数 initialize は，引数としてネットワーク構造 netsize と初期値の範囲パラメータ irng を受け取り，初期化された結合重みのリスト W を返す．ネットワーク構造 netsize は，入力層，隠れ

```
sigmoid <- function(x) {
  return(1.0 / (1.0 + exp(-x)))
}
dsigmoid <- function(x) {
  return(x * (1.0 - x))
}
initialize <- function(netsize, irng) {
  L <- length(netsize) - 1
  W <- NULL
  for (l in 1:L) {
    k <- netsize[l]
    kn <- netsize[l + 1]
    Wtmp <- matrix(runif((k + 1) * kn, -irng, irng), k + 1, kn)
    W <- c(W, list(Wtmp))
  }
  return(W)
}
forward <- function(X, W) {
  N <- nrow(X)
  L <- length(W)
  out <- list(cbind(rep(1, N), X))
  for (l in 1:(L-1)) {
    hout <- sigmoid(out[[l]] %*% W[[l]])
    out <- c(out, list(cbind(rep(1, N), hout)))
  }
  hout <- out[[L]] %*% W[[L]]
  out <- c(out, list(hout))
  return(out)
}
```

コード 6.4　3 層パーセプトロンの誤差逆伝搬法の実装に必要な関数

層（複数可），出力層の素子数をベクトルとして格納した変数である．例えば，隠れ層が二つの構造で，入力層の素子数を 2，第 1 隠れ層の素子数を 8，第 2 隠れ層の素子数を 4，出力層の素子数を 1 とするとき，netsize は c(2, 8, 4, 1) というベクトルとなる．初期値の範囲のパラメータを b とすると，すべての結合重みの初期値は $[-b, b]$ 上の一様乱数で生成される．生成された結合重みのリスト W は，第 l 層と l+1 層の間の結合重みが W[[l]] に $(K_l + 1) \times K_{l+1}$ 行列として格納されるように構成される（$l + 1$ 層の閾値を含めてあることに注意する）．

関数 forward は，入力 X と結合重みのリスト W を与えて順計算（入力に対して各層の出力を順次求めていく計算）を実行するものであり，各層の出力をリスト out に格納して返す．入力 X はサンプル数 $\times$ 入力数の行列である．out[[l]] には第 l 層の出力がサンプル数 $\times$ 素子数の行列として格納される．関数では L+1 が層数に対応しており，多層パーセプトロンの出力は out[[L+1]] である．ここで，出力層以外の各層には閾値を設定しているので，それに対応して常に 1 をとる列を out に追加してある．

コード 6.5 に，誤差逆伝搬法の関数 bp を示している．この関数は，入出力データ (X, y)，結合重みの初期値 W，学習率 eta，学習回数 T および学習中の誤差を表示するタイミング dT を引数として受け取り，学習後の結合重み W と残差二乗和の履歴 ehist を返す．ここで，W は上書きされたものである．また，戻り値としては，W に weights，ehist に err_history という名前を付けている．以下に詳しく説明する．

6 ～ 27 行目：学習のループである．

8 ～ 9 行目：現在の結合重みでの順計算 forward を用いて行い，各層での出力を out に格納する．出力層での出力 out[[L+1]] を用いて誤差 err を計算している．これは，誤差逆伝搬法で利用されるとともに，その二乗平均が ehist に残差二乗和の学習中の履歴として追加される．

12 行目：dT 回ごとに残差二乗和を画面表示する．

14 ～ 15 行目：出力層での誤差信号 delta を計算し，出力層とその一つ手前の層との間の結合重みの更新量 dw を計算している．この更新量による更新は 17 行目で行われることになる．

16 ～ 25 行目：このループでは，出力層以外の層について，誤差信号 delta を計算し，結合重みの更新量 dw を計算するとともに，更新（17 行目）を行っている．ただし，最後の更新は 26 行目であり，これはループの外である．

29 ～ 32 行目：学習後の残差二乗和を計算している．

なお，この関数での学習はすべてのサンプルを利用した一括学習である．また，このコードでもエラーチェックはしていないので注意してほしい．

コード 6.6 にコード 6.5 の関数を利用した 3 層パーセプトロンによる非線形回帰の例を示す．この例では，sin 関数からのサンプルを学習データとして，隠れ層素子数 4 の構造によってフィッティングしている．また，誤差の履歴を表示するとともに，データと学習後の出力を表示させている．結果のグラフは省略するので，確かめてほしい．

```
bp <- function(X, y, W, eta, T, dT) {
  N <- nrow(X)
  L <- length(W)
  ehist <- NULL
# 学習のループ
  for (t in 1:T) {
# 誤差の計算
    out <- forward(X, W)
    err <- (y - out[[L+1]])
    ehist <- c(ehist, mean(err^2))
# dT 回ごとに誤差を表示
    if (t %% dT == 0) cat("[", t, "]␣:␣", mean(err^2), "\n")
# 出力層の手前の結合重みの更新量の計算
    delta <- -err * rep(1, N)
    dw <- t(t(delta) %*% out[[L]])
    for (l in L:2) {
      W[[l]] <- W[[l]] - eta * dw # 結合重みの更新
      dtmp <- delta
      delta <- NULL
# 結合重みの更新量の計算
      for (j in 2:nrow(W[[l]])) {
        delta <- cbind(delta, dtmp %*% W[[l]][j, ] * dsigmoid(out[[l]][, j]))
      }
      dw <- t(t(delta) %*% out[[l - 1]])
    }
    W[[1]] <- W[[1]] - eta * dw # 入力層と結合している結合重みの更新
  }
# 誤差の計算
  out <- forward(X, W)
  err <- y - out[[L+1]]
  ehist <- c(ehist, mean(err^2))
  cat("[", t, "]␣:␣", mean(err^2), "\n")

  return(list("weights" = W, "err_history" = ehist))
}
```

コード 6.5　多層パーセプトロンの誤差逆伝搬法の実装

```
# サンプルの生成
set.seed(2017)
n <- 100
x <- runif(n, -1, 1)
X <- matrix(x, n, 1)
y <- matrix(sin(pi * x), n, 1)
# 学習の準備
netsize <- c(1, 4, 1); irng <- 1
W <- initialize(netsize, irng)
eta <- 0.0012; T <- 100000; dT <- T / 100
# 学習
ret <- bp(X, y, W, eta, T, dT)
# 学習後の結合重みと残差二乗和の履歴を抽出
W <- ret$weights
ehist <- ret$err_history
L <- length(W)
# 残差二乗和の履歴の描画
readline(">>>␣show␣Error␣history␣<<<")
plot(0:T, ehist, type = "l", log = "y", xlab = "iteration", ylab = "Error")
# 教師データと学習後の出力の描画
readline(">>>␣show␣output␣<<<")
out <- forward(X, W)
plot(x, y, xlim = c(-1, 1), ylim = c(-1.5, 1.5), lwd = 0.5, cex = 1.5, xlab = "x", ylab
    = "y,␣Output")
par(new = T)
xx <- sort(x, index.return = T)
plot(xx$x, out[[L+1]][xx$ix], type = "l", xlim = c(-1, 1), ylim = c(-1.5, 1.5), xlab =
    "", ylab = "")
```

コード **6.6** 3 層パーセプトロンの例

6.2.5 多層パーセプトロンの学習について

1980 年代に始まったニューラルネットワーク研究と最近のディープ・ラーニング研究において，階層型ニューラルネットワークの構造やその学習法については莫大な数の研究がなされている．ここでそれらを紹介することは困難であるため，押さえておくとよい基本的なことだけをまとめておく．

逐次学習と一括学習

一般に，一つのデータが与えられるごとにそのデータとの誤差を小さくするように結合重みの更新を行う学習を**逐次学習**という．例えば，時間的に新たなデータが一つずつサンプリングされ，その都度，結合重みをアップデートする状況は**オンライン学習**と呼ばれているが，これは逐次学習である．ただし，オンライン学習というときは，一度学習に利用したデータを捨てる（二度と利用しない）という意味合いが強いが，後述するように，逐次学習はそうした利用に限らない．逐次学習の場合は，ある繰り返し t で与えられるデータを $(\boldsymbol{x}(t), y(t))$ とすると，形式的には，更新式における B に入るインデックスをもつデータは $(\boldsymbol{x}(t), y(t))$ だけとなる．

一方，手元にあるすべてのデータを利用して結合重みを更新する学習を**一括学習**（**バッチ学習**）という．すなわち，手元にあるすべてのデータのインデックス集合が更新時の B となる．このとき，一括学習を行うこともできるが，その中から繰り返しごとに一つずつサンプリングして，逐次学習を行うことも可能である．最近のビッグデータを扱う状況では，データ数が莫大なとき，一括学習の更新式の計算に多大な時間を要することがある．こうした状況では，莫大なデータからサンプリングして逐次学習を用いる方が応用上は現実的である．しかしながら，逐次学習では，サンプリングによるデータのバラツキが学習に影響するため，一般的には一括学習より不安定である（結合重みの収束に影響する）．

そこで，すべてのデータから適当な数のデータをサンプリングし，それらに対して一括学習を行う方法を繰り返す**ミニバッチ学習**と呼ばれる方法がある．ミニバッチ学習は，近年のデータの大量化（画像データなど）に伴い標準的な方法となっている．

誤差逆伝搬法の場合で少し丁寧に記述しておく．いま，$B(t)$ を t 回目の繰り返しにおけるデータのインデックス集合とする．すなわち，$B(t) \subseteq \{1, \ldots, N\}$ とする．通常，$B(t)$ の要素の数は t にかかわらず一定で N より小さくとる．それを $b = |B(t)| < N$ とする．このときの更新量は式 (6.13) において $B = B(t)$ として計算する．ただし，選んだミニバッチ B に対して結合重みを 1 回アップデートするのではなく，適当な回数のアップデートを行ってもよい．すなわち，適当に m を決めて，繰り返し回数 $t_1, \ldots, t_m$ において，$B(t_1) = \cdots = B(t_m)$ とする．ミニバッチは $\{1, \ldots, N\}$ からランダムに b 個をサンプリングして構成してもよいし，$\{1, \ldots, N\}$ を予め分割しておいて，それらを順番に繰り返し与えるようにしてもよい．ミニバッチのサイズ b は経験的に決める必要があるが，逐次学習と一括学習のいいとこどりをするように（計算量と安定性のバランスをとるように）適切に設定すると効果的である．

誤差曲面と学習アルゴリズムの改良

結合重みの空間上での誤差関数 $J^B(\boldsymbol{w})$ の形状を**誤差曲面**という．学習は誤差曲面の形状に大きく依存する．例えば，誤差曲面に最小値でない極小値が存在する場合，勾配法では極小値にスタックしてしまうと，原理的にはそこから抜け出すことはできない．勾配法は大域的最小値を見つける方法ではなく，局所最小値を見つける方法であり，大域的最小値を見つける方法は現在のところ知られていない．また，多層パーセプトロンにおいて層数や各層の素子数を増やせば，結合重みの数が多くなり，その上の誤差曲面の形状も複雑になる．そうした場合，一般には，最小値を見つけることはあきらめて，ある程度よい極小値に，なるべく速く収束することが学習アルゴリズムに求められる．こうしたことを考えるためには，多層パーセプトロンの誤差曲面がどのような形状をしているかを明らかにすることが大事であり，そうした研究もされてきた．例えば，次に示す例からもわかるように，誤差曲面にフラットな部分が存在して，その近傍では学習が停滞することなどが考えられる．

誤差曲面の例を示す．x_i を $[-5, 5]$ を等間隔 0.1 でサンプリングした点として，$y_i = 1/(1 + \exp(-x_i))$ によって教師データを生成する．このデータに対して $f_{a,c}(x) = c/(1 + \exp(-ax))$ を当てはめることを考える．これは 1 入力 1 出力で，隠れ層の活性化関数をロジスティック・シグモイド関数とし，出力層の活性化関数を恒等関数とし，隠れ層と出力層において閾値を考えないとした 3 層パーセプトロンである．このときの重み（パラメータ）は (a, c) であり，これらは入力重みと出力重みに対応している．関数の形状で考えると，これらは，関数のスロープ（傾斜）と係数をコント

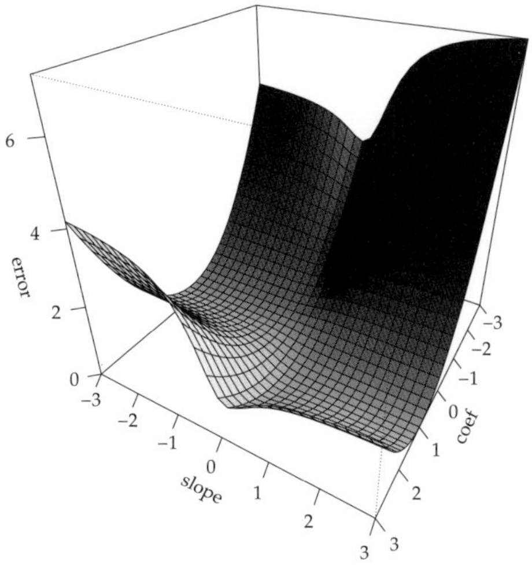

図 6.7 誤差曲面の例

ロールする．図 6.7 に損失関数を二乗誤差とする場合の誤差曲面（残差二乗平均）を示す（適当な数のデータを生成し，(a,c) を固定したときの残差二乗平均を計算できる）．このとき，$(a,c)=(1,1)$ において誤差は最小値 0 をとるが，その点の近傍では単峰性をもつ単純な曲面となっていないことがわかる．例えば，$c=0$ であれば，任意の a と x に対して $f_{a,c}(x)=0$ となるので，直線 $(a,0)$ 上では誤差は等しい．すなわち，この領域は誤差曲面がフラットである．例えば，$(a,c)=(-3,-1)$ の付近を初期値として最急勾配学習を始めると，このフラットな領域に近づき，学習の停滞が起こることは容易に想像できる．実際の多層パーセプトロンの誤差曲面はもっと複雑であるが，この例のようなケースは，パラメータ値と回帰式が一対一に対応していないためにデータに関係なく必ず存在する（すなわち，$f_{a,c}(x)=0$ となるパラメータ値 a は一意ではない）．

これに加えて，一般にも最急勾配法は収束が遅いことが知られており，その加速化は古くから研究され，多くの方法が提案され続けてきた．それらは膨大なので，ここでは詳しく触れずに，原理的な話に基づく簡単な方法を一つ紹介するに留める．

最急勾配法では，誤差の結合重みによる勾配ベクトルが結合重みの更新の方向と大きさを決める．更新の大きさは学習率で調整できる．一方，方向は調整できない．いま，説明のために，パラメータ $\boldsymbol{w}=(w_0,w_1)$ 上の誤差曲面 $J^B(\boldsymbol{w})$ の等高線が図 6.8 の点線のようである状況を考える．極小値のある領域は灰色で示してある．この例では，等高線から，(w_0,w_1) の平面の 45 度線に沿って谷のように誤差が小さくなっており，それに垂直な方向の勾配は大きくなっている（上の誤差曲面の例も誤差がフラットな部分はこれに似たケースである）．

図 6.8 (a) に最急勾配法での軌跡の例を示す．誤差曲面の形状から，まず，$\boldsymbol{w}(0)$ において，w_0 方向の勾配は大きく，w_1 方向の勾配は小さいため，w_0 方向の更新が支配的であり，$\boldsymbol{w}(1)$ の位置に更新される．$\boldsymbol{w}(1)$ においては，w_0 方向の勾配は小さく，w_1 方向の勾配が大きいため，w_1 方向の更新が支配的であり，$\boldsymbol{w}(2)$ の位置に更新される．これを繰り返すと，図 6.8 (a) のように，谷の構造に沿ってジグザグの軌跡で進むことになり，極小値への収束が遅くなることが考えられる．

そこで，更新式 (6.8) において，$\alpha>0$ として，

$$w_{l-1,i,j}(t) = w_{l-1,i,j}(t-1) + \eta\Delta w_{l-1,i,j}(t-1) + \alpha\Delta w_{l-1,i,j}(t-2)$$

のように，時刻 $t-2$ における更新量（勾配）を加えた学習則を考える．この項は，一つ前の更新量の方向の成分も考慮に入れるという意味で**慣性項**（**モーメンタム項**）と呼ばれており，この方法を**慣性法**（**モーメンタム法**）という．モーメンタム法では $\boldsymbol{w}(0)$ と $\boldsymbol{w}(1)$ が初期値であることに注意する．

図 6.8 (b) に例における慣性法での軌跡を示す．$\boldsymbol{w}(2)$ は，$\boldsymbol{w}(1)$ における勾配方向とその一つ前の更新の方向の和の位置に更新されている．これにより，谷の方向に沿ってパラメータの更新がなされていることがわかる．慣性法は一つの単純な例であるが，典型的な例であり，ほとんどの学習法は，誤差曲面の形状やデータのバラツキなどを考慮して，それによる収束の遅さを改善するために工夫がされていると考えればよい．一方で，多層パーセプトロンの学習は，一般には，非線形最適化の問題であり，実際に，その分野での方法を改良して利用することも考えられている．

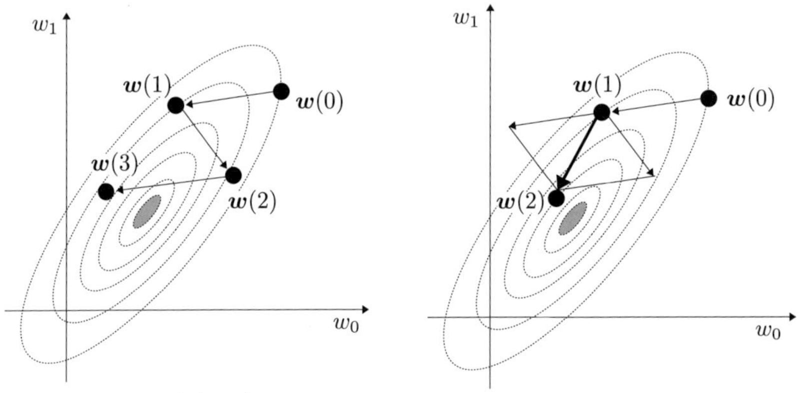

(a) 最急勾配法　　(b) 慣性法

図 6.8　誤差曲面と最急勾配法および慣性法の軌跡

初期値の問題

誤差局面が複雑な場合，局所最小値があってもなくても，最急勾配法で得られる解（結合重みの推定値）は，有限の学習回数の下では一般に初期値によって異なる．このことは，図 6.7 の誤差曲面の例からも明らかである．例えば，初期値によっては，大きい誤差を与える重みの付近で学習が停滞してしまい，そこで学習を打ち切ることになるかもしれない．結合重みの適切な初期値の設定は一般には難しく，通常，いくつかの初期値からスタートして（初期値試行），学習データに対する誤差が最も小さくなった学習を採用することが多い．

ただし，例えば，ロジスティック・シグモイド関数を活性化関数とする場合などは，重みの初期値の絶対値が大きいと，その素子に対する入力の絶対値が大きくなるため，図 6.1 (a) からわかるように，活性化関数のフラットな部分を利用することになる．このとき，勾配は非常に小さくなるので，学習の停滞が起こりやすいことは明らかである．

したがって，一般には，結合重みの初期値は小さい値にとることが多い．ただし，このことは，入力データの範囲にも依存することに注意する．

6.2.6 多層パーセプトロンの汎化性について

第2章にも述べたように，機械学習やニューラルネットワークの分野では，学習したモデルが未学習のデータに対してよく当てはまることを「**汎化性**が良い」という．汎化性の問題は，すなわち，予測の問題である．学習後の多層パーセプトロンについても汎化性が求められる．ただし，線形回帰の場合と異なり，学習データに対する誤差（学習誤差）や汎化誤差（予測誤差）などの統計的性質については理論的に明らかでない点が多い．ここでは多層パーセプトロンの汎化性に係わることを定性的に説明する．

構造の決定の問題

多層パーセプトロンのシンボリックな形状を**ネットワーク構造**といい，その規模は，層数，各層の素子数および結合数によって決まる．一般に，調整可能なパラメータは結合重み（閾値を含む）であり，ネットワーク規模が大きいほど，その数が多くなる．したがって，ネットワーク規模が大きいほど（ネットワーク構造が複雑なほど），表現能力が高くなり，複雑な入出力関係を記述できると考えられる．

ただし，多層パーセプトロンにおける結合重みの役割は層や活性化関数によって異なるので，単純にすべての結合重みが同じような仕方で表現能力に寄与しているわけではない．例えば，入力側の層の結合重みと出力側の層の結合重みは同じ寄与をしているとは考えにくい．多層パーセプトロンの場合，層数が増えたり，各層の素子数が増えたりすれば，結合数が多くなり，調節可能なパラメータ（重み）数が多くなる．すなわち，多層パーセプトロンの構造は汎化性に大きく影響する．

もちろん，素子間の特定の接続（単一の結合重み）を除くか除かないかのレベルで汎化性の問題を考えることもできる．適切な層数や素子数を決める系統的な方法は知られておらず，現在のところ，クロス・バリデーションが用いられることになる．すなわち，構造（層数や素子数）の異なるいくつかの多層パーセプトロンに対してクロス・バリデーションを適用し，検証誤差が最小となる構造を選択する．

一般には，様々な層数や素子数をくまなく探索することは難しいため，限定された状況での構造決定を考える．例えば，3層パーセプトロンが，隠れ素子の数を増やせば，原理的には広いクラスの関数を表現できることに着目すると，層数を3に固定し，隠れ層の素子数をクロス・バリデーションによって決めることなどが考えられる．このとき，隠れ層の素子数が増えれば，表現できる関数の集合が広くなることは明らかである．したがって，素子数の増加に応じて，アンダーフィッティングからオーバーフィッティングになり，その間に適切な素子数があると考えられる．

ただし，多層パーセプトロンについては，線形回帰と異なり，次のような注意が必要である．まず，学習には初期値試行を含めて計算コストがかかる．特に，構造が大規模なときやデータ数が多いときなどは問題となる．このため，制限された計算資源の下では候補となる構造は多く選べないし，さらには，クロス・バリデーションにおける分割数も多くとることはできない（分割数の数だけ学習が必要となる）．

もう一つの注意は，学習の状況によって，単純な構造の方が複雑な構造の場合より学習後の誤差が小さくなる可能性があるということである．これは，初期値試行の問題や学習回数の問題など誤差局面の形状に係わるものである．その構造の下で誤差を最小化する結合重みが学習されていれば，構造を複雑にするに従って学習誤差は小さくなり，オーバーフィッティングにより，検証誤差は適当な構造以降では大きくなると考えられる．しかしながら，多層パーセプトロンについては，こうしたことが必ずしも成立しない可能性がある．複雑な構造での学習において，誤差局面の形状によっては，データへのフィットが進まず，それより簡単な構造の場合と比較して誤差が大きくなる可能性もある．この点は線形回帰とは大きく異なる．

ただし，適当な構造とその下で学習された結合重みを評価誤差に関して選択するという見方はできる．この場合，構造を決めて学習した後は，学習の問題が生じていてもいなくても，とにかく，そうして構成された（学習された）ものを一つのモデルと認めて，評価誤差が小さければ，それを採用するということも許容するということである．

一般に，モデル選択では，同じ評価誤差を与えるのであれば，小さい構造を選択するという一つの原理的な考え方がある（「**オッカムの剃刀**」や「**ケチの原理**」と呼ばれている）．しかしながら，構造と学習後の結合重みを組として考えると，それが最小の構造であるかどうかはわからないことになる．ただし，次に述べるように，汎化性の良い多層パーセプトロンを構成するために，これを積極的に利用する考え方もある．

学習の問題

いま，想定すべき適切な構造があったと仮定して，それより複雑な構造の下で学習することを考える．このとき，誤差を最小化する結合重みが学習によって得られれば，それは，与えられた学習データに対してオーバーフィッティングしている状態である．一方で，初期値がランダムであることから，一般に，学習の途中では学習データに対してオーバーフィッティングしていない状態であり，そのときの結合重みの値が学習後の値より汎化誤差（予測誤差）を小さくしている可能性がある．例えば，学習データと評価データを用意しておき，学習データに対する誤差と評価データに対する誤差を学習の各ステップでプロットする場合を考える．このとき，学習データに対する誤差は単調に減少するが，評価データに対する誤差は，あるところまで減少し，あるところから増加する現象が観測されることがある．こうした状況を**過学習** (over-training) という．

このとき，評価誤差が最も小さいステップ数で学習を止めることによって汎化性の良い多層パーセプトロンが構成できることになる．この状況では，構造は適切なものより複雑であるが，学習データに過度に合わない程度で結合重みの値を調整することになる．この方法を**早期停止** (early stopping) という．実際の応用では，データを学習用と評価用に分けて，停止する点を見つければよい．ただし，過学習が起こるかどうかは構造・学習の状況（初期値を含めて）に依存すると考えられる．ここで注意すべきことは，この方法では，データのバラツキや初期値による学習のバラツキがモデル選択に反映されてしまう点である．

一方，最近では，ディープ・ラーニングにおいて，**ドロップアウト**と呼ばれる方法が標準的に利用されている．これは，学習の各ステップにおいて，適当な割合で素子を確率的に選択し，その素子については誤差信号を逆伝搬しないという方法であり，これは過学習を防ぐ簡単な方法とみることができる．ただし，この方法は，素子の選択の割合の決め方に影響される点は注意すべきである．ディープ・ニューラルネットワークは規模が大きいため，構造を決めるモデル選択よりは，ドロップアウトと早期停止を組み合わせるなどの方法の方が費用対効果は大きいと考えられる．

正則化

一方で，結合重みの寄与に対するペナルティを正則化として導入することも考えられる．この場合は，単純な誤差の代わりに，正則化を付加した目的関数について誤差逆伝搬法などの最適化法を適用する．正則化項としては，様々なものが提案されているが，基本的なものとして，結合重みの二乗和（ℓ_2 正則化）や絶対値和（ℓ_1 正則化）が知られている．この方法は，層数や素子数に対するペナルティではなく，素子間の接続の結合重みの大きさをコントロールしている．ただし，ℓ_1 正則化では，結合重みが零となる点において微分可能でないことから，正則化項を導入した誤差逆伝搬法ではその点で微分値を適当に決める必要がある．一方，線形回帰では，ℓ_2 正則化は縮小推定に対応し，推定量のバイアスを許容する代わりにバリアンスを減らす戦略であった．しかしながら，多層パーセプトロンについては，結合重みを小さく保つことが線形回帰と同様の効果を与えるかは明確でない．特に，先述したように結合重みの役割は層によって異なると考える方が自然である．

ただし，次のようなことは簡単にわかる．いま，1 入力 1 出力の 3 層パーセプトロンにおいて，隠れ層の活性化関数をロジスティック・シグモイド関数とし，出力層の活性化関数を恒等関数とする．また，閾値を考えず，入力重みを w_0，出力重みを w_1 とすると，入力 x に対する出力は

$$f_{2,1}(x) = \frac{w_1}{1 + \exp(-w_0 x)}$$

と書ける．いま，w_1 は係数の役割を果たすので，線形回帰の場合と同様の役割を果たすと考えられる（ただし，w_0 が可変であるため同じ性質をもつわけではない）．一方で，w_0 の絶対値が大きいとき，$f_{2,1}$ の出力は $x = 0$ で急峻に変化する（$|w_0| \to \infty$ のとき $f_{2,1}$ はステップ関数となる）．したがって，隠れ層にいくつか素子数があるとき，それらの線形結合で急峻な関数を実現できる．こうした出力は学習データに重畳している雑音成分に反応しやすいと考えられる．逆に言うと，ℓ_2 正則化によって w_0 が大きくならないようにコントロールすることで，滑らかな出力が得られることになる．多層にしたときの正則化の振る舞いについては直感的にとらえることは難しいが，一般には，上に述べたように，結合重みを小さく抑えれば出力は滑らかになると考えられる．

以上，多層パーセプトロンの学習と汎化性（推定と予測）の問題について簡単に触れた．これらの問題は，多くの部分で，汎用的な非線形回帰に共通する問題であると考えられる．

ニューラルネットワークの深層化

近年では，階層型ニューラルネットワークの深層化が様々な応用でブレークスルーとなっている．特に，入力に対して畳み込み演算を行う畳み込み層と，その出力側に識別器を備えた**畳み込みニューラルネットワーク**は画像認識などにおいて主流となり，目的に応じて様々なバリエーションが提案されている．畳み込みニューラルネットワークの詳細は [36, 45] を参照してほしい．本書で述べた多層パーセプトロンは，畳み込みニューラルネットワークの識別器の部分として利用される．畳み込みニューラルネットワークの識別能力は，この識別器の性能にも依存するが，畳み込み層での特徴抽出能力にも依存する．こうした深層化の応用上の成功によって，現在，深層ニューラルネットワークの研究が盛んに行われている．そこでは，学習法，初期値の設定法および汎化性の良いモデルの構成法など深層化特有の性質を考慮した様々な方法が提案されているのが現状である．

その中には，例えば，深層化によって生じる誤差逆伝搬学習法の問題の解決や，入力の変化に対してロバストな学習法，オーバーフィッティングが問題となるオーバーサイズのモデルであっても汎化性の良いモデルが学習できる現象の解明などがあり，深層学習ベースの人工知能の実現に向けた研究が進んでいる．

付　録

A　行列・ベクトル

A.1　内積の解釈について

m 次元ベクトル $\boldsymbol{a} = (a_1, \ldots, a_m)^\top$ と $\boldsymbol{x} = (x_1, \ldots, x_m)^\top$ の内積 $\boldsymbol{a}^\top \boldsymbol{x}$ を考える．$\|\boldsymbol{a}\|^2 = \alpha$ としておく．1 次元線形部分空間 $L_1 = \{\gamma \boldsymbol{a} \mid \gamma \in \mathbb{R}\}$ を定義する．$\boldsymbol{x}$ を L_1 に直交射影したときの L_1 上の点を $\boldsymbol{y}$ とする．このとき，$\boldsymbol{y}$ は L_1 上の点だから $\boldsymbol{y} = \gamma_0 \boldsymbol{a}$ と表される．ただし，$\gamma_0 \neq 0$ とする．一方，$\boldsymbol{z} = \boldsymbol{x} - \boldsymbol{y}$ と定義すると，$\boldsymbol{y}$ は L_1 への直交射影であることから，$\boldsymbol{z}^\top \boldsymbol{y} = 0$ である．したがって，$\boldsymbol{z}^\top \boldsymbol{y} = \gamma_0 \boldsymbol{z}^\top \boldsymbol{a}$ より，$\boldsymbol{z}^\top \boldsymbol{a} = 0$ である．以上より，

$$\boldsymbol{a}^\top \boldsymbol{x} = \boldsymbol{a}^\top (\boldsymbol{y} + \boldsymbol{z}) = \boldsymbol{a}^\top \boldsymbol{y} + \boldsymbol{a}^\top \boldsymbol{z} = \gamma_0 \boldsymbol{a}^\top \boldsymbol{a} + 0 = \gamma_0 \|\boldsymbol{a}\|^2 = \gamma_0 \alpha \tag{A.1}$$

となるから，$\|\boldsymbol{y}\|^2 = \gamma_0^2 \|\boldsymbol{a}\|^2 = \gamma_0^2 \alpha$ より，$|\boldsymbol{a}^\top \boldsymbol{x}| = \sqrt{\alpha} \|\boldsymbol{y}\|$ が成り立つ．すなわち，$\boldsymbol{a}$ と $\boldsymbol{x}$ の内積は，$\boldsymbol{x}$ を $\boldsymbol{a}$ の方向に直交射影した点の長さの $\sqrt{\alpha}$ 倍になる．

いま，線形独立な m 次元ベクトル $\boldsymbol{a}_1$ と $\boldsymbol{a}_2$ があり，$\|\boldsymbol{a}_1\|^2 = \|\boldsymbol{a}_2\|^2 = \alpha$ であるとする．m 次元ベクトル $\boldsymbol{x}$ について，$\boldsymbol{x}$ の $\boldsymbol{a}_k$ への直交射影を $\boldsymbol{y}_k$ とする．$\|\boldsymbol{y}_k\|$ は $\boldsymbol{x}$ の $\boldsymbol{a}_k$ 方向の成分の大きさとみることができる．したがって，例えば，$\|\boldsymbol{y}_1\| > \|\boldsymbol{y}_2\|$ ならば $\boldsymbol{x}$ は $\boldsymbol{a}_2$ 方向の成分より $\boldsymbol{a}_1$ 方向の成分が大きいことになる．このとき，$\boldsymbol{a}_k^\top \boldsymbol{x} = \alpha \|\boldsymbol{y}_k\|$ であるから，この関係を書き直せば，$\boldsymbol{a}_1$ と $\boldsymbol{a}_2$ の長さが同じであることより，$|\boldsymbol{a}_1^\top \boldsymbol{x}| > |\boldsymbol{a}_2^\top \boldsymbol{x}|$ ならば，$\boldsymbol{x}$ の $\boldsymbol{a}_1$ 方向の成分が $\boldsymbol{a}_2$ 方向の成分より大きいことを意味する．

A.2　ベクトルの微分

$\boldsymbol{u} = (u_1, \ldots, u_m)$ の関数 g について，

$$\frac{\partial g(\boldsymbol{u})}{\partial \boldsymbol{u}} := \left(\frac{\partial g(\boldsymbol{u})}{\partial u_1}, \ldots, \frac{\partial g(\boldsymbol{u})}{\partial u_m} \right)^\top \tag{A.2}$$

と定義する．例えば，$\boldsymbol{a} = (a_1, \ldots, a_m)^\top$ を定数ベクトルとするとき，

$$\frac{\partial}{\partial \boldsymbol{u}} \boldsymbol{a}^\top \boldsymbol{u} = \frac{\partial}{\partial \boldsymbol{u}} \sum_{k=1}^{m} a_k u_k = (a_1, \ldots, a_m)^\top = \boldsymbol{a} \tag{A.3}$$

である．また，$\mathbf{A}$ を (k,l) 要素が $a_{k,l}$ である $m \times m$ 行列とすると，

$$\frac{\partial}{\partial u_j}\sum_{k=1}^{m}\sum_{l=1}^{m}a_{k,l}u_k u_l = \frac{\partial}{\partial u_j}\left\{a_{j,j}u_j^2 + \sum_{l=1,l\neq j}^{m}a_{j,l}u_j u_l + \sum_{k=1,k\neq j}^{m}a_{k,j}u_k u_j\right\}$$

$$= 2a_{j,j}u_j + \sum_{k=1,k\neq j}^{m}(a_{j,k}+a_{k,j})u_k = \sum_{k=1}^{m}(a_{j,k}+a_{k,j})u_k$$

だから，

$$\frac{\partial}{\partial \boldsymbol{u}}\boldsymbol{u}^\top \mathbf{A}\boldsymbol{u} = (\mathbf{A}+\mathbf{A}^\top)\boldsymbol{u} \tag{A.4}$$

である．特に，$\mathbf{A}$ が対称行列ならば $a_{k,j}=a_{j,k}$ だから，

$$\frac{\partial}{\partial \boldsymbol{u}}\boldsymbol{u}^\top \mathbf{A}\boldsymbol{u} = 2\mathbf{A}\boldsymbol{u} \tag{A.5}$$

となる．

B　確率・統計の基礎的なこと

B.1　確率の用語

観測・採取される統計的データは確率的な変動を伴うと考えるのは自然である．したがって，統計的方法を考える場合には，ベースとして確率の議論が必要となる．本節では，確率の基礎的なことをまとめるとともに，それと統計との係わりを説明する．

まず，確率についてのある程度の知識を前提として，本書で用いる用語をまとめておく．以下では，$\boldsymbol{x}=(x_1,\ldots,x_m)\in\mathbb{R}^m$ の関数 f について，$A\subseteq\mathbb{R}^m$ 上での積分を $\int_A f(\boldsymbol{x})d\boldsymbol{x}$ と書くことにする．

大雑把に言うと，確率的に変動する値（例えば，サイコロの目）があったとき，その変動の仕方を支配する法則を**確率分布**という（確率分布の数理的な定義は後ほど行う）．その値は，背後に確率分布を想定した変数のとる値であると考える．この変数のことを**確率変数**といい，「確率変数は確率分布に従う」という．

$X\in\mathbb{R}$ を $\mathbb{R}$ 上の連続確率分布 P に従う確率変数とするとき，本書では，P は**確率密度** p をもつものとする．確率密度は任意の $x\in\mathbb{R}$ に対して $p(x)\geq 0$ であり，

$$\int_{\mathbb{R}} p(x)dx = 1 \tag{B.1}$$

を満たす関数である．また，$X\in\Xi=\{\xi_1,\xi_2,\ldots,\xi_n\}$ を離散確率分布 P に従う確率変数とするとき，その**確率関数**は，$p(\xi_j)\geq 0$，$j=1,\ldots,n$ であり，$\sum_{j=1}^{n}p(\xi_j)=1$ を満たす．このとき，n は有限でなくてもよい．連続確率分布に従う確率変数を**連続確率変数**といい，離散確率分布に従う確率変数を**離散確率変数**という．確率変数がとる値を**実現値**という．

上述したように「確率分布」という言葉は，確率変数の確率的な振る舞いを決める法則と考えておけばよいが，実際は，連続確率変数で確率密度 p が存在する場合は

$$P(x) = \int_{(-\infty,x]} p(u)du \tag{B.2}$$

という関数を，離散確率変数の場合は

$$P(x) = \sum_{\xi \leq x} p(\xi) \tag{B.3}$$

という関数を指す．ただし，この和は，Ξ の要素の中で記述されている条件を満たすものについてとるものとする．

連続確率変数が集合 A に入る確率は，

$$\mathbb{P}[X \in A] := \int_A p(x)dx \tag{B.4}$$

である．離散確率変数が A に入る確率は，$A \subseteq \{\xi_1, \ldots, \xi_n\}$ として，

$$\mathbb{P}[X \in A] := \sum_{\xi \in A} p(\xi) \tag{B.5}$$

である．一方，連続確率変数について，g を $\mathbb{R}$ 上の関数としたとき，確率分布 P に関する $g(X)$ の期待値を

$$\mathbb{E}[g(X)] := \int_{\mathbb{R}} g(x)p(x)dx \tag{B.6}$$

と書く．このように，期待値は積分によって定義されるので，線形性など積分のもつ性質をもつことになる．離散確率変数の場合には，

$$\mathbb{E}[g(X)] := \sum_{j=1}^{n} g(\xi_j)p(\xi_j) \tag{B.7}$$

と書く．特に，$g(X) = X$ のとき $\mathbb{E}[X]$ は平均であり，$g(X) = (X - \mathbb{E}[X])^2$ のとき $\mathrm{Var}(X) := \mathbb{E}[(X - \mathbb{E}[X])^2]$ は分散である．このときの平均とは，確率変数 X の平均という場合もあるし，（それの従う）確率分布 P の平均という場合もある．基本的に，これらの確率や期待値は確率分布 P が既知であれば計算できる．逆に言うと，確率や期待値は P のある断片であるといえる．

ここまでの定義では，確率論で最初に学ぶ「事象」という概念は陽に現れていないが，簡単に触れておく．試行の結果 ω の集まりを Ω としたとき，Ω の部分集合を**事象**という．確率は本来，事象上に定義される．確率変数は ω の関数であり，これを明示するために $X(\omega)$ と書く．事象上の確率が定められていれば，ある集合 A に対して，$X(\omega) \in A$ となる確率は，事象 $\{\omega \mid X(\omega) \in A\}$ 上の確率として定義される．一般には，これを省略して $\{X(\omega) \in A\}$ と書く．一方で，確率変数に対して適当な確率密度が定義されていれば，$X \in A$ となる確率は式 (B.4) で求められる．このとき，この定義に対応するような事象とその上の確率が常に定義されていると思えばよい．すなわち，確率密度や確率関数が存在する場合，それのみを通して，確率変数上の確率や期待値を計算しても差し支えない．

多次元確率変数の場合についてもいくつかの定義をしておく．ここでは簡単のため，連続確率変数のみについて記述しておく．$\boldsymbol{X} = (X_1, \ldots, X_d) \in \mathbb{R}^d$ を $\mathbb{R}^d$ 上の**同時確率分布** P に従う確率変数とする．このとき，$\boldsymbol{X}$ を $\boldsymbol{d}$ **次元確率変数**（一般には**多次元確率変数**）という．d 次元確率変数を $\boldsymbol{d}$ **次元確率ベクトル**（一般には**確率ベクトル**）という場合もある．同時確率分布 P は**同時確率密度** p をもつものとする．$\boldsymbol{X}_{-j} = (X_1, \ldots, X_{j-1}, X_{j+1}, \ldots, X_d)$ と定義する（$\boldsymbol{X}_{-j}$ は，$\boldsymbol{X}$ について j 番目の要

素を除いたベクトルである). 同様に, $\boldsymbol{x} = (x_1, \ldots, x_d)$ および $\boldsymbol{x}_{-j} = (x_1, \ldots, x_{j-1}, x_{j+1}, \ldots, x_d)$ と定義する. このとき, 同時確率密度は, 任意の $\boldsymbol{x}$ に対して $p(\boldsymbol{x}) \geq 0$ であり,

$$\int_{\mathbb{R}^d} p(\boldsymbol{x}) d\boldsymbol{x} = 1 \tag{B.8}$$

を満たす関数である. ここで, d 重積分 $\int_{\mathbb{R}} \cdots \int_{\mathbb{R}}$ を $\int_{\mathbb{R}^d}$ と, $dx_1 \cdots dx_d$ を $d\boldsymbol{x}$ と略記している. なお, このときの同時確率分布とは, $\boldsymbol{u} = (u_1, \ldots, u_d)$ および $B_d = (-\infty, u_1] \times \cdots \times (-\infty, u_d]$ として,

$$F(\boldsymbol{u}) := \int_{B_d} p(\boldsymbol{x}) d\boldsymbol{x} \tag{B.9}$$

である. また, 集合 $A \subseteq \mathbb{R}^d$ に対して, $\boldsymbol{X}$ が A に入る確率は,

$$\mathbb{P}[\boldsymbol{X} \in A] := \int_A p(\boldsymbol{x}) d\boldsymbol{x} \tag{B.10}$$

である. 一方,

$$p_j(x_j) = \int_{\mathbb{R}^{d-1}} p(\boldsymbol{x}) d\boldsymbol{x}_{-j} \tag{B.11}$$

を x_j の**周辺確率密度**という. また, 対応する確率分布を**周辺確率分布**という.

$$p_{j|-j}(x_j|\boldsymbol{x}_{-j}) = \frac{p(\boldsymbol{x})}{p(x_j)} \tag{B.12}$$

を $\boldsymbol{X}_{-j} = \boldsymbol{x}_{-j}$ を与えた下での X_j の**条件付き確率密度**という. 以下では簡単のため, 変数を明示して $p(x_j)$ および $p(x_j|\boldsymbol{x}_{-j})$ と書いた場合は, 周辺確率密度 p_j および条件付き確率密度 $p_{j|-j}$ を意味するものとする.

g を $\mathbb{R}^d$ 上の関数としたとき, d 次元確率変数 $\boldsymbol{X}$ の同時確率分布 P に関する $g(\boldsymbol{X})$ の期待値を

$$\mathbb{E}[g(\boldsymbol{X})] := \int_{\mathbb{R}^d} g(\boldsymbol{x}) p(\boldsymbol{x}) d\boldsymbol{x} \tag{B.13}$$

と定義する. 特に, それが確率変数 $\boldsymbol{X}$ の同時確率分布に関する期待値であることを明示する必要がある場合には, $\mathbb{E}_{\boldsymbol{X}}$ と書くことにする. 例えば, $g(\boldsymbol{X}) = X_k$ の場合,

$$\begin{aligned}
\mathbb{E}[g(\boldsymbol{X})] = \mathbb{E}[X_k] &= \int_{\mathbb{R}^d} x_k p(\boldsymbol{x}) d\boldsymbol{x} \\
&= \int_{\mathbb{R}} x_k \left(\int_{\mathbb{R}^{d-1}} p(\boldsymbol{x}) d\boldsymbol{x}_{-k} \right) dx_k = \int_{\mathbb{R}} x_k p_k(x_k) dx_k
\end{aligned} \tag{B.14}$$

であり, これは, 周辺確率分布の平均である. また, $\mu_k = \mathbb{E}[X_k]$ とおいて, 丁寧に書くと, 積分の線形性と確率密度の性質より,

$$\begin{aligned}
\mathbb{E}[X_k - \mathbb{E}[X_k]] = \mathbb{E}[X_k - \mu_k] &= \int_{\mathbb{R}^d} (x_k - \mu_k) p(\boldsymbol{x}) d\boldsymbol{x} \\
&= \int_{\mathbb{R}^d} x_k p(\boldsymbol{x}) d\boldsymbol{x} - \int_{\mathbb{R}^d} \mu_k p(\boldsymbol{x}) d\boldsymbol{x} \\
&= \int_{\mathbb{R}} x_k p_k(x_k) dx_k - \mu_k \int_{\mathbb{R}^d} p_k(\boldsymbol{x}) d\boldsymbol{x} \\
&= \mu_k - \mu_k = 0
\end{aligned} \tag{B.15}$$

という計算になる．1 変数の期待値であっても同時確率分布に関する期待値を計算していることに注意してほしい．$\mathbb{R}^d$ 上の m 次元ベクトル値関数 $\boldsymbol{g}(\boldsymbol{X}) = (g_1(\boldsymbol{X}), \ldots, g_m(\boldsymbol{X})) \in \mathbb{R}^m$，$\boldsymbol{X} \in \mathbb{R}^d$ について，

$$\mathbb{E}[\boldsymbol{g}(\boldsymbol{X})] := (\mathbb{E}[g_1(\boldsymbol{X})], \ldots, \mathbb{E}[g_m(\boldsymbol{X})]) \tag{B.16}$$

と定義する．特に，$m = d$ で，$\boldsymbol{g}(\boldsymbol{X}) = \boldsymbol{X} = (X_1, \ldots, X_d)$ のとき，$\mathbb{E}[\boldsymbol{X}]$ は平均ベクトルである．$\boldsymbol{X}_{-j} = \boldsymbol{x}_{-j}$ を与えた下での X_j の**条件付き期待値**を

$$\mathbb{E}[X_j | \boldsymbol{X}_{-j} = \boldsymbol{x}_{-j}] := \int_{\mathbb{R}} x_j p(x_j | \boldsymbol{x}_{-j}) dx_j \tag{B.17}$$

と定義し，混乱のない限り，これを $\mathbb{E}[X_j | \boldsymbol{x}_{-j}]$ と書くことにする．これは $\boldsymbol{x}_{-j}$ の関数であることに注意する．

1 次元の場合と異なり，多次元確率変数の場合には，変数と変数の関係が重要な意味をもつ．

$$\mathrm{Cov}(X_j, X_k) := \mathbb{E}[(X_j - \mathbb{E}[X_j])(X_k - \mathbb{E}[X_k])] \tag{B.18}$$

を X_j と X_k の**共分散**という．$\mathrm{Var}(X_j) := \mathrm{Cov}(X_j, X_j)$ は X_j の分散である．$\mathrm{Cov}(X_j, X_k) = 0$ であるとき，X_j と X_k は無相関であるという．また，(j, k) 要素を $\mathrm{Cov}(X_j, X_k)$ とした $d \times d$ 行列を**分散共分散行列**という．さらに，

$$\mathrm{Cor}(X_j, X_k) := \frac{\mathrm{Cov}(X_j, X_k)}{\sqrt{\mathrm{Var}(X_j)\mathrm{Var}(X_k)}} \tag{B.19}$$

を**相関係数**といい，(j, k) 要素を $\mathrm{Cor}(X_j, X_k)$ とした $d \times d$ 行列を**相関係数行列**という．

$X_1, \ldots, X_d$ について，X_j の周辺確率密度を $p_j(x_j)$ とする．同時確率密度が $p(\boldsymbol{X}) = \prod_{j=1}^d p_j(x_j)$ であるとき，$X_1, \ldots, X_d$ は**独立**であるという．すなわち，独立性の定義は，同時確率密度が周辺確率密度の積で表されることである．これは，ある意味で，変数の周辺確率分布間に関連性がないということであり，無相関と似た概念である．実際，独立である場合，丁寧に書くと，$\mu_j = \mathbb{E}[X_j]$ として，式 (B.15) より，

$$\begin{aligned}
\mathrm{Cov}(X_j, X_k) &= \mathbb{E}[(X_j - \mu_j)(X_k - \mu_k)] = \int_{\mathbb{R}^d} (x_j - \mu_j)(x_k - \mu_k) p(\boldsymbol{x}) d\boldsymbol{x} \\
&= \left(\int_{\mathbb{R}} (x_j - \mu_j) p_j(x_j) dx_j \right) \left(\int_{\mathbb{R}} (x_k - \mu_k) p_k(x_k) dx_k \right) \cdot \int_{\mathbb{R}^{d-2}} \prod_{i=1, i \neq j, i \neq k}^{d} p_i(x_i) dx_i \\
&= 0
\end{aligned} \tag{B.20}$$

となる．すなわち，独立であれば無相関である．ただし，逆は一般には成り立たない．特に，p_j がすべて等しい場合，その密度関数を p と表すと，$p(\boldsymbol{X}) = \prod_{j=1}^d p(x_j)$ となる．このとき，$X_1, \ldots, X_d$ は**独立に同分布に従う**という．

B.2　統計量

対象についてのサンプルが与えられたとき，サンプルの関数を**統計量**という．ここでは，まず，統計量について触れる．また，本書では統計量に係わる期待値計算を行う場合があることから，その簡単な例を示しておく．なお，この節では，確率と統計の関係についても触れる．

ある対象についてのサンプルを $x_1, \ldots, x_n$ とする．こうしたサンプルが得られたとき，例えば，その平均値を

$$\widehat{\mu}(x_1, \ldots, x_n) = \frac{1}{n}\sum_{i=1}^{n} x_i \tag{B.21}$$

として計算したりする．表記を簡単にするために，$\boldsymbol{x} = (x_1, \ldots, x_n)$ として，$\widehat{\mu}(\boldsymbol{x}) = \widehat{\mu}(x_1, \ldots, x_n)$ と書くことにする．この平均値は**サンプル平均**と呼ばれている．このようにサンプルから計算される量（値）を一般には**統計量**という．上の式では，それを明示するために，サンプルの関数として表記してある．したがって，当然だが，サンプルが異なれば，サンプル平均も異なる．

一般には，こうしたサンプル平均などにより，対象についての推測を行う．しかしながら，その際にそのサンプルは確率的変動を伴うことを我々は想定している．すなわち，サンプルの背後には何らかの確率法則があって，サンプルはその確率法則に従って生成されているものと考えている．

このことは，サンプルをある確率変数の実現値とみていることに他ならない．記号を使って記述すると，$\boldsymbol{x}$ をある同時確率分布 P に従う確率変数 $\boldsymbol{X} = (X_1, \ldots, X_n)$ の実現値としてとらえる．このことから，$\boldsymbol{x}$ を P からのサンプルなどという．このとき，$\boldsymbol{x}$ は確率的変動を伴うが，その確率法則を決める P は確定的（不変）である．ただし，それは未知である．0.1 節に述べたように，統計的推測は，サンプル $\boldsymbol{x}$ を通して「不変であるが未知である P」の性質を調べることである．

ここでは，上のサンプル平均の性質を調べることを考える．

$$\widehat{\mu}(\boldsymbol{X}) = \frac{1}{n}\sum_{i=1}^{n} X_i \tag{B.22}$$

は確率変数の関数である．サンプル $\boldsymbol{x}$ は確率変数 $\boldsymbol{X}$ の実現値であるから，$\widehat{\mu}(\boldsymbol{x})$ は確率変数 $\widehat{\mu}(\boldsymbol{X})$ の実現値とみなせる．つまり，$\boldsymbol{x}$ は確率的に変動し，それに応じて $\widehat{\mu}(\boldsymbol{x})$ も確率的に変動する．いま，$\widehat{\mu}(\boldsymbol{X})$ の平均 $\mathbb{E}_{\boldsymbol{X}}[\widehat{\mu}(\boldsymbol{X})]$ を計算することを考える．ここで，$\mathbb{E}_{\boldsymbol{X}}$ は $\boldsymbol{X}$ の同時確率分布に関する期待値であり，混乱がない場合は，これを単に $\mathbb{E}$ と書く．期待値の記号はどのような分布に関するものかを明確にしておかないと，混乱が生じる場合があるので注意する．

なお，統計の計算では，$\mathbb{E}[\widehat{\mu}(\boldsymbol{X})]$ を $\mathbb{E}[\widehat{\mu}(\boldsymbol{x})]$ と書く場合がある．このときには，$\boldsymbol{x}$ を確率変数とみなしていることになる．さらには，$\widehat{\mu}$ が $\boldsymbol{x}$ の関数であることも省いて，$\mathbb{E}[\widehat{\mu}]$ と書く場合もある．すなわち，本来は確率変数として書くべきところを統計量で代用して書くことが多いので注意する必要がある．そうした記述では，常に，その統計量に対応する確率変数の関数があり，その確率変数の確率分布に関する計算が行われていることになる．

以下では，簡単な場合について，統計量に関する期待値計算をいくつか行ってみる．いま，$X_1, \ldots, X_n$ が独立に同分布 P（連続の場合は確率密度を p，離散の場合は確率関数を p とする）に従うとする．例えば，一つのサイコロをランダムに複数回振る試行はこれにあたる．すなわち，一つのサイコロに対して各目の出る確率が決まっており，これが確率分布 P となる．同じサイコロを n 回振って出た目の列を $\boldsymbol{x} = (x_1, \ldots, x_n)$ とすると，これらのサンプルは独立に同分布 P に従う確率変数列 $\boldsymbol{X} = (X_1, \ldots, X_n)$ の実現値である．以下の計算では連続確率変数を考える．いま，$\boldsymbol{X}$ の同時確率分布を考える必要があるが，このとき，各確率変数は同じ確率分布 P に従うことに注意しておく．P に従う確率変数 X の期待値，したがって P の平均を $\mu := \mathbb{E}[X] = \int_{\mathbb{R}} xp(x)dx$ としておく．次式は，式 (B.14) と同様であるが，独立同分布であることから，丁寧に書くと，任意の k に対して，

$$\begin{aligned}\mathbb{E}[X_k] &= \int_{\mathbb{R}^n} x_k p(\boldsymbol{x}) d\boldsymbol{x} = \int_{\mathbb{R}^n} x_k \prod_{i=1}^n p(x_i) dx_i \\ &= \int_{\mathbb{R}} x_k p(x_k) dx_k \prod_{i=1, i\neq k}^n \left(\int_{\mathbb{R}} p(x_i) dx_i \right) \\ &= \int_{\mathbb{R}} x_k p(x_k) dx_k = \int_{\mathbb{R}} x p(x) dx = \mu \end{aligned} \tag{B.23}$$

となる．当然であるが，分布が k によらないので，平均も k によらない．したがって，この場合，$\widehat{\mu}$ の定義と線形性より，

$$\mathbb{E}[\widehat{\mu}(\boldsymbol{X})] = \frac{1}{n} \sum_{i=1}^n \mathbb{E}[X_k] = \mu \tag{B.24}$$

となる．すなわち，サンプル平均（統計量）の平均（期待値）は，確率分布 P の平均 μ となる．

先に述べたように，統計では，サンプルに基づいて P の性質を調べる．サンプル平均を計算するということは，確率分布の断片である平均をサンプル平均によって推定することに他ならない．すなわち，サンプル平均は確率分布 P の平均の推定量という位置づけになる．その際，統計量の期待値が偏りなく，分布の平均に一致していることを上式は述べている．こうした性質を**不偏性**といい，不偏性をもつ推定量を**不偏推定量**という．不偏性は，推定量として望ましい性質の一つである．

さらに，P の分散を $\sigma^2 := \mathbb{E}[(X-\mu)^2]$ と定義する．このとき，独立性から，式 (B.20) より，

$$\begin{aligned}\mathbb{E}[(\widehat{\mu}-\mu)^2] &= \mathbb{E}\left[\left(\frac{1}{n} \sum_{i=1}^n X_i - \mu \right)^2 \right] = \mathbb{E}\left[\left(\frac{1}{n} \sum_{i=1}^n (X_i - \mu) \right)^2 \right] \\ &= \frac{1}{n^2} \sum_{i=1}^n \sum_{j=1}^n \mathbb{E}\left[(X_i-\mu)(X_j-\mu) \right] \\ &= \frac{1}{n^2} \sum_{i=1}^n \mathbb{E}\left[(X_i-\mu)^2 \right] + \frac{1}{n^2} \sum_{i\neq j} \mathbb{E}\left[(X_i-\mu)(X_j-\mu) \right] \\ &= \frac{1}{n^2} \sum_{i=1}^n \mathbb{E}\left[(X_i-\mu)^2 \right] = \frac{\sigma^2}{n} \end{aligned} \tag{B.25}$$

となる．ここで，$\sum_{i\neq j}$ は $i \neq j$ を満たす i と j についての和であり，式 (B.20) から 0 となることに注意する．この式は，サンプル平均の分散がサンプル数の増加に伴って減少すること意味している．すなわち，サンプル数が増えると，サンプル平均は確率分布 P の平均のすぐ近くに分布する．

一方，同分布に従うことから，

$$\mathbb{E}\left[\sum_{i=1}^n (X_i-\mu)^2 \right] = \sum_{i=1}^n \mathbb{E}\left[(X_i-\mu)^2 \right] = n\sigma^2 \tag{B.26}$$

である．また，式 (B.25) より，

$$\begin{aligned}\mathbb{E}\left[\sum_{i=1}^n (X_i-\mu)(\mu-\widehat{\mu}) \right] &= \mathbb{E}\left[\left(\sum_{i=1}^n X_i - n\mu \right) (\mu-\widehat{\mu}) \right] = \mathbb{E}\left[(n\widehat{\mu}-n\mu)(\mu-\widehat{\mu}) \right] \\ &= -n\mathbb{E}\left[(\widehat{\mu}-\mu)^2 \right] = -\sigma^2 \end{aligned} \tag{B.27}$$

である．以上より，

$$
\begin{aligned}
\mathbb{E}\left[\sum_{i=1}^{n}(X_i-\widehat{\mu})^2\right] &= \mathbb{E}\left[\sum_{i=1}^{n}(X_i-\mu+\mu-\widehat{\mu})^2\right] \\
&= \mathbb{E}\left[\sum_{i=1}^{n}(X_i-\mu)^2\right] + \mathbb{E}\left[\sum_{i=1}^{n}(\mu-\widehat{\mu})^2\right] + 2\mathbb{E}\left[\sum_{i=1}^{n}(X_i-\mu)(\mu-\widehat{\mu})\right] \\
&= n\sigma^2+\sigma^2-2\sigma^2=(n-1)\sigma^2
\end{aligned} \tag{B.28}
$$

となる．したがって，

$$
\widehat{\sigma}^2 := \frac{1}{n-1}\sum_{i=1}^{n}(x_i-\widehat{\mu})^2 \tag{B.29}
$$

と定義すると，$\widehat{\sigma}^2$ は確率分布 P の分散 σ^2 の不偏推定量となる．$\widehat{\sigma}^2$ を**サンプル（不偏）分散**という．なお，この議論は，分散の推定量において「なぜ $n-1$ で割るのか」という問いの答えになっている．

B.3　基本統計量

以下では，1 を n 個並べた縦ベクトルを $\mathbf{1}_n$ とする．変数 x についての n 個のサンプル x_i，$i=1,\ldots,n$ について，$\boldsymbol{x}=(x_1,\ldots,x_n)^\top$ と定義する．サンプル平均およびサンプル分散は，

$$
\widehat{\mu}_x = \frac{1}{n}\sum_{i=1}^{n}x_i = \frac{1}{n}\mathbf{1}_n^\top\boldsymbol{x} \tag{B.30}
$$

$$
\widehat{\sigma}_x^2 = \frac{1}{n-1}\sum_{i=1}^{n}(x_i-\widehat{\mu}_x)^2 = \frac{1}{n-1}\|\boldsymbol{x}-\widehat{\mu}_x\mathbf{1}_n\|^2 \tag{B.31}
$$

によって計算される．$\widehat{\sigma}_x$ は**サンプル標準偏差**である．また，

$$
(n-1)\widehat{\sigma}_x^2 = \sum_{i=1}^{n}x_i^2 - 2\widehat{\mu}_x\sum_{i=1}^{n}x_i + n\widehat{\mu}_x^2 = \sum_{i=1}^{n}x_i^2 - n\widehat{\mu}_x^2 = \|\boldsymbol{x}\|^2 - n\widehat{\mu}_x^2 \tag{B.32}
$$

が成り立つので，サンプル標準偏差の計算は簡単化できる．

いま，変数の組 (x,y) について，n 個のサンプル (x_i,y_i)，$i=1,\ldots,n$ が与えられているとする．$\boldsymbol{x}=(x_1,\ldots,x_n)^\top$ および $\boldsymbol{y}=(y_1,\ldots,y_n)^\top$ とする．各サンプルのサンプル平均を $\widehat{\mu}_x$ および $\widehat{\mu}_y$ とし，サンプル標準偏差を $\widehat{\sigma}_x$ および $\widehat{\sigma}_y$ とする．このとき，

$$
\widehat{\mathrm{Cov}}(\boldsymbol{x},\boldsymbol{y}) = \frac{1}{n-1}\sum_{i=1}^{n}(x_i-\widehat{\mu}_x)(y_i-\widehat{\mu}_y) = \frac{1}{n-1}(\boldsymbol{x}-\widehat{\mu}_x\mathbf{1}_n)^\top(\boldsymbol{y}-\widehat{\mu}_y\mathbf{1}_n) \tag{B.33}
$$

を x と y の**サンプル共分散**という．ここで，サンプル分散の計算と同様にして，

$$
(n-1)\widehat{\mathrm{Cov}}(\boldsymbol{x},\boldsymbol{y}) = \boldsymbol{x}^\top\boldsymbol{y} - n\widehat{\mu}_x\widehat{\mu}_y \tag{B.34}
$$

と書くこともできる．また，

$$
\widehat{\mathrm{Cor}}(\boldsymbol{x},\boldsymbol{y}) = \frac{\widehat{\mathrm{Cov}}(\boldsymbol{x},\boldsymbol{y})}{\widehat{\sigma}_x\widehat{\sigma}_y} \tag{B.35}
$$

を x と y の**サンプル相関係数**という．相関係数については，簡単に示せるように，$-1\le\widehat{\mathrm{Cor}}(\boldsymbol{x},\boldsymbol{y})\le 1$ が成り立つ．

B.4　確率分布の例

一般に，サンプルの背後に確率法則があるとき，それに対して確率分布を仮定する．その仮定した確率分布を（対象に対する）**確率モデル**ということもある．確率・統計で仮定する確率分布は，確率関数・確率密度を陽に式で書けることが多い．こうした場合は，確率関数や確率密度を**確率モデル**あるいは単に**モデル**と呼ぶ．本書にも登場し，よく利用される典型的な確率分布を以下に挙げておく．なお，ここに挙げた確率分布の詳細については，例えば [20] などを参照してほしい．

ベルヌイ分布と二項分布

まず，簡単のため，コイントスの確率モデルについて考える．コイントスの試行の結果は裏・表であるから，裏が出たら 0，表が出たら 1 をとる確率変数 X を考える．表が出る確率（したがって $Y=1$ となる確率）を μ とすると，裏が出る確率は $1-\mu$ である．このとき，Y は離散確率変数であり，その確率関数は，

$$f_\mu(y) = \mu^y(1-\mu)^{1-y}, \quad y \in \{0,1\} \tag{B.36}$$

で与えられる．この確率関数をもつ確率分布を**ベルヌイ分布**といい，$\mathrm{Ber}(\mu)$ と表す．このとき，$\mu \in [0,1]$ は確率関数の形状を決める変数であり，一般に，こうした役割を担う変数を**パラメータ**という．

ここで，確率変数 Y が $\mathrm{Ber}(\mu)$ に従うことを $Y \sim \mathrm{Ber}(\mu)$ と表記することとし，この表記は他の確率分布についても同様にして用いる．

いま，$Y \sim \mathrm{Ber}(\mu)$ のとき，

$$\mathbb{E}[Y] = \mu \tag{B.37}$$

$$\mathbb{V}[Y] := \mathbb{E}\left[(Y-\mu)^2\right] = \mu(1-\mu) \tag{B.38}$$

であることが示される．したがって，パラメータ μ は確率分布の平均となっていることがわかる．

一方で，上記のコインを n 回トスし，表の出る回数が y となる確率は，

$$f_{\mu,n}(y) = \binom{n}{y}\mu^y(1-\mu)^{n-y}, \quad y = 1,\ldots,n \tag{B.39}$$

で与えられる．この確率関数をもつ確率分布を**二項分布**といい，$\mathrm{Bi}(\mu,n)$ と表す．$\mu \in [0,1]$ と自然数 n は二項分布のパラメータである．Y を二項分布に従う確率変数とすると，

$$\mathbb{E}[Y] = n\mu \tag{B.40}$$

$$\mathbb{V}[Y] = n\mu(1-\mu) \tag{B.41}$$

であることが示される．

ポアソン分布

パラメータ $\mu > 0$ をもつ**ポアソン分布** $\mathrm{Po}(\mu)$ の確率関数は

$$f_\mu(y) = \frac{\mu^y \exp(-\mu)}{y!}, \quad y = 0,1,2,\ldots \tag{B.42}$$

で与えられる．例えば，n 台の自動車があり，各自動車の交通事故の発生は確率（パラメータ）p のベルヌイ分布に従うとする．このとき，n 台の自動車の中で y 台が事故を引き起こす確率は二項分布に従う．さらに，$p \to 0$ かつ $n \to \infty$ のとき $np = \mu$ ならば，y はパラメータ μ のポアソン分布に従うことが簡単に示される．すなわち，ポアソン分布は，発生確率は低いが，試行の回数が多い場合の事象を表す確率分布と考えてよい．

$Y \sim \mathrm{Po}(\mu)$ とすると，

$$\mathbb{E}[Y] = \mu \tag{B.43}$$

$$\mathbb{V}[Y] = \mu \tag{B.44}$$

である．

一様分布

$a \leq b$ として，確率密度が

$$f_{a,b}(y) = \begin{cases} 1/(b-a) & (y \in [a,b]) \\ 0 & (y \notin [a,b]) \end{cases} \tag{B.45}$$

で与えられる確率分布を**一様分布**といい，$U(a,b)$ と書く．一様分布では，区間を決める実数の組 (a,b) がパラメータである．この分布は，区間 $[a,b]$ のみに値をとる．そして，$[a,b]$ 内では，任意の同じ幅の小区間について，その区間に値をとる確率は区間幅のみで決まり，一様である（連続分布の場合，1 点をとる確率は零であることに注意する）．$Y \sim U(a,b)$ とすると，

$$\mathbb{E}[Y] = \frac{1}{2}(a+b) \tag{B.46}$$

$$\mathbb{V}[Y] = \frac{(b-a)^2}{12} \tag{B.47}$$

である．

正規分布とそれに係る分布

$\mu \in \mathbb{R}$ および $\sigma^2 > 0$ をパラメータとして，確率密度が

$$f_{\mu,\sigma^2}(y) = \frac{1}{\sqrt{2\pi\sigma^2}} \exp\left(-\frac{(y-\mu)^2}{2\sigma^2}\right) \tag{B.48}$$

で与えられる確率分布を**正規分布**あるいは**ガウス分布**といい，$N(\mu,\sigma^2)$ と書く．$Y \sim N(\mu,\sigma^2)$ のとき，その平均と分散は

$$\mathbb{E}[Y] = \mu \tag{B.49}$$

$$\mathbb{V}[Y] = \sigma^2 \tag{B.50}$$

となることが示される．すなわち，パラメータ (μ,σ^2) は確率分布の平均と分散になっている．この確率密度は μ で最大値をとる対称な単峰性を示す．したがって，平均 μ の周りでバラつくサンプルのモデルとして採用され，そのバラツキの程度は分散 σ^2 によってモデル化される．

なお，例えば，正規分布を仮定するとき，「正規性を仮定する」という．

統計では，サンプルが正規分布に従うと仮定したとき，そのサンプルの関数である統計量が従う確率分布を調べる必要が生じる．$X_1, \ldots, X_\nu$ を独立に同分布 $N(0,1)$ に従う確率変数としたとき，

$$Y = \sum_{j=1}^{\nu} X_j^2 \tag{B.51}$$

の確率密度は

$$f_\nu(y) = \frac{(1/2)^\nu}{\Gamma(\nu/2)} x^{\nu/2-1} \exp\{-x/2\} \tag{B.52}$$

で与えられることが知られている．ここで，Γ は

$$\Gamma(z) = \int_0^\infty t^{z-1} \exp(-t) dt, \quad z > 0 \tag{B.53}$$

で定義されるガンマ関数である．この確率密度をもつ確率分布を自由度 ν の **$\boldsymbol{\chi}^2$ 分布**といい，$\chi^2(\nu)$ で表す．このとき，自由度 ν がパラメータである．

一方，$Z \sim N(0,1)$ かつ $X \sim \chi^2(\nu)$ とし，Z と X は独立であるとする．このとき，

$$Y = \frac{Z}{\sqrt{X/\nu}} \tag{B.54}$$

の確率密度は

$$f_\nu(y) = \frac{\Gamma((\nu+1)/2)}{\sqrt{\nu\pi}\,\Gamma(\nu/2)} (1 + t^2/\nu)^{-(\nu+1)/2} \tag{B.55}$$

と表されることが知られている．この確率密度をもつ確率分布を自由度 ν の **$\boldsymbol{t}$ 分布**といい，$t(\nu)$ で表す．$t(\nu)$ のパラメータは ν である．

多変量正規分布

$\boldsymbol{x} = (x_1, \ldots, x_m)^\top$ および $\boldsymbol{\mu} = (\mu_1, \ldots, \mu_m)^\top$ とし，$\boldsymbol{\Sigma}$ を $m \times m$ 対称正定値行列，すなわち，任意の $\boldsymbol{x}$ に対して $\boldsymbol{x}^\top \boldsymbol{\Sigma} \boldsymbol{x} > 0$ とする．確率密度が

$$f_{\boldsymbol{\mu},\Sigma}(\boldsymbol{x}) = \frac{1}{(2\pi)^{n/2} |\boldsymbol{\Sigma}|^{1/2}} \exp\left(-\frac{1}{2} (\boldsymbol{x} - \boldsymbol{\mu})^\top \boldsymbol{\Sigma}^{-1} (\boldsymbol{x} - \boldsymbol{\mu}) \right) \tag{B.56}$$

である $\mathbb{R}^m$ 上の確率分布を**多変量正規分布**あるいは**多変量ガウス分布**といい，$N(\boldsymbol{\mu}, \boldsymbol{\Sigma})$ で表す．このとき，$(\boldsymbol{\mu}, \boldsymbol{\Sigma})$ がパラメータとなる．多変量正規分布については，$\boldsymbol{\mu}$ は確率分布の平均ベクトルであり，$\boldsymbol{\Sigma}$ は分散共分散行列となる．

B.5　予測誤差と条件付き期待値

ここでは，一般的な枠組みで，予測に優れた回帰式が目的変数の条件付き期待値となることを示しておく．$\boldsymbol{x} \in \mathbb{R}^m$ および $y \in \mathbb{R}$ として，確率分布 $P(\boldsymbol{x}, y)$ の確率密度を $p(\boldsymbol{x}, y)$ とする．このとき，$p(\boldsymbol{x}, y) = p(y|\boldsymbol{x}) p(\boldsymbol{x})$ である．また，

$$f^*(\boldsymbol{x}) := \int_{\mathbb{R}} y p(y|\boldsymbol{x}) dy \tag{B.57}$$

は $\boldsymbol{x}$ が与えられた下での Y の条件付き期待値である．いま，$(\boldsymbol{X}, Y)$ を P に従う確率変数とする．$\mathbb{R}^m$ 上の任意の関数 f に対して，Y と回帰式 $f(\boldsymbol{X})$ の二乗誤差の P に関する期待値

$$E(f) := \mathbb{E}\left[(Y - f(\boldsymbol{X}))^2\right] \tag{B.58}$$

を定義する．このとき，

$$E(f) = \mathbb{E}\left[(Y - f^*(\boldsymbol{X}))^2\right] + \mathbb{E}\left[(f^*(\boldsymbol{X}) - f(\boldsymbol{X}))^2\right] + 2\mathbb{E}\left[(Y - f^*(\boldsymbol{X}))(f^*(\boldsymbol{X}) - f(\boldsymbol{X}))\right] \tag{B.59}$$

であるが，$\int_{\mathbb{R}} p(y|\boldsymbol{x})dy = 1$ より，

$$\begin{aligned}
&\mathbb{E}\left[(Y - f^*(\boldsymbol{X}))(f^*(\boldsymbol{X}) - f(\boldsymbol{X}))\right] \\
&= \int_{\mathbb{R}^m} \left[\int_{\mathbb{R}} (y - f^*(\boldsymbol{x}))(f^*(\boldsymbol{x}) - f(\boldsymbol{x}))p(y|\boldsymbol{x})dy\right] p(\boldsymbol{x})d\boldsymbol{x} \\
&= \int_{\mathbb{R}^m} \left[\left(\int_{\mathbb{R}} yp(y|\boldsymbol{x})dy - f^*(\boldsymbol{x})\right)(f^*(\boldsymbol{x}) - f(\boldsymbol{x}))\right] p(\boldsymbol{x})d\boldsymbol{x} \\
&= \int_{\mathbb{R}^m} \left[(f^*(\boldsymbol{x}) - f^*(\boldsymbol{x}))(f^*(\boldsymbol{x}) - f(\boldsymbol{x}))\right] p(\boldsymbol{x})d\boldsymbol{x} = 0
\end{aligned} \tag{B.60}$$

だから，

$$E[f] = \mathbb{E}\left[(Y - f^*(\boldsymbol{X}))^2\right] + \mathbb{E}\left[(f^*(\boldsymbol{X}) - f(\boldsymbol{X}))^2\right] \tag{B.61}$$

である．したがって，任意の f に対して，$E(f) \geq E(f^*)$ であり，E の最小値は目的変数と条件付き期待値との二乗誤差の期待値である．さらに，f が f^* に右辺第 2 項の意味で近いほど，$E[f]$ は小さい．

例えば，加法雑音モデルを考えると，$Y = f^*(\boldsymbol{X}) + \varepsilon$ であるが，雑音について，$\mathbb{E}[\varepsilon] = 0$, $\mathbb{E}[\varepsilon^2] = \sigma^2$ とすると，f^* は条件付き期待値であり，$E(f)$ の最小値は $E(f^*) = \mathbb{E}\left[(Y - f^*(\boldsymbol{X}))^2\right] = \sigma^2$ となり，雑音分散に一致する．

いま，与えられたサンプルから推定された回帰式を $\widehat{f}$ とし，上で用いた $(\boldsymbol{X}, Y)$ を未学習のサンプルに対応する確率変数とすると，$E(\widehat{f})$ は，未学習サンプルの様々な出方に対する予測二乗誤差の期待値に対応する．このとき，上の議論において，$f = \widehat{f}$ とすると，式 (B.61) より，$\mathbb{E}(\widehat{f}) \geq \mathbb{E}(f^*)$ が成り立ち，推定された回帰式は真の回帰式に近いほど予測性能が良いことになる．

もう少し丁寧に説明しておく．上記の P からの独立な n 個のサンプルが与えられているとする．回帰式は関数の集まり $\mathcal{F}$ に属するものとし，条件付き期待値についても $f^* \in \mathcal{F}$ とする．サンプルから推定された回帰式を $\widehat{f} \in \mathcal{F}$ とする．推定に用いたサンプルとは独立な P からのサンプルを $(\boldsymbol{u}, z)$ とする．$(\boldsymbol{u}, z)$ は推定に用いていない未知のサンプル（未学習のサンプル）である．したがって，z に対して $\widehat{f}(\boldsymbol{u})$ の与える誤差は推定した回帰式による予測誤差に対応する．

このとき，推定した回帰式 $\widehat{f} \in \mathcal{F}$ の予測性能を予測誤差によって測る場合，特定の未知のサンプル $(\boldsymbol{u}, z)$ に対して予測誤差を比較するより，予測すべきサンプル $(\boldsymbol{u}, z)$ の様々な出方に対する予測誤差の期待値を比較する方が公平である．予測誤差を二乗誤差で測ることとすると，これは，$(\boldsymbol{u}, z)$

に対応する確率変数を $(\boldsymbol{U}, Z)$ として，$\mathbb{E}[(Z-\widehat{f}(\boldsymbol{U}))^2]$ と書ける．$(\boldsymbol{U}, Z)$ は P に従うので，これは $E(\widehat{f})$ と一致する．したがって，上記の結果は，与えられたサンプルから推定した回帰式 $\widehat{f}$ の予測性能は，条件付き期待値 f^* のそれを上回ることはないことを示しており，さらに，条件付き期待値に近いほど，推定された回帰式の予測性能は良いことになる．別の言い方をすると，推定を工夫して，条件付き期待値に近い回帰式を得ることができれば，それは予測性能が良いものになっている．

ただし，これは $\widehat{f}$ の評価であり，$\widehat{f}$ に関する確率的なゆらぎはあることに注意する．このため，第2章では，線形回帰の場合について，予測誤差の推定用（学習用）サンプルに関する期待値も評価している．

B.6　仮説検定の考え方

パラメータ $\theta \in \mathbb{R}$ をもつ確率分布 P_θ を考える．例えば，θ は，確率分布の平均などである．このとき，$a \in \mathbb{R}$ に対して，

$$H_0 \ : \ \theta = a$$

を**帰無仮説**とする検定を考える．仮説検定では，帰無仮説が棄却されれば，**対立仮説**

$$H_1 \ : \ \theta \neq a$$

が採択される．つまり，仮説検定では，対立仮説を支持することが目的となるといってよい．この検定では，対立仮説が成り立つためには，$\theta > a$ あるいは $\theta < a$ であればよい．こうした検定を**両側検定**という．これに対して，対立仮説が $\theta > a$ のみの場合には**片側検定**という．

P_θ からのサンプルを $\boldsymbol{x} = (x_1, \ldots, x_n)$ とする．仮説検定の流れは，以下のとおりである．

1. $\boldsymbol{x}$ の適当な統計量 $\widehat{\mu} = \widehat{\mu}(\boldsymbol{x})$ を，その確率分布が θ に依存して決まり，既知であるように構成する．その確率分布を Q_θ とする．帰無仮説 $\theta = a$ の下での Q_a を**帰無分布**と呼ぶ．$\widehat{\mu}$ を**検定統計量**という．
2. **危険率**（**有意水準**）α を決める．このときの検定を $\boldsymbol{100 \times \alpha}$ **% 検定**という．例えば，$\alpha = 0.01$ なら 1% 検定となり，1% 検定，5% 検定および 10% 検定が一般的である．
3. $\mathbb{P}_a$ を Q_a に関する確率とする．$\mathbb{P}_a[\widehat{\mu} \in \Gamma] = \alpha$ となる Γ を求める．Γ を**棄却域**という．例えば，$\gamma = \gamma(\alpha) > 0$ として，Q_a が正規分布のときに $\Gamma = \Gamma(\alpha) = (-\infty, -\gamma] \cup [\gamma, \infty)$ としたり，χ^2 分布のときに $\Gamma = [\gamma, \infty)$ としたりする．このときの $\gamma = \gamma(\alpha)$ を**棄却限界**という．
4. $\widehat{\mu} \in \Gamma$ ならば帰無仮説を棄却して，対立仮説を採択する．

以下に，この手順に従う検定の例を述べながら，検定の意味をみていく．

$x_1, \ldots, x_n$ を独立に同分布 $N(\theta, 1)$ に従うサンプルとして，$\theta = 0$ を帰無仮説とする検定を考える．これは，上述した設定において $a = 0$ の場合である．ここで，分散は既知としている．すなわち，θ は未知であるから，それが 0 かどうかを知りたいが，手元にはサンプルしかない状況である．$\widehat{\mu}$ をサンプル平均，すなわち，$\widehat{\mu} = \frac{1}{n}\sum_{i=1}^n x_i$ とする．このとき，$\widehat{\mu}$ は θ の不偏推定量であり，正規分布の再生性から，$\widehat{\mu} \sim N(\theta, 1/n)$ が成り立つ（例えば [6]）．そこで，$\widehat{\mu}$ を検定統計量とすると，

帰無分布を $Q_0 = N(0, 1/n)$ ととることになる．これにより，危険率 α を適当に決めれば，棄却限界は，

$$1 - \int_{-\gamma}^{\gamma} f_{0,1/n}(x)dx = 2\int_{\gamma}^{\infty} f_{0,1/n}(x)dx = \alpha \tag{B.62}$$

を満たす γ となる．ただし，f_{μ,σ^2} は $N(\mu, \sigma^2)$ の確率密度である．このような γ は陽には求められないが，数値的に求めることができる．すなわち，γ は α によって決まるから，γ は α の関数である．こうして，γ が求まり，$|\widehat{\mu}| > \gamma$ ならば帰無仮説を棄却する．

さて，この例を通して仮説検定の仕組みを詳しくみてみる．まず，仮説検定を行う場合，基本的に，検定統計量の確率分布 Q_θ が既知である必要がある．この場合，サンプルの正規性と独立性の下で，検定統計量であるサンプル平均の確率分布が求められているため，検定が可能となる．

帰無分布 Q_0 において，α を小さくとると，γ は大きな値となる．このとき，$\widehat{\mu}$ が棄却域に入る，すなわち，$|\widehat{\mu}| > \gamma$ となる確率は α となるため，α を小さくとれば，それが生じる確率は小さい．この状況の下で，$|\widehat{\mu}| > \gamma$ が起こったとする．このとき，小さい確率 α をとる稀なことが起こったと考えるよりは，$\widehat{\mu}$ が従う確率分布は Q_0 ではなかったのではないかと考える方が妥当である．

仮に，$\widehat{\mu}$ の分布が $\theta = a \neq 0$ であるとすると，$\widehat{\mu}$ は a の近くに出現するだろうから，$|a|$ が大きければ，$|\widehat{\mu}| > \gamma$ となる確率は高いだろう．このとき，当然，$|\widehat{\mu}|$ は 0 から遠いため，$\widehat{\mu}$ が Q_0 に従うとするには無理がある．すなわち，$\theta = 0$ という仮定が誤っていたために，その仮定の下では稀にしか起こらないことが起こったことになる．

例えば，サイコロをフェア（各目の出る確率は $\frac{1}{6}$）だと思って 100 回振った結果，1 の目が 80 回出たとする．このとき，たまたま 8 割の確率で 1 の目が出たと考えるよりは，サイコロがイカサマであった（1 の目が出る確率が突出していた）と考えるのが自然である．

さて，我々は，$|\widehat{\mu}| > \gamma$ だったことから，帰無仮説を棄却して，対立仮説である「$\theta \neq 0$」を採択する．このとき，その結論が 100％正しいとは限らない．では，どの程度正しいだろうか．これは簡単で，$\theta = 0$ であったにもかかわらず $|\widehat{\mu}| > \gamma$ となった確率であるから，α である．すなわち，この結論が誤る確率は α である．

仮説検定では，p 値という用語がよく利用される．大雑把に言うと，p 値とは，帰無仮説の下で，検定統計量よりも極端な値が出る確率である．具体的に，上記の例では，

$$p_{\widehat{\mu}} = 2\int_{|\widehat{\mu}|}^{\infty} f_{0,1/n}(x)dx \tag{B.63}$$

で定義される．このとき，$p_{\widehat{\mu}} < \alpha$ であれば，$|\widehat{\mu}| > \gamma$ となり，$\widehat{\mu}$ は棄却域に入っている．すなわち，p 値と危険率を比較すれば，検定結果が判明することになる．p 値が例えば 10^{-6} などの極めて小さな値をとった場合，帰無分布を仮定したときにはほとんど起こらないことが起こっており，したがって，$\widehat{\mu}$ の従う分布が帰無分布ではなかった（上の例では「$\theta \neq 0$」が成り立つことに対応する）とする結論の信頼性が高くなるといえる．

では，どのような場合に p 値は小さな値をとるだろうか．上記の例で考える．いま，$a \neq 0$ として，$\widehat{\mu}$ の従う分布が $N(a, 1/n)$ であったとする．帰無分布は $N(0, 1/n)$ である．したがって，$|a| \gg 0$ ならば，$|\widehat{\mu}| \gg 0$ となる確率が非常に高く，$\theta \neq 0$ であることの信頼性は高くなる．このとき，式 (B.63) より，p 値は小さい．また，n が大きいと $\widehat{\mu}$ の分散は小さくなる．すると，$\widehat{\mu}$ は a の近くに

集中する．このとき，帰無分布の分散も小さいことから，式 (B.63) より，$|a|$ がそれほど大きな値でなくても，p 値は小さくなる．以上より，$\theta \neq 0$ ならば（すなわち，対立仮説が成り立っている状況では），θ が帰無仮説の平均 0 から大きく離れるほど，また，サンプル数 n が大きいほど，p 値は小さな値となる．これらの状況では，帰無仮説が成り立たないことに対する信頼性が高くなる．このことは直感的にも理解できるだろう．

B.7　最尤推定

d 変数の確率分布が確率密度あるいは確率関数 $f_{\boldsymbol{\theta}}$ をもつものとする．ただし，$\boldsymbol{\theta} = (\theta_1, \ldots, \theta_m)$ はパラメータである．例えば，ベルヌイ分布の場合は $\boldsymbol{\theta} = \mu$ であり，正規分布の場合は $\boldsymbol{\theta} = (\mu, \sigma^2)$ である．$\boldsymbol{x}_1, \ldots, \boldsymbol{x}_n$ を f^* からの独立なサンプルとする．ただし，$\boldsymbol{x}_i = (x_{i,1}, \ldots, x_{i,d})$ とする．ここで，f^* は未知である．この f^* を $f_{\boldsymbol{\theta}}$ によって推定することを考える（この問題設定では確率密度の推定となる）．すなわち，サンプルに基づき，f^* に近い $f_{\boldsymbol{\theta}}$ の $\boldsymbol{\theta}$ を求めることを考える．これを確率密度の**パラメータ推定**という．

ある $\boldsymbol{\theta}^*$ が存在して，任意の $\boldsymbol{x}$ に対して $f^*(\boldsymbol{x}) = f_{\boldsymbol{\theta}^*}(\boldsymbol{x})$ となっている問題を考える．この設定では，$\boldsymbol{\theta}^*$ を**真のパラメータ値**（あるいは**パラメータの真値**）という．理論解析を行う際は真のパラメータ値の存在を仮定して議論することが多い．しかしながら，実世界の問題では，真のパラメータ値が厳密に存在することはほとんどないだろう．ただし，$f_{\boldsymbol{\theta}}$ の形状が妥当なとき，あるいは，$f_{\boldsymbol{\theta}}$ が $\boldsymbol{\theta}$ のとり方によって十分に複雑な関数を表現できるときは，この仮定が成立しているとしても差し支えないことも多いと考えられる．

確率密度のパラメータ推定の方法としては，**最尤法**《さいゆうほう》（**最尤推定**）がよく知られている．$(\boldsymbol{x}_1, \ldots, \boldsymbol{x}_n)$ の同時確率密度を，サンプル $(\boldsymbol{x}_1, \ldots, \boldsymbol{x}_n)$ を固定して，$\boldsymbol{\theta}$ の関数とみて，$L_n(\boldsymbol{\theta})$ と書く．これを**尤**《ゆう》**度**《ど》という．ここでの設定では，サンプルの独立性と同分布性より，

$$L_n(\boldsymbol{\theta}) = \prod_{i=1}^{n} f_{\boldsymbol{\theta}}(\boldsymbol{x}_i) \tag{B.64}$$

である．尤度はサンプルの確率密度の尤《もっと》もらしさ（妥当性）の尺度である．図 B.1 に，1 変数の例で，サンプル（○で表示）と二つの確率密度 f_1 および f_2 を描いている．サンプルは確率密度の値が高い箇所で出現しやすい．逆に言うと，サンプルが頻繁に出現している箇所では確率密度の値が大きいことが予想される．したがって，図のようなサンプルが与えられている状況で，f_1 と f_2 のどちらがサンプルの確率密度として妥当かと問われれば，f_1 であると回答するのが自然である．それを定量化することを考える．

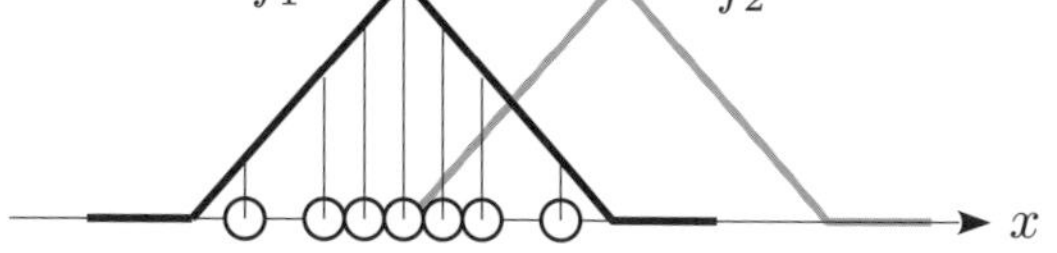

図 B.1　サンプルと確率密度の例

図 B.1 の例のサンプルを $(x_1, \ldots, x_n)$ とする．f_1 と f_2 を比較すると，ほとんどのサンプルで x_i における密度関数の値 $f_1(x_i)$ は $f_2(x_i)$ より大きい．したがって，$\prod_i f_1(x_i) \geq \prod_i f_2(x_i)$ となる．

これは尤度の大小に他ならない．すなわち，尤度が大きいほど，与えられたサンプルに対して妥当な確率密度であると考えられる．

この例で，f_1 と f_2 はパラメータの異なる二つの確率密度であると考えると，f_1 を与えるパラメータ値の方が妥当であるといえる．すなわち，確率密度の形状はパラメータ $\boldsymbol{\theta}$ の値によって決まるので，以上のことから，尤度の値が最も大きくなるパラメータ値を選べば，「与えられたサンプルに対して最も尤もらしい確率密度のパラメータ値」が得られると考えられる．

尤度を最大化するパラメータ値を**最尤推定量**と呼ぶ．一般には，扱いやすさから，**対数尤度**：

$$\ell_n(\boldsymbol{\theta}) := \log L_n(\boldsymbol{\theta}) = \sum_{i=1}^{n} \log f_{\boldsymbol{\theta}}(\boldsymbol{x}_i) \tag{B.65}$$

の最大化を考える場合が多い．対数関数は単調増加であることから，対数尤度を最大化するパラメータ値は最尤推定量と一致する．最尤推定量を $\widehat{\boldsymbol{\theta}}$ と書くとき，$\ell_n(\widehat{\boldsymbol{\theta}})$ を**最大対数尤度**という．

1 次元正規分布 $N(\mu, \sigma^2)$ の例を示す．このとき，$\boldsymbol{\theta} = (\mu, \sigma^2)$ である．$N(\mu, \sigma^2)$ からの独立なサンプルを $x_1, \ldots, x_n$ とする．まず，分散 σ^2 を固定した下で，平均 μ の最尤推定量を求める．このとき，1 次元正規分布の対数尤度は

$$\begin{aligned}
\ell_n(\mu, \sigma^2) &= \sum_{i=1}^{n} \log\left(\frac{1}{\sqrt{2\pi\sigma^2}} \exp\left(-\frac{(x_i - \mu)^2}{2\sigma^2}\right)\right) \\
&= -n \log(2\pi\sigma^2) - \frac{1}{2\sigma^2} \sum_{i=1}^{n} (x_i - \mu)^2 \\
&= -n \log(2\pi) - n \log(\sigma^2) - \frac{1}{2\sigma^2} \sum_{i=1}^{n} (x_i - \mu)^2
\end{aligned}$$

となる．これは μ の二次関数であるから $\partial \ell_n(\mu, \sigma^2)/\partial\mu = 0$ を解いて，最尤推定量は

$$\widehat{\mu} = \frac{1}{n} \sum_{i=1}^{n} x_i \tag{B.66}$$

となる．これはサンプル平均に一致することに注意する．なお，この例は，尤度の代わりに対数尤度を使う利点を示すものとなっている．

一方，σ^2 も未知として最尤推定を行うことを考える．このとき，各 σ^2 において，μ の最尤推定量は $\widehat{\mu} = \widehat{\mu}(\sigma^2)$ で与えられるから，$\partial \ell_n(\widehat{\mu}, \sigma^2)/\partial\sigma^2 = 0$ より，σ^2 の最尤推定量は，

$$\widetilde{\sigma}^2 = \frac{1}{n} \sum_{i=1}^{n} (x_i - \widehat{\mu})^2 \tag{B.67}$$

となる．式 (B.29) と比較するとわかるように，これは分散の不偏推定量とならないことに注意する (すなわち，n で割る場合は最尤推定量である)．ただし，サンプル数が多い場合は不偏推定量とほとんど同じである．なお，線形回帰において雑音の確率分布を正規分布とした場合の最尤推定の例は 1.10 節に示している．

C　R 入門

最近は，多数の R の入門書が出版され，また，ネット上でも情報が得られるが，R のコマンドについて，ここに簡単にまとめておく．特に，本書でも利用する記述を中心に取り上げた．

R のインストール方法などの前準備については割愛して，ここでは，R のコマンドを解説する．Windows や Linux において，コマンド・ベースで利用する場合を想定している．以下では，解説を読みながら実際にコマンドを入力し，その結果からコマンドの挙動を把握してほしい．

R では，基本的に，コンソール画面（Jupyter Notebook の場合はセル）にコマンドを入力することで，リアルタイムに様々な計算・処理・解析が実行できる．コンソール画面にはプロンプト（例えば「>」などの記号）が表示されており，そのあとにコマンドを入力し，Enter キーを押すことで，コマンドが実行される．プロンプトのある行を**コマンドライン**などという．コンソール上では，「↑」キーによって以前入力したコマンドを再度表示できる（つまり，入力したコマンドの履歴をたどることができる）．コマンドラインでは，「→」・「←」キーによって前後に移動できるので，入力したコマンドは編集が可能である．

C.1　スカラー・変数・関数

数値の演算について

R では単純なスカラー演算が用意されている．数値に対する四則演算は加算「+」・減算「-」・乗算「*」・除算「/」であり，x^a は「x^a」と書く．コンソール上で以下を実行してみよう．

```
> 1 + 2
[1] 3
> 2^3
[1] 8
```

「>」はプロンプトである．プロンプトの後ろに，最初の 1 + 2 を入力し，Enter キーによって実行すると，結果として「[1] 3」が表示される．この [1] については後述するが，ここでは，出力される要素の 1 個目という意味だと思えばよい．そして，$1+2$ の結果である 3 が表示されており，正しく計算されていることがわかる．二つ目の例は 2^3 を計算したものである．

変数

R 言語は他のプログラミング言語と同様に，変数を利用でき，もちろん，変数に対してもスカラー演算が可能である．例えば，$(1+2)\times 3$ を計算したいとき，まず，$1+2$ の計算をして，その結果である 3 を覚えておき，続いて，3×3 を計算する．この場合，$1+2$ の結果を変数に代入しておけば，その変数に 3 を乗じることで計算結果が得られる．すなわち，変数は一時的に数値を格納しておく場所のようなものである．変数への値の代入には「<-」を用いる．次に示すのは，$(1+2)\times 3$ の演算を変数を用いて実行したものである．

```
> x <- 1 + 2
> x
[1] 3
> y <- 3
```

```
5 > x * y
6 [1] 9
```

2 行目にあるように，x を入力した後に Enter キーを押すと，変数 x の中身（代入されている数値）が表示される．変数名としては，例えば，文字と数字を組み合わせた文字列（x1 など）も許される．そして，アンダースコア「_」が利用できる．ただし，数字が最初の文字列 1x などは許されない．また，大文字と小文字は区別される．なお，後述する関数（コマンド）名や定数（円周率 pi や真理値 T と F）などを変数として利用すると混乱するので，それは避けるべきである．

今までの例では，1 行に一つのコマンドを記述し，実行しているが，1 行に複数のコマンドを書いて，まとめて実行することもできる．その場合は，以下のように，コマンドをセミコロンで区切る．

```
> x <- 1 + 2; y <- 2; x + y
> [1] 5
```

また，次のような代入も可能である．

```
1 > x <- 1; x
2 [1] 1
3 > x <- x + 1; x
4 [1] 2
```

最初のコマンドで x に 1 が代入されている．次のコマンドでは，代入「<-」の左右に x が現れているので混乱するかもしれない．しかし，代入の右側は現在の値に応じて計算され，その結果が新たに左側に代入される．3 行目で，代入の右側の x は現在の x であり，1 が代入されている．したがって，代入の右側は x + 1 という演算で 2 となり，その値が x に代入されるので，このコマンドを実行すると x の値は 2 となる．こうした代入の利用を x の「**上書き**」という．

なお，ここでは「変数」という用語を用いたが，一般には，後述するベクトル，行列，データフレームなどを含めて「オブジェクト」と呼ぶ．

定数

R では，定数が用意されている．例えば，円周率には pi という定数が割り当てられている．pi を入力し，Enter キーを押してみると，適当な桁数までの円周率が表示される．

関数

R では，例えば，平方根を計算するコマンド sqrt が用意されている．次の例を試してほしい．

```
> sqrt(2)
[1] 1.414214
```

$\sqrt{2}$ の値が適当な桁数まで表示されていることがわかる．ここで，「コマンド」という用語を用いたが，R では「関数」という．すなわち，sqrt は R の関数である．R における関数の概念は重要なので，ここで少し詳しく説明する．

一般に，R の関数は「**関数名（引数）**」の形で利用し，数値や変数を**引数**として受け取り，関数の値を**戻り値**として返す（引数を囲むのは丸括弧であることに注意）．例えば，sqrt についての次の実行例をみてみよう．

```
1 > sqrt(2)
2 [1] 1.414214
3 > x <- sqrt(2)
4 > x
5 [1] 1.414214
6 > y <- 2
7 > sqrt(y)
8 [1] 1.414214
```

sqrt(2) では，sqrt が関数名であり，sqrt 関数に引数として 2 という数値を渡し，次の行に戻り値である 1.414214 が表示されている．次に，x <- sqrt(2) では，sqrt 関数の戻り値である 1.414214 を変数 x に代入している．実際，4 行目で，x の値（代入されている数値）を表示すると 1.414214 が表示される．すなわち，戻り値は代入しないと表示されることになる．また，6, 7 行目に示すように，引数として変数を渡すこともできる．

この例では引数は一つであったが，引数は複数ある場合もある．引数が複数ある場合は，それらをカンマ「,」区切りで並べる．引数には必ず必要なものと，そうでないものがあり，後者を「オプション」という．sqrt の例では，関数はあたかも数学的な関数と同じような振る舞いをするものに思えるが，ソフトウェアにおける関数は処理を行うものであり，もっと柔軟なものである．こうしたことは，ベクトルの関数のところで詳しく述べる．

初等関数

前項の sqrt 以外にも初等関数を計算する関数が利用できる．例えば，sin 関数は sin，cos 関数は cos，絶対値は abs，自然対数は log，指数関数は exp によって計算できる．

C.2　ベクトル

ベクトルは数値や変数の組であり，順序が決まっているものである．数学的なベクトルと同じイメージでよい．データの処理や分析において，1 変量データはベクトルとして扱うため，R のベクトルについて知っておくことは重要である．

ベクトルを作る

ベクトルの要素がわかっている場合，関数 c を用いて作成する．c の引数として，ベクトルの要素をカンマ「,」で区切って並べればよい．すなわち，関数 c は複数の引数をもつ関数である．例えば，要素が $(5, 4, 3, 2, 1)$ であるベクトル x は，

```
> x <- c(5, 4, 3, 2, 1)
> x
[1] 5 4 3 2 1
```

とすればよい．この例からわかるように，ベクトル x の値は，要素が並べられる形式で表示される．

コロン「:」を使って公差が 1 の数列（ベクトル）を生成できる．例えば，以下を試してみよう．

```
> x <- 1:5
> x
```

```
3 [1] 1 2 3 4 5
4 > 5:1
5 [1] 5 4 3 2 1
6 > 1:5 + 1
7 [1] 2 3 4 5 6
8 > 1:(5 + 1)
9 [1] 1 2 3 4 5 6
```

6 行目と 8 行目にみられる演算の順序は把握しておくとよい（ミスにつながることがあるので注意する）.

文字列のベクトルも生成できる．例えば，

```
> L1 <- c("A", "B", "C")
> L1
[1] "A" "B" "C"
```

となる．このとき，文字（列）はダブルクォーテーションあるいはシングルクォーテーションでくくる必要がある．一方で，ベクトルの要素の表示がダブルクォーテーションでくくられている場合，それは文字（列）であるから，四則演算などはできないので注意する．

ベクトルの表示

次のコマンドを実行してみたい．

```
> x <- 1:50
> x
 [1]  1  2  3  4  5  6  7  8  9 10 11 12 13 14 15 16 17 18 19 20 21 22 23 24 25
[26] 26 27 28 29 30 31 32 33 34 35 36 37 38 39 40 41 42 43 44 45 46 47 48 49 50
```

この x の値の表示において，角括弧付きで表示される数値（例えば [1] など）は，その右の数値が，ベクトルの何番目の要素であるかを表すものである．最初に述べたスカラーや 1 行におさまるベクトルについては [1] と表示される．

結合

ベクトルの結合には関数 c を利用できる（なお，ベクトルを結合する関数としては append もあるので調べてほしい）．以下を実行してみる．

```
> x <- 1:5
> y <- 6:10
> c(x, y)
 [1]  1  2  3  4  5  6  7  8  9 10
```

ただし，引数はスカラーであってもよく，したがって，ベクトルにスカラーを追加する場合にも利用できる．

要素の抽出

ベクトル x の第 k 番目の要素は x[k] によって取り出される（角括弧であることに注意する）．第 k 番目以外の要素を取り出すには x[-k] とする．また，ベクトル x の第 k 番目の要素に a を代入するには x[k] <- a とする．例えば，以下を実行してみよう．

```
> x <- c(5, 4, 3, 2, 1)
> a <- x[2]
> a
[1] 4
> x[5] <- a
> x
[1] 5 4 3 2 4
> x[-2]
[1] 5 3 2 4
```

ベクトルの要素の抽出や削除に際して，インデックスにベクトルを指定できる．例えば，

```
1 > x <- 10:1
2 > x[c(2, 4, 6)]
3 [1] 9 7 5
4 > x[5:8]
5 [1] 6 5 4 3
6 > x[-(5:8)]
7 [1] 10  9  8  7  2  1
```

という使い方ができる．特に，6 行目の「-(5:8)」は (5:8) を除くという操作になることに注意してほしい．ベクトルによる部分抽出によって抽出の自由度は高くなる．

演算

演算子 ∗，+，−，/，^ によるベクトルの演算は要素ごとの演算となる．以下を試してみよう．

```
> x <- 1:5
> y <- 5:1
> x + y
[1] 6 6 6 6 6
> x - y
[1] -4 -2  0  2  4
> x * y
[1] 5 8 9 8 5
> x / y
[1] 0.2 0.5 1.0 2.0 5.0
> x^2
[1]  1  4  9 16 25
> x^y
[1]  1 16 27 16  5
```

真理値と論理式

一般に，**真理値**（真か偽か）が定められる式を**論理式**という．R では，真理値の真と偽に，TRUE と FALSE という定数が対応する（それぞれ T と F と略して利用することもできる)．「x > 0」は論理式である．この場合の論理式は，x と 0 を > で結合した式である．例えば，変数 x と 0 との比較については，他に

論理式	意味
x < 0	x は 0 より小さい
x >= 0	x は 0 以上
x <= 0	x は 0 以下
x == 0	x は 0 に等しい
x != 0	x は 0 と異なる

などの記号が利用できる．このとき，>，<，>=，<=，==，!= を**比較演算子**という．比較演算子の両側がベクトルである場合，要素ごとの比較が行われ，真理値のベクトルを返す．このとき，両側の要素の数は等しくないといけない．

論理式による部分抽出の例を紹介しておく．

```
1 > x <- c(-2, -1, 0, 1, 2)
2 > y <- c(0, 0, 0, 0, 0)
3 > x > y
4 [1] FALSE FALSE FALSE  TRUE  TRUE
5 > x > 0
6 [1] FALSE FALSE FALSE  TRUE  TRUE
7 > x[x > 0]
8 [1] 1 2
```

この例において，3 行目の「x > y」の実行結果は，条件が成り立っている要素の箇所では TRUE，成り立っていない箇所では FALSE であるベクトルとなる．また，「x > 0」のように記述すると，左側のベクトルの各要素が右側のスカラー 0 と比較される．この場合は「x > y」と同じ結果となる．7 行目の，「x[x > 0]」によって，x の要素の中で x > 0 の結果が真であるもののみが抽出される．このように，条件に応じて（正確には，条件の真理値に応じて）ベクトルの部分抽出が可能である．

関数

初等関数の引数がベクトルのとき，戻り値は要素ごとの計算値のベクトルとなる．例えば，以下を試してみよう．

```
> x <- 5:1
> y <- sqrt(x)
> y
[1] 2.236068 2.000000 1.732051 1.414214 1.000000
```

ベクトルの関数の基本的なものとして，例えば，ベクトル x に対して，要素の総和は sum(x)，総積は prod(x)，平均値は mean(x)，不偏分散は var(x)，最大値は max(x)，最小値は min(x) により求められる．これらの戻り値はスカラーである．例えば，関数 mean は，ベクトルを引数として，そのベクトル内の要素の平均値を戻り値として返す．以下を試してほしい．

```
> x <- 1:10
> mean(x)
[1] 5.5
```

他に，ベクトル x と y に対して相関係数を計算する関数として cor(x, y) などもある．

一方で，ベクトル x に対して，要素を逆順に並べたベクトルを返す rev(x)，昇順に並べたベクトルを返す sort(x) など，ベクトルに対する処理を行う関数もある．例えば，関数 sort は以下のように用いる．

```
> x <- 10:1
> sort(x)
 [1]  1  2  3  4  5  6  7  8  9 10
```

いま，sort では，以下のように追加の引数を与えることで，降順に並べたベクトルを求めることもできる．

```
> x <- 1:10
> sort(x, decreasing = TRUE)
 [1] 10  9  8  7  6  5  4  3  2  1
```

これを例にして，R の関数の重要なところを説明しておく．実は，関数 sort の引数は見かけ上二つであるが，sort(x) としてもエラーとはならず，昇順で並べられたベクトルを返す．これは，2 番目の引数が（省略可能な）オプションであり，デフォルトとして，値 FALSE が設定されているためである．すなわち，sort(x) は，sort(x, FALSE) と同じである．さらに，2 番目の引数には decreasing という名前が付けられており，これらは，sort(x, decreasing = FALSE) と同じである．このような書き方にすると，decreasing（降順）を FALSE（偽）として x をソートするという意味が明確になる（つまり，昇順でソートする）．したがって，もちろん，sort(x, TRUE) は降順で並べたベクトルを返す．このとき，並べるべき x は当然省略できない．また，オプションがいくつかある場合には，その順番で値が渡されるので注意が必要である．R の多くの関数はこのような形をしているので，ここで理解しておくとよい．

なお，オプションのデフォルト値は決まっており，マニュアルに記載されている．ネット上で探してもよいが，R のヘルプを利用することもできる．ヘルプを表示するには，help 関数を用いて help("**関数名**") と入力すればよい（Windows の場合はブラウザで表示される）．例えば，sort 関数の場合，help("sort") と入力すれば，その引数や戻り値などの詳細な情報が得られる．

戻り値がベクトルであれば，

```
> x <- 10:1
> sort(x, TRUE)[1]
[1] 10
```

のようにすると，この sort の結果のベクトルの 1 番目の要素（すなわち，最大値）が戻り値となる．感覚としては，sort(x, TRUE) 自体がソートされたベクトルであり，その 1 番目の要素を取り出すことになる．なお，これは仕組みの説明であり，最大値を求めるだけならば max 関数を利用すべきである．

C.3 よく使う関数の例

本書でも利用している関数をいくつか紹介しておく．

length 関数

xをベクトルとするとき，length(x) はベクトル x の長さを返す関数である．

rep 関数

同じベクトル（あるいは数値）を決められた回数繰り返したベクトルを作成するには，rep 関数を利用する．例えば，以下を実行してみよう．

```
> rep(1, 10)
 [1] 1 1 1 1 1 1 1 1 1 1
> rep(c(-1, 1), 10)
 [1] -1  1 -1  1 -1  1 -1  1 -1  1 -1  1 -1  1 -1  1 -1  1 -1  1
```

なお，numeric(n) で長さ n の零ベクトルを生成できるが，これは，rep(0, n) と同じである．

which 関数

条件に応じたベクトルの部分抽出は which 関数を利用して実装することもできる．例えば，以下を実行してみよう．

```
> x <- rep(c(-1, 1), 10)
> idx <- which(x > 0)
> x[idx]
 [1] 1 1 1 1 1 1 1 1 1 1
> x[-idx]
 [1] -1 -1 -1 -1 -1 -1 -1 -1 -1 -1
```

which 関数は，ベクトルに対する論理式を引数として与え，その論理式が成り立っているインデックスを返す関数である．この例では，その戻ってきたインデックスを idx に代入し，それによって x の要素を部分抽出している．なお，以下のように，複雑な部分抽出も可能である．

いま，適当なベクトル z を生成し，それに対して，「正でかつ 5 より小さい」という条件を満たす要素のインデックスを抽出するには以下のようにする．

```
> z <- (1:10) * rep(c(1, -1), 5)
> z
 [1]   1  -2   3  -4   5  -6   7  -8   9 -10
> which(z > 0 & z < 5)
[1] 1 3
```

一般に，二つの論理式を結びつける記号を**論理結合子**という．上の例では，「&」は論理結合子であり，「かつ」（論理積）を表す．同様に，「または」（論理和）を表す論理結合子は「|」である．上記の条件は

```
> which(z > 0 & !(z >= 5))
```

と書くこともでき，このときの「!」は否定である．すなわち，!(z >= 5) は z >= 5 の否定であるから z < 5 という条件（論理式）と同じである．

which について，よく利用する例を挙げておく．適当な数値ベクトル x に対して，

```
> idx <- which(x == min(x))
```

とすると，idx には x の最小値を与えるインデックスが代入される．ただし，それは which.min 関数を用いて直接求めることもできる．すなわち，

```
> idx <- which.min(x)
```

とすればよい．最大値の場合は，上の文において min を max に変えればよい．

seq 関数

実数の等差数列を作りたい場合は，seq 関数により，

```
> seq(0, 1, 0.1)
 [1] 0.0 0.1 0.2 0.3 0.4 0.5 0.6 0.7 0.8 0.9 1.0
```

とする．seq 関数は，第 1 引数から第 2 引数まで第 3 引数の間隔で等差数列を作る．ただし，この例の数列は，

```
> (0:10) / 10
```

によっても生成できる．

sample 関数

ベクトルの要素をランダムに抽出する関数として sample がある．例えば，

```
> x <- 1:10
> sample(x, 2, replace = TRUE)
[1] 9 8
```

は，ベクトル x の要素から復元抽出でランダムに二つの要素を抽出している（ランダム性から，この関数を試しても，この例の出力と同じになるとは限らないことに注意する）．非復元抽出の場合は，オプションを「replace = FALSE」とする．復元抽出を利用すれば，

```
> l <- c("A", "B")
> sample(l, 10, replace = TRUE)
 [1] "A" "B" "A" "A" "B" "A" "A" "A" "A" "A"
```

のようなことも可能である（ただし，等確率で抽出）．一方，

```
> x <- 1:10
> sample(x, 5, replace = TRUE)
[1]  6  1  5  1 10
> sample(x, 5, replace = TRUE)
[1] 4 5 4 2 3
```

から，1 回目の抽出と 2 回目の抽出は同じになっていない（「**再現性がない**」という）．これはランダム性から当然のように思われるが，数値実験などでは，1 回目の抽出（この抽出での順番はランダム）と同じ抽出を再現したい場合がある．再現性を確保するために，set.seed 関数が用意されている．引数には適当な整数を与える（いわゆる乱数の種である）．例えば，

```
> x <- 1:10
> set.seed(2017)
> sample(x, 5, replace = TRUE)
```

```
[1] 5 4 5 5 2
> set.seed(2017)
> sample(x, 5, replace = TRUE)
[1] 5 4 5 5 2
```

を試してほしい（ただし，この例と同じ結果が得られるとは限らない）．1 回目の sample と 2 回目の sample で同じ数列が生成されていることがわかる．ただし，抽出された数列はランダムである．すなわち，乱数の種が同じ場合，再現性のあるランダムな数列が生成される．

factor 関数

関数 factor によってカテゴリを要素とするベクトルを生成できる．

```
1 > x <- rep(c("A", "B"), 5)
2 > xfc <- factor(x)
3 > xfc
4  [1] A B A B A B A B A B
5 Levels: A B
6 > levels(xfc)
7 [1] "A" "B"
```

factor で生成されるベクトルは単なる文字ベクトルではなく，レベル情報（カテゴリ情報）が付与されている．これをここでは**因子**と呼ぶことにする．上の例では，x は文字ベクトルであるが，xfc は因子である．xfc の表示をみると，データ以外にレベル情報が表示されている．6 行目でわかるように，レベル情報は関数 levels でベクトルとして取り出すことができる．

後述するように，通常，データはデータ・ファイルとして存在し，そのデータ・ファイルを R に取り込んで処理・分析を行う．この際，取り込まれたデータは，後述するデータフレームというオブジェクト（質的（カテゴリカル）変数と量的変数をまとめて扱える配列）として取り込まれる．例えば，アンケートデータなどの場合，「有・無」などのカテゴリカル変数の値を文字として含む．データフレームでは，文字データは factor として取り込まれる．これはデータフレームの仕様であるが，データ数が多くてすべてのデータをチェックするのが大変な場合など，レベル情報をみれば，正しい値が回答されているかなどをすぐにチェックすることもできる（Microsoft Excel のフィルタ機能を思い出してほしい）．例えば，

```
> which(xfc == levels(xfc)[1])
```

とすることで，1 番目のレベルに割り当てられている要素のインデックスを抽出できる．

paste 関数

paste 関数は，基本的な機能として，数値（文字）ベクトルを文字ベクトルに変換して返す．例えば，

```
> paste(1)
[1] "1"
> paste("a", "b")
[1] "a␣b"
> paste("a", "b", sep = "")
[1] "ab"
```

```
7  > paste(1, 2)
8  [1] "1␣2"
9  > paste(1:5)
10 [1] "1" "2" "3" "4" "5"
```

を試してみよう．1 行目では，数値ベクトルが文字ベクトルに変換されていることがわかる．ただし，3，5 および 7 行目のように，引数として数値や文字をカンマ区切りで与えると，それらを結合した文字ベクトルが生成できる．このとき，5 行目の sep はオプションであり，結合する際の区切り文字を指定する．この場合は何も挿入しないという設定である（実際，6 行目では a と b の間には何も挿入されていない）．3・4 行目にあるように，sep を省略すると空白記号が入る．9 行目では数値ベクトルを文字ベクトルに変換している（引数がベクトルの場合の処理となる）．paste 関数を使うと次のようなことができる．

```
> strs <- paste("X", 1:5, sep = "")
> strs
[1] "X1" "X2" "X3" "X4" "X5"
```

これは上の例の複合的な利用であるが，番号をつけて管理したい列名・行名あるいはファイル名などをまとめて生成できるので便利である．

C.4　行列

ベクトルは 1 次元配列であったが，2 次元配列は行列である．行列は主に量的変数の多変量データを入れておく変数であり，ベクトルと同様，データ処理・分析に欠かせないオブジェクトである．

行列を作る

任意のベクトルを行列に整形する関数として matrix がある．例えば，

$$A = \begin{bmatrix} 1 & 2 & 3 \\ 4 & 5 & 6 \end{bmatrix}$$

は次のようにして生成できる．

```
> A <- matrix(1:6, nrow = 2, ncol = 3, byrow = TRUE)
> A
     [,1] [,2] [,3]
[1,]    1    2    3
[2,]    4    5    6
```

1 番目の引数はベクトルであり，nrow は行数，ncol は列数，byrow = TRUE は，ベクトルを行ごとに格納していく．byrow = FALSE を試して，違いを理解しよう（デフォルトは FALSE である）．ちなみに，指定した行数 × 列数がベクトルの長さに一致していない場合も行列は作られる．こちらもどのような行列に変換されるかは試してほしい．

ここで，A の表示をみると，例えば，[1,] や [,1] などとなっている．これはそれぞれ，1 行目や 1 列目を指す．それ以外の部分が行列の中身である．

なお，多次元配列は array によって構成するので，必要であれば調べてほしい．

要素を取り出す

上の行列 A について，行列の要素の抽出例を挙げておく．

```
1 > A[1, 2]
2 [1] 2
3 > A[1, ]
4 [1] 1 2 3
5 > A[, 1]
6 [1] 1 4
7 > A[1, 1:2]
8 [1] 1 2
```

A[1, 2] は第 1 行第 2 列の要素である．A[1,] は第 1 行をベクトルとして返し，A[, 1] は第 1 列をベクトルとして返す．7 行目の A[1, 1:2] のように，ベクトルの要素抽出と同じように，ベクトルによって行や列の抽出する要素を指定することも可能である．したがって，部分行列も簡単に構成できる．ただし，A[1, 1:2] をベクトルでなく 2 行 1 列の行列として返したい場合は drop オプションを用いて A[1:2, 1, drop = F] とすればよい．

行列の演算

行列の和・差・積は，それぞれ，「+」・「-」・「%*%」である．「*」はベクトルと同様に要素ごとの積となるので注意する．例えば，以下を試して，積「%*%」については，行列の意味での積となっていることを確かめてほしい．

```
> A <- matrix(1:4, 2, 2)
> b <- c(1, 2)
> A %*% A
     [,1] [,2]
[1,]    7   15
[2,]   10   22
> A %*% b
     [,1]
[1,]    7
[2,]   10
```

一方，外積は「%o%」であり，例えば，以下のようになる．

```
> c(1, 2) %o% c(1, 2)
     [,1] [,2]
[1,]    1    2
[2,]    2    4
```

C.5 行列に対する関数

行列に対する関数をいくつか紹介しておく．

dim 関数

行列の行数と列数は dim 関数で求めることができる．以下は一例である．

```
> A <- matrix(1:6, nrow = 2, ncol = 3)
> dim(A)
```

```
[1] 2 3
```

引数である行列の行数と列数からなる 2 次元ベクトルが戻り値となることがわかる．

nrow 関数と ncol 関数

行の数・列の数はそれぞれ nrow 関数・ncol 関数で取得できる．例えば，次を試してみよう．

```
> A <- matrix(1:10, 5, 2)
> nrow(A)
[1] 5
> ncol(A)
[1] 2
```

cbind 関数と rbind 関数

cbind 関数や rbind 関数によってベクトルや行列を結合した行列を作ることができる．例えば，

```
> x <- rep(c(1, -1), 2)
> y <- 1:length(x)
> X <- cbind(x, y)
> X
      x y
[1,]  1 1
[2,] -1 2
[3,]  1 3
[4,] -1 4
```

となる．cbind(x, y) はベクトル x と y を列ベクトルとして並べた行列となることがわかる（並べるベクトルの数はいくつでも構わない）．このとき，cbind の結果を代入した X の列名が，元の変数名になっていることに注意する．一方，引数として与えたベクトルを行ベクトルとして並べて行列を作成する場合は rbind 関数を利用する．

補足であるが，この X の 1 列目が正の要素の 2 列目の平均を求めてみてほしい．これは，1 列目をクラスなどのカテゴリ，2 列目を身長などの数値だと思えば，クラスごとの平均身長を計算するような場合に対応する（例えば，X[which(X[, 1] > 0), 2] のような記述が可能である）．

数学的な行列操作

行列 A の転置は t(A) である．k が正整数の場合 diag(k) は $k \times k$ 単位行列である．a をベクトルとすると diag(a) は a を対角要素とする対角行列となる．一方で，A を正方行列とすると diag(A) は A の対角ベクトルとなる．A の行列式は det(A) である．トレースは用意されていないようであるが，A を正方行列とすると，sum(diag(A)) によって計算できることは明らかである．

solve 関数

線形方程式を（数値的に）解く solve 関数が用意されている．例えば，

$$A = \begin{bmatrix} -1 & 2 \\ 1 & 1 \end{bmatrix}, \quad b = \begin{bmatrix} 3 \\ 3 \end{bmatrix}$$

について，線形方程式 $Ax = b$ を解くには，次のようにする．

```
> A <- rbind(c(-1, 2), c(1, 1))
> b <- matrix(c(3, 3))
> x <- solve(A, b)
> x
     [,1]
[1,]    1
[2,]    2
```

ここで，x が解である．ただし，あくまで数値的に計算しているため，A が非正則に近い場合には解けないこともある．なお，A の逆行列は solve(A) で求められる．solve は，例えば，最小二乗推定量などの線形推定量を求める際に利用する．

行名・列名

行列では，行や列に名前をつけることができる．行の名前・列の名前はそれぞれ rownames 関数・colnames 関数で取得や変更ができる．例えば，以下を実行してみよう．

```
1  A <- matrix(1:6, 3, 2)
2  > A
3       [,1] [,2]
4  [1,]    1    4
5  [2,]    2    5
6  [3,]    3    6
7  > colnames(A)
8  NULL
9  > rownames(A)
10 NULL
11 > colnames(A) <- paste("X", 1:ncol(A), sep = "")
12 > rownames(A) <- paste("D", 1:nrow(A), sep = "")
13 > A
14    X1 X2
15 D1  1  4
16 D2  2  5
17 D3  3  6
```

ここで最初の colnames(A) と rownames(A) では NULL と表示される．NULL は何も入っていない（空の）状態を意味している．matrix 関数によって行列を作成した状態では，行・列の名前は何も入っていない．そこで，11 行目と 12 行目の二つのコマンドで行・列に名前を代入している（右辺は文字列ベクトルであり，それを A の行・列の名前として設定していることになる．文字列ベクトルの作成の仕方については，ベクトルの節を参照してほしい）．その後 13 行目で A を表示すると，いままで，[1,] や [,1] と表示されていた箇所に代入した名前が表示される．行や列に名前がついていれば，それらを名前で参照・抽出できる．例えば，上の例において，A[, "X1"] は A[, 1] と同じであり，この参照によって，第 1 列が抽出される．

なお，ベクトルも names 関数によって要素名を取得・変更できる．

C.6　リスト

リストは，サイズの異なるベクトル，ベクトルと行列など異なるオブジェクトをまとめたオブジェクトである．

リストを作る・要素を取り出す

リストは list 関数を利用して作る．list 関数は，ベクトル，行列などのオブジェクトを引数として受け取り，それをリストにして返す．例えば，次を試してみたい．

```
1  > x <- 1:5
2  > y <- 1:10
3  > z <- matrix(1:4, 2, 2)
4  > l <- list(x, y, z)
5  > l
6  [[1]]
7  [1] 1 2 3 4 5
8  
9  [[2]]
10  [1]  1  2  3  4  5  6  7  8  9 10
11 
12 [[3]]
13      [,1] [,2]
14 [1,]    1    3
15 [2,]    2    4
16 
17 > l[[1]]
18 [1] 1 2 3 4 5
19 > l[[2]][8]
20 [1] 8
21 > l[[3]]
22      [,1] [,2]
23 [1,]    1    3
24 [2,]    2    4
```

x と y はベクトル，z は行列である．list(x, y, z) によってこれらをまとめたリストを作成し，それを l に代入している．l はリストである．リストに格納された各オブジェクトの抽出は，例えば，17 行目のように，1 番目のオブジェクトは l[[1]] のように取り出す．l[[1]] と x が等しいことを確認できる．19 行目の l[[2]][8] という記述は，l[[2]] に y が代入されているので，y[8] の値が抽出される．

格納するオブジェクトの名前

リストに格納するオブジェクトは名前をつけて参照することができる．上の例の x，y および z について，次を実行してほしい．

```
> l <- list(a = x, b = y, c = z)
> l$a
[1] 1 2 3 4 5
```

リストに入れた x の名前が a である．名前をつけておくと，リストに格納されているオブジェクトを l$a のように $ によって抽出できる．

リストへの追加

リストへのオブジェクトの追加は，例えば，c 関数で行う．上の例の x と y に対して，次を試してみたい．

```
> l <- list(x)
> l
[[1]]
[1] 1 2 3 4 5

> l <- c(l, list(y))
> l
[[1]]
[1] 1 2 3 4 5

[[2]]
 [1]  1  2  3  4  5  6  7  8  9 10
```

なお，空のリストを作っておいて，そこに追加していくには，`l <- NULL` としておいて，`l <- c(l, list(...))` とすればよい．例えば，次を実行してみよう．

```
> l <- NULL
> l <- c(l, x)
> l
[1] 1 2 3 4 5
```

このように空のオブジェクトを NULL で作っておいて，メンバーを追加していくやり方はベクトルや行列についても利用できて，便利である（本書でも利用している）．このことについては，後の for 文の例を参照してほしい．

C.7　データフレーム

例えば，生徒について，所属クラス名（A や B などの文字列）と身長や体重のデータを収集する場合，量的変数とカテゴリカル変数が混在している．こうしたデータを行列に格納すると，その要素はすべて文字列となる（したがって，身長の平均などは計算できない）．行列は単一の型（例えば，数値のみや文字列のみなど）のデータしか扱うことができない．数値や文字列が混在するデータは，データフレームというオブジェクトとして扱うことができる．データフレームは，こうしたデータを行列のようにアクセスすることもできるし，各列を要素とするリストとして扱うこともできる．なお，後述するように，データ・ファイルから R にデータを読み込む場合は，データフレームとして読み込まれる．

データフレームを作る

データフレームは data.frame 関数によって作成できる．例えば，以下を実行してみたい．

```
> cls <- c("A", "B", "A", "B")
> height <- c(170, 150, 175, 160)
> weight <- c(65, 45, 70, 50)
> df <- data.frame(cls, height, weight)
> df
  cls height weight
1   A    170     65
2   B    150     45
3   A    175     70
4   B    160     50
```

```
11 > df[, 1]
12 [1] A B A B
13 Levels: A B
14 > df[, 2]
15 [1] 170 150 175 160
16 > mean(df[, 2])
17 [1] 163.75
18 > mean(df[which(df[, 1] == "A"), 2])
19 [1] 172.5
20 > mean(df[which(df[, 1] == "B"), 2])
21 [1] 155
22 > mean(df[-which(df[, 1] == "A"), 2])
23 [1] 155
```

data.frame 関数は，ベクトルを引数として，それらをリストとしてまとめたデータフレーム・オブジェクトを返す．ここでは，df に代入されているので，df はデータフレームである．データフレームについては，要素の抽出や代入など，行列の場合と同じように扱える．あるいは，リストとして df[[1]] や df$cls などは df[, 1] と同じである（このとき，変数名 cls が参照名となっている）．11～13 行目から文字列ベクトルは因子に変換されており，16 行目のように数値ベクトルは平均などが計算できることを確かめられる．ここで，18 行目以降において，which 関数を利用して，A と B のカテゴリごとに平均を求めている（理解のために，インデックスにマイナスをつけた方法も試しており，論理式を工夫すれば複雑なデータ処理が可能となることがわかると思う）．

データフレームと行列

データフレームに対しても，行列と同じく nrow・ncol・colnames・rownames が利用できる．また，cbind および rbind も利用可能である．

ただし，データフレームは数値データであっても行列演算はできないので注意する．この場合は，as.matrix 関数を利用して，データフレームを行列に変換した後に演算を実行する．例えば，上で作られたデータフレームについて，以下を試してみるとよい．

```
1 > X <- df[, 2:3]
2 > X %*% c(1, 2)
3  X %*% c(1, 2) でエラー:  数値/複素数/行列またはベクトルが要求されます
4 > X <- as.matrix(df[, 2:3])
5 > X %*% c(1, 2)
6      [,1]
7 [1,]  300
8 [2,]  240
9 [3,]  315
10 [4,]  260
```

2 行目では，データフレームに対して行列演算を実行しているのでエラーとなるが，4 行目で行列に変換しているので，5 行目では意図どおりの行列演算ができていることがわかる．

C.8　疑似乱数

R では，様々な分布に従う疑似乱数を生成できる．本書で用いている関数を以下に挙げておく．

二項分布

二項分布 $B(n,p)$ に従う疑似乱数は

```
> N <- rbinom(m, n, p)
```

によって生成できる．`(n, p)` は二項分布のパラメータであり，`m` は試行回数である．特に，パラメータ値が `(1, p)` の二項分布はベルヌイ分布である．例えば，コインを m 回投げるシミュレーションを行う場合は，

```
> N <- rbinom(m, 1, p)
```

とすると，表の出る確率 `p` のコインを `m` 回投げたときのコインの裏表（数値としては 0 と 1 に対応）の列が `N` となる．この数値列がベルヌイ分布に従う疑似乱数列である．ここで，`p` は `m` 個の要素をもつベクトルでもよい．それによって試行ごとに表の出る確率が異なるようにできる．

一様乱数と正規乱数

一様乱数 $U(a,b)$ および正規乱数 $N(m,s^2)$ を発生させる関数は，それぞれ

```
> runif(n, min = a, max = b)
> rnorm(n, mean = m, sd = s)
```

である．ここで，`n` は乱数の個数である．例えば，$N(5,2^2)$ に従う正規乱数を 10 個生成したい場合は `rnorm(10, 5, 2)` あるいは `rnorm(10, mean = 5, sd = 2)` を実行すればよい．疑似乱数の再現性を確保したい場合は，`sample` 関数のところで述べたように，`set.seed` 関数を利用する．

C.9 データの読み込み・書き出し

R では，解析対象のデータ・ファイルをデータフレームとして取り込む（読み込む）ことができる．データ・ファイルの形式としては，カンマ区切りのテキストファイルである CSV 形式が一般的である．CSV 形式のファイル（CSV ファイル）の拡張子は，「.csv」とする．CSV ファイルは Microsoft Excel でも読み込める（「.csv」の拡張子をもつファイルは Windows では Excel に関連付けされている）．

データの読み込み

いま，クラス `cls`，身長 `height` および体重 `weight` についてのデータの CSV ファイル datafile.csv を

```
,cls, height, weight
a, A, 170, 65
b, B, 150, 45
c, A, 175, 70
d, B, 160, 50
```

とする．なお，このファイルは，Microsoft Excel で作成して，CSV 形式で保存してもよいし，テキストエディタで作成してもよい．ただし，ファイルに日本語が含まれる場合は，その文字コードが問題となる場合があるので注意する．

1行目は各列の名前（変数名）がカンマ区切りで記述されている．2行目以降については，1列目に，行の名前（個体名・サンプル名）が記述されており，その後にカンマ区切りで各変数の値が記述されている．例えば，2行目は，a さんのデータであり，クラスは A，身長は 170，体重は 65 である．

一般的なテキストファイルからデータを読み込む（取り込む）関数としては，区切り文字を任意に定められる read.table を利用してもよいが，カンマ区切りファイルである CSV ファイルの場合は read.csv 関数を利用すればよい．datafile.csv を read.csv 関数により読み込む例を以下に示す．

```
> df <- read.csv("datafile.csv", header = TRUE, row.names = 1)
> df
  cls height weight
a   A    170     65
b   B    150     45
c   A    175     70
d   B    160     50
```

このとき，df はデータフレームとなる．read.csv 関数の第1引数は取り込むファイル名である．ここで指定したオプションについては，以下のとおりである．

header　列名（列の名前）がファイルに含まれている場合，それをデータフレームの列名に設定するオプションであり，それを TRUE に設定する．デフォルトは FALSE であり，ファイルに列名が含まれていなければ header オプションは必要ない．逆に，列名が含まれているにもかかわらず header オプションを省略すると，列名がデータとして取り込まれてしまうので注意する．

row.names　データフレームの行名（行の名前）となる列番号を指定する．この場合「1」なので，ファイルの1列目が行名となる．なお，行名の重複は許されない．

なお，データ・ファイルに欠測値がある場合，NA という記号が自動的に入る（Not Available の略である）．NA の R 内での扱いは欠測値であり，平均などの処理においてその扱いを指定できる（例えば，欠測値を除いて計算するなど）．

パス

ファイルを扱う上で「パス」（経路という意味）という概念は必ず理解しておく必要がある．上のように read.csv 関数を実行することを考える．datafile.csv はハードディスクなどの記憶媒体に格納されている．ここでは，Windows の場合で考える．例えば，Windows などではハードディスク（ドライブ）の中は，フォルダ（ディレクトリ）があり，その下にフォルダやファイルがあるといった構造としてユーザには見えている（この構造を**木構造**という）．このとき，フォルダ A の中にフォルダ B がある場合，「B は A の下にある」という言い方をする．例えば，C ドライブの下に tmp というフォルダを作成し，その下に Rwork というフォルダを作成し，そこにファイル datafile.csv を格納しているとする．この Rwork のように，R で利用するデータ・ファイルや後述するスクリプト・ファイルなどを置いて利用するフォルダのことを**作業フォルダ**（**ディレクトリ**）ということにする．

いま，read.csv 関数は，読み込むファイルがどこにあるかを知っている必要がある．したがって，上の状況では，

```
> read.csv("C:/tmp/Rwork/datafile.csv", header = TRUE, row.names = 1)
```

と記述する必要がある．このとき，「C:/tmp/Rwork/」という文字列を datafile.csv への**（絶対）パス**という．パスを指定しないと，read.csv 関数は datafile.csv の存在する場所がわからないのでエラーとなる．

パスには絶対パスと相対パスがある．上記のように，木構造の最も上のレベル（ここでは C ドライブのトップ）からファイルに到達するすべての経路のことを**絶対パス**という．一方，例えば，C ドライブから順番にクリック操作などで tmp を開いた状況は，あたかも，フォルダを下に降りてきて tmp に「居る」状況である．このとき，tmp からみると Rwork は，「いま居るフォルダから一つ下のフォルダ」として指定できる．このように，現在居る（指定している）フォルダからの相対的な位置を示す経路を**相対パス**という．

R では setwd 関数によって作業フォルダを指定することができる．例えば，作業フォルダが C:/tmp/Rwork/ のとき，

```
> setwd("C:/tmp/Rwork/")
> df <- read.csv("datafile.csv", header = TRUE, row.names = 1)
```

とする．このとき，パスを指定しなくても，setwd 関数で指定したフォルダにあるファイルは，ファイル名のみでアクセスできるようになる．したがって，エラーとはならない．

一方で，Web サイトにあるデータを URL を指定して R に取り込むこともできるので必要に応じて調べてほしい．

データの書き込み

逆に，データフレームをデータ・ファイルに書き込む関数として write.csv が用意されている．上の続きとして，

```
> write.csv(df, "datafile2.csv")
```

とすると，データフレーム df の内容が datafile2.csv として保存されるので，試してみてほしい（この際もパスに注意する）．なお，write.csv 関数でもいくつかのオプションが指定できる．

C.10 スクリプト

これまでにみたように，R はコンソールにコマンド（関数）を入力してデータを処理する．例えば，あるデータ・ファイルにすべてのクラスの生徒の試験の成績が格納されていて，クラスごとの試験の点数の平均値を求めたい場合を考える．この処理では，データ・ファイルからデータを読み込んだ後に，クラスごとの点数の平均の計算を順番に行い，それらを表示するという流れになる．

これらを一つ一つコンソールから入力して処理することも可能であるが，一つのファイルに一連の処理を記述しておき，それをまとめて実行することも可能である．そうしたファイルを一般に**スクリプト・ファイル**（あるいは単に**スクリプト**）という．このスクリプトは R 言語で記述されたプログラムとみることもできる．

スクリプトを記述するメリットはいくつかある．まず，一連の処理において，コンソール上では順番に処理を入力していくため，どこかの処理を間違ったりして変更したいとき，場合によっては，それまでの処理を再入力する必要がある．これに対して，スクリプトを利用する場合には，この作

業がファイルの編集に対応するため，処理の変更が楽である．すなわち，ファイルを編集して，実行すればよい．特に，後述する制御文などをコンソールで入力するのは現実的ではなく，一般には，プログラム的にスクリプトに記述して，実行する．また，スクリプトを作成しておけば，異なるデータに対しても，同じスクリプトを適用できるなど，処理の再利用が可能である．

次の一連の処理は，上に述べた datafile.csv を利用した簡単な例である．

```
df <- read.csv("datafile.csv", header = TRUE, row.names = 1)
aidx <- which(df[, "cls"] == "A")
aave <- apply(df[aidx, 2:3], 2, mean)
cat("A␣:\n")
print(aave)
bidx <- which(df[, "cls"] == "B")
bave <- apply(df[bidx, 2:3], 2, mean)
cat("B␣:\n")
print(bave)
```

この処理の中で，cat 関数，print 関数と apply 関数を用いているが，それらについては後述する．この一連の処理をテキスト・エディタで記述し，作業フォルダに cal.r として保存する．cal.r がスクリプトである．R のスクリプトの拡張子は「r」や「R」とすることが一般的である．このスクリプトを実行するには source 関数を次のように実行すればよい．

```
> source("cal.r")
A :
height weight
 172.5   67.5
B :
height weight
 155.0   47.5
```

なお，スクリプトファイルが作業フォルダにない場合は，そのパスも指定して実行する必要があるので注意する．

もちろん，スクリプトを作成しておけば，そのスクリプトをテキスト・エディタで開いておいて，内容を copy & paste により，コンソール画面に貼り付けて利用することもできる．

なお，例えば，ブラウザで起動する Jupyter Notebook などは，そこに記述されている処理を一括して実行するので，それ自体がスクリプトの役割を果たしている．また，Windows 版の R や RStudio ではスクリプトエディタが組み込まれている．Windows 版の R ではスクリプト中の選択部分をマウス操作で実行でき，RStudio では「Source」ボタンを押すことで簡単に実行できる．

スクリプトを実行したときの上の表示について説明する．まず，cat 関数は引数となる文字列，数値あるいは変数をコンソール画面に表示する関数である．この例では文字列「A :」や「B :」を表示しており，文字列の中の「\n」は改行を意味する特殊文字である．また，例えば，

```
> x <- 1
> cat("x=", x, "\n", sep = "")
x=1
```

のように，変数の値もコンソール画面に表示できる．このとき，カンマで区切られたものは結合されて表示されるが，デフォルトでは結合部分に空白が挿入される．この例では，オプションとして「sep = ""」を指定しており，これにより，結合部分に何も挿入しない設定となる（paste 関数と

同じである)．表示結果において，x= と 1 の間に空白が入っていないことがわかる．また，この例のように，改行の特殊文字も結合できる．

次に，print 関数はオブジェクトの値を表示する関数である．コンソール画面ではオブジェクトの値はオブジェクト名＋ Enter キーによって表示されたが，スクリプト内では print 関数で表示する必要がある．上記の例では，aave と bave の値が表示されている．

最後に，apply 関数は，第 1 引数で指定した行列（データフレーム df の 2 行目から 3 行目）に対して，列ごとに第 3 引数に記述されている関数（この例では mean）を適用する．第 2 引数の 2 が「列ごとに」という指定であり，「行ごとに」という指定をしたいときは第 2 引数を 1 とする（ある種のスイッチだと思えばよい)．

C.11 自作の関数

R では，sin 関数や sqrt 関数などのような関数をユーザが定義できる．関数定義の形式は，

```
関数名 <- function(引数1, 引数2, ...) {
  ...
 処理
  ...
 return(戻り値)
}
```

である．例えば，関数 sigmoid を以下のように定義する．

```
1 sigmoid <- function(x, a) {
2   return(1 / (1 + exp(- a * x)))
3 }
```

なお，コンソールにおいてこれを入力すると，2 行目と 3 行目のプロンプトの箇所に＋が表示される．これは，システムからの表示であり，中括弧の内側であることを意味している（すなわち，文の途中であることを意味している)．ただし，関数をコンソールで入力することはあまりなく，通常は，スクリプトに記述して利用すると思われる．この関数は，上のように定義された後に，通常の関数と同様に，例えば，

```
> sigmoid(0, 2)
[1] 0.5
```

のように利用する．この例では，引数にスカラーを与えたが，関数の定義からすると，x と a は，スカラーであっても，ベクトルであってもよい（ただし，いずれもベクトルのときは，それらの長さは同じでないといけない)．a と x がベクトルの場合，ベクトルの意味での演算が適用され，戻り値はベクトルとなる．

また，引数がない関数や戻り値がない関数もある．例えば，

```
print_hello <- function() {
  cat("HELLO\n")
}
```

は引数も戻り値もない関数である．この関数は print_hello() により実行される（引数は空である)．関数を自作するときは，一般に，引数のチェックやエラー処理などを行う必要があるので注意

する．

C.12　制御文

Rの利点はデータ処理・解析をプログラミング的に行える柔軟性にある．上述したようにスクリプトを記述すれば，それを一括で実行できるので，スクリプト自体をR言語で記述されたプログラムとみなしてよい．プログラムの記述のことを「文」や「文章」などと呼ぶこともある．

プログラムには三つの重要な構造がある．一つは「**順次**」であり，上から順番に処理が実行されることである．これまでにみたコマンドを単純に並べた文は順次処理である．残りの二つは「**分岐**」と「**繰り返し（ループ）**」である．ここでは，最も基本的なものとして，分岐を実現するif文と繰り返しを実現するfor文について説明する．これ以外にも分岐や繰り返しに対応する文はあるので，調べてほしい．なお，if文やfor文などプログラムの流れに係わる文を**制御文**という．

if文（条件分岐）

まず，if文は，

```
if (条件式) {
  条件式が真の場合の文1
  条件式が真の場合の文2
 ...
} else {
  条件式が偽の場合の文1
  条件式が偽の場合の文2
 ...
}
```

である．if文の条件式は論理式である．例えば，

```
if (x > 0) {
  cat("x␣is␣positive\n")
} else {
  cat("x␣is␣not␣positive\n")
}
```

のような文章を考え，この文章の前にxに数値が代入されているものとする．代入されている値が正ならばx is positiveと表示され，そうでなければ，x is not positiveと表示される．この文章の動作は，「もし(if)〜ならば，そうでなければ(else)〜である」という形の記述であり，直感的にも理解しやすい．このとき，x > 0は論理式である．例えば，xに1が代入されていれば「x > 0」は真(TRUE)であり，-1が代入されていれば偽(FALSE)である．すなわち，条件式の真偽によって実行される文が変わる（処理の流れが分岐する）ことになる．「条件式が真である」ということを，「条件式が成立している」ということも自然である．以上のことから，if文は「条件による分岐」を担っていることがわかる．

一方で，上記のif文の例において，中括弧でくくられた文では，文の前に空白が挿入されていることに注意する．この空白のことをインデントという．これは，文法上の問題ではなく，インデントを入れなくてもエラーはでない．しかしながら，if文や次に示すfor文（および，すでに説明した自作の関数）では，ひとかたまりの文を記述する際に，先頭にインデントを入れて，全体を字下

げしておくと，制御構造が明確になる．この場合は，if 文で条件が成立したときの文のかたまり，条件が成立していない場合の文のかたまりで考える．これらは，メインのプログラムの流れから，if 文の中など，一つ内側の階層にあるということを明確にしている．インデントとしては，いくつかの空白やタブを利用する．インデントを入れることで，例えば，if 文の条件が成立したときの文がどこからどこまでなのかなど，構造が明確になる．これにより，プログラムが見やすくなるとともに，プログラムの間違いが少なくなる．インデントはプログラミングでは必須である．

なお，if 文はコンソールに直接入力して利用することはあまりなく，プログラム的に処理を記述するスクリプト内で利用することが多い．

if 文では，else は省略して利用することもできる．上の例において，else を省略して，

```
if (x > 0) {
  cat("x␣is␣positive\n")
}
```

という文章もあり得る．ただし，この場合，x が正でなければ，プログラム的には何も起こらないことに注意する．あまり推奨されていないが，実行する文章が 1 文のみなら，中括弧を省略して，

```
if (x > 0) cat("x␣is␣positive\n")
```

としてもよい．ただし，中括弧を入れることで文章の構造が明確になる場合も多いので，利用に際しては意識するとよいと思う．

if 文の中で if 文を利用できる．例えば，x，y，z に適当な値を代入して，次の文を試してほしい．

```
if (x > y) {
  if (x > z) {
    cat("x␣is␣the␣max␣value.\n")
  } else {
    cat("z␣is␣the␣max␣value.\n")
  }
} else {
  if (y > z) {
    cat("y␣is␣the␣max␣value.\n")
  } else {
    cat("z␣is␣the␣max␣value.\n")
  }
}
```

この文は x，y，z の最大値（等しい場合はどちらか）を見つける文になっていることがわかる．この例を見ると，インデントによって中括弧の対応がわかりやすくなっていると思う．一方で，最大値を求めるアルゴリズムとしては次のような記述もある．

```
max_val <- x
if (y > max_val) max_val <- y
if (z > max_val) max_val <- z
```

この例では，比較において，常に max_val に最大値が入っている状態になっている．このように，目的を遂行するプログラムの記述は一つとは限らないことに注意する．

if 文を利用すると，例えば，関数

$$s(x) = \begin{cases} 1 & (x > 0) \\ 0 & (x \leq 0) \end{cases}$$

が，

```
s <- function(x) {
  if (x > 0) {
    return(1)
  } else {
    return(0)
  }
}
```

と書ける．このことから，if 文によって複雑な関数を構成できる可能性があることは理解できる．

また，条件に応じてベクトルの値を決める関数として ifelse 関数は有用である．次を実行して，その動作を確かめてみよう．

```
> x <- rep(c(-1, 1), 5)
> y <- rep(1, 10)
> ifelse(x == y, 1, 0)
 [1] 0 1 0 1 0 1 0 1 0 1
```

for 文（ループ）

一方，for 文は，

```
for（ループ変数 in ベクトル・リスト・行列等）{
 文1
 文2
 ...
}
```

である．例えば，n を決めて，1 から n までの和を求めるには，

```
n <- 10
s <- 0
for (i in 1:n) {
  s <- s + i
}
```

とする．この場合，for 文の中が 1 文なので中括弧は省略できる．この例では，ループ変数 i を 1:n の中で動かしながら s <- s + i を繰り返し実行する．具体的には，まず，for 文に入る前で，s = 0 としている．ベクトル 1:n の最初の要素 1 が i に代入され，ループの中が実行される．ループの中は，s <- s + i であるから，s には現在の s = 0 と i = 1 の和である 1 が上書きされる．次に，for 文に戻り，次の要素 2 が i に代入され，ループの中が実行される．s + i は 1 + 2 であるから，s は 3 に上書きされる．これを n まで繰り返すことによって，i を 1 から n まで変えながら加算したものがループ後の s となる．

なお，for 文もコンソールに直接入力して利用することはあまりなく，プログラム的に処理を記述するスクリプト内で利用することが多い．

for 文において，ループ変数が動くベクトルは何であってもよい．例えば，

```
X <- c("A", "B", "C")
for (s in X) cat("s␣=␣", s, "\n")
```

のように文字ベクトルでもよい．また，次のように，フォルダ内のファイルをループ変数とすることもできる．

```
for (fname in list.files()) ...
```

この場合，`list.files()` は作業ディレクトリのファイル名（文字列）を並べたベクトルである．したがって，`fname` には各ファイル名が代入されながら for 文のループを実行することになる．

また，for 文は，以下のように利用することもある．

```
1 x <- NULL
2 n <- 100
3 for (i in 1:n) x <- c(x, i)
```

1 行目では，`x` を空のベクトルとしている．for 文では `c` 関数を利用して，`x` に `i` を追加している．これによって，`x` は 1 から `n` を要素としてもつベクトルとなる．

for 文の中で for 文を利用することもできる．例えば，次の文は九九の表を作成する文である．実際に実行して，プログラムの挙動をみてみたい．

```
X <- NULL
for (i in 1:9) {
  x <- NULL
  for (j in 1:9) {
    x <- c(x, i * j)
  }
  X <- rbind(X, x)
}
```

このように空のオブジェクトから要素を追加していく方法は，行列やリストにも利用できて，便利である．

プログラムは，基本的に，順次，分岐およびループ（繰り返し）の 3 つの要素からなる．すなわち，プログラムは，問題解決のために，この 3 つの要素を複雑に組み合わせて構成されたものであるといえる．ここで，条件分岐を実装する if 文とループを実装する for 文を学んだので，R による柔軟なデータ処理・分析が可能になったことになる．

while 文（ループ）

本書では，すべてのループに for 文を利用している．for 文は，繰り返す回数やループ変数の範囲などが明確な場合に利用することが多い．一方，繰り返しの条件が論理式である場合，例えば，「ある条件が成り立っている間ループを繰り返す」などの場合は，`while` 文が用意されている．以下で簡単に解説しておくので，状況によって使い分けるとよい．

例えば，1 から 10 までの和を while 文で求める場合は以下のようにする（ただし，この問題は for 文を利用する方が妥当である）．

```
n <- 10
s <- 0
```

```
i <- 1
while (i <= n) {
  s <- s + i
  i <- i + 1
}
```

while 文は，「`while` (**条件文**) `{...}`」の形をしている．すなわち，条件文が成立している間，中括弧内の文を実行する．このとき，「条件文をチェックし，成立していれば，文を実行する」という過程を繰り返すので，ループの最初に条件文がチェックされることに注意する必要がある．上の例では，最終的に，`s` に 1 から 10 までの和が格納される．

なお，for 文では，ループ変数が自動的に範囲内を動きながらループするが，while 文の例では，あくまで条件文が成立している間のみ繰り返されることになるため，上の例では `i` を陽に 1 ずつ増やすように記述する必要があることに注意する．条件文が「`i <= n`」であるため，これにより，`i` が `n` を超えた時点でループは終了することになる．

C.13　グラフ

R では，様々なグラフ（3 次元グラフを含む）を描くことができる．ここでは主なものを紹介する．それ以外のグラフやグラフ関数のオプションについては，[17] などを参照してほしい．

散布図

散布図は `plot` 関数により描く．次の例を試してみよう．

```
n <- 50
x <- (0:n) / n
y <- sin(2 * pi * x)
plot(x, y)
```

`plot(x, y)` は，各サンプル点をマーカー「○」で表示するが，これは，`plot(x, y, type = "p")` と同じである（オプション `type` のデフォルトは `"p"` である）．サンプルの点の間を直線で結んだグラフを描く場合は，`type = "l"` とする．マーカーおよび線を同時に表示する場合には，`type = "b"` とする．マーカーのタイプ・サイズ・色，線の太さ・色など，オプションで自由に変更できる．Windows 版や Google Colaboratory の場合，図は右クリックのメニューから画像データとして保存できる．Linux 版の場合は，例えば，EPS ファイルに保存するときは `dev.copy2eps` 関数を利用する．必要に応じて調べてほしい．

`plot` の重ね書きについては，

```
n <- 50
x <- (0:n) / n
y1 <- sin(2 * pi * x)
y2 <- cos(2 * pi * x)
xlim <- c(0, 1)
ylim <- c(-1, 1)
par(new = FALSE)
plot(x, y1, type = "b", pch = 1, col = "red", xlim = xlim, ylim = ylim)
par(new = TRUE)
plot(x, y2, type = "b", pch = 2, col = "blue", xlim = xlim, ylim = ylim)
labels <- c("sin", "cos")
```

```
12 legend("bottomleft", legend = labels, col = c("red", rgb(0, 0, 1)), pch = c(1, 2))
```

とする．この例でいくつか補足しておく．

- par 関数はグラフィックス・パラメータを設定する関数である．グラフィックス・パラメータとして new を TRUE に設定すると（9 行目の記述），上書き可能な状態になり，その次のグラフは上書きされる．グラフの色などは par 関数によっても設定できる．
- plot 関数における col オプションはグラフの色を指定するものである．ここでは，y1 を赤で（8 行目），y2 を青で（10 行目）描いている．

  なお，後述する legend 関数（12 行目）では，col オプションについて，rgb を用いて RGB カラーとして指定する例を示している．rgb(R, G, B) とするとき，この R，G，B は，それぞれ，赤，緑，青の配色の度合いであり，$[0,1]$ の間の数値である．12 行目では，rgb(0, 0, 1) としているが，これは，青が最大値 1 で，その他は 0 なので，青色を意味する．これは plot の色指定の"blue"と対応している．

  pch はマーカーの形状を指定するオプションである．番号に応じて，○や△など様々な形状が用意されている．

  8 行目と 10 行目の xlim と ylim は，それぞれ，x 軸と y 軸の範囲を指定するオプションである．いずれも **(最小値，最大値)** のベクトルで指定する．オプションを省略すると自動的に決めてくれる．ただし，重ね書きするときには，別々の範囲でグラフが描画されるのを防ぐために，範囲を同じにしておく必要がある．また，ラベルの重なりなどにも気をつける必要がある（場合に応じてラベルを表示しない記述が必要となる）．

  ここには示していないが，xlab と ylab というオプションで x 軸と y 軸のラベル（文字列）を指定することができる．
- 12 行目の legend 関数は凡例を表示する．引数 "bottomleft" によって凡例の表示位置をグラフの左下に設定している．legend オプションは凡例内での各グラフの表示名を決めている．col と pch オプションは，それぞれ，対応するグラフの色とマーカー形状の指定である．

複数のグラフの描画

グラフを別々に並べて描きたい場合は，次のようにする．

```
1  n <- 50
2  x <- (0:n) / n
3  y1 <- sin(2 * pi * x)
4  y2 <- cos(2 * pi * x)
5  xlim <- c(0, 1)
6  ylim <- c(-1, 1)
7  par(mfrow = c(2, 1))
8  par(mar = c(4,  4,  2,  1))
9  plot(x, y1, type = "b", col = "red", xlim = xlim, ylim = ylim)
10 plot(x, y2, type = "b", col = "blue", xlim = xlim, ylim = ylim)
```

ここで，7 行目はグラフィックス・パラメータ mfrow の設定で，mfrow = c(a, b) によって a 行 b 列でグラフを並べることを意味する．8 行目の mar は下・左・上・右の余白を調整するパラメータである．このパラメータを調整して，グラフ間の間隔があまり空かないように，かつ，ラベルが表示されるように設定した方がよい．

棒グラフ

棒グラフは barplot で描く．以下はその例である．

```
x <- 1:6
names(x) <- paste("X", 1:6, sep = "")
barplot(x)
```

いくつかの変数がある場合に，それぞれのサンプルの棒グラフを並べて表示したいときには，

```
x <- 1:6
y <- x + 1
dat <- rbind(x, y)
colnames(dat) <- paste("M", 1:6, sep = "")
cols <- c("red", rgb(0, 0, 1))
barplot(dat, beside = TRUE, col = cols)
labels <- c("A", "B")
legend("topleft", legend = labels, col = cols, pch = 15, cex = 2)
```

のようにする．ここで，オプション beside = TRUE の設定が並べて配置することを指定している．

ヒストグラム

度数分布表は，階級幅を決め，その階級幅に値が入っている個体の数（度数）を階級幅ごとに記入したものである．階級幅の真ん中の値を**階級値**という．度数を個体数で割った相対度数を記入する場合もある．この度数分布表を棒グラフで表したものが**ヒストグラム**である．ヒストグラムは hist で描く．例えば，以下に一例を示す．

```
1 x <- rnorm(1000, 0, 1)
2 hist(x)
3 b <- seq(-5, 5, 0.5)
4 hist(x, breaks = b, col = "red")
```

x は $N(0,1)$ からの 1000 個のサンプルである．階級はユーザーが決めることもでき，実際，4 行目の hist 関数では，階級を b に入れて，それを breaks オプションによって設定している．オプションによって，縦軸を相対頻度にすることもできる．

hist はグラフを描くだけでなく，リストを戻り値として返す．

```
x <- rnorm(1000, 0, 1)
obj <- hist(x)
```

obj はリストであり，例えば，obj$counts には，各階級に属する個体数が数値として格納されている．詳しくはヘルプを参照してほしい．

C.14　パッケージ

R において利用できる関数（群）やデータなどがパッケージ化して提供されている．例えば，多様な種類のグラフが提供されていたり，新しい統計的手法を考えたユーザーによってその方法が提

供されている場合も多い．そうしたパッケージは，`install.packages(`**パッケージ名**`)` によりインストールされ，`library(`**パッケージ名**`)` を実行することで，それ以降（R を終了しない限り），そのパッケージに含まれている関数が通常の関数と同様に利用できる．例えば，3 次元散布図を描くパッケージとして `scatterplot3d` があり，

```
install.packages("scatterplot3d")
library("scatterplot3d")
scatterplot3d(iris[1:3], color = "red")
```

のように利用する．ただし，`install.packages` を実行すると，パッケージのダウンロード・サイトを選択する必要がある．なお，ここで，`iris` は有名な Fisher の iris データであり，R ではいつでも利用可能である．

あとがきと文献案内

本書は，データサイエンスにおける統計的回帰とモデル選択の入門をテーマとした．ここでは，本書のまとめを行うとともに，浅学ではあるが，各トピックについての文献を挙げておく．

第 1 章の線形回帰については理論および応用のいずれについても基本的な仕組みの部分は押さえたと思う．しかしながら，1.9 節で述べたように，触れていない部分も多い．線形回帰については良書が数多くあり，例えば，[5, 30, 31, 32, 37, 38, 42] を挙げておく．

第 2 章と第 3 章では，モデル選択の問題を説明した．線形回帰に対するモデル選択規準については個々の文献を参照してあるが，[32, 42] でも扱われている．AIC などのより一般的な規準については [24, 40] に詳しく述べられている．一方で，ℓ_1 正則化を代表とするスパースモデリングについては，近年注目されていることもあり，[9, 19, 23, 46, 47] など詳しい文献が多くある．

第 4 章では，線形回帰を一般化した一般化線形モデルについて触れた．一般化線形回帰については，[1, 11, 29, 50] などを参照してほしい．

第 5 章では，ノンパラメトリック回帰について触れた．一般的なノンパラメトリック回帰については [18, 51] などがある．一方で，ウェーブレット変換については，理論的な背景を含めて [10, 35, 39, 49] などの文献を挙げておく．さらに，機械学習分野で注目されているガウス過程回帰については，[43] などが詳しいが，[3] に概要がまとめられている．これに関連するカーネル法については [2] を挙げておく．

第 6 章では非線形回帰をテーマとしたが，ここでは，特に，汎用的な非線形回帰モデルとして，階層型ニューラルネットワークのみを取り上げた．階層型ニューラルネットワークについては，近年の深層学習のベースとして，[36, 45] を参照してほしい．著者の勉強不足もあり，一般的な非線形回帰についての書籍はあまり見たことがないが，例えば，理論的な部分については [5] に詳しい．また，機械学習分野で開発された統計的回帰の方法の多くはノンパラメトリック回帰であったり，非線形回帰であったりする．それらを勉強するにあたっては，本書での議論を参考にしてほしい．

最後に，R については [17, 28] が非常に便利である．R の中身を知りたいときはソースを見ればよいが，その前身である S についての文献 [48] も参考にするとよい．なお，R はフリー・ソフトウェアであり，多くの方々の努力によって開発・維持が行われている．そうした方々に心より感謝する．

参考文献

[1] A. Agresti, “Categorical data analysis”, 2nd Edition, John Wiley & Sons, 2002.

[2] 赤穂昭太郎，“カーネル多変量解析”，岩波書店，2008.

[3] 赤穂昭太郎，“ガウス過程回帰の基礎”，システム/制御/情報，**62**(10)，390–395，2018.

[4] H. Akaike, “Fitting autoregressive models for prediction”, Ann. Inst. Statist. Math., **21**, 243–247, 1969.

[5] T. Amemiya, “Advanced econometrics”, Harvard University Press, 1985.

[6] 浅野長一郎，江島伸興，“基本 多変量解析”，（財）日本規格協会，1996.

[7] A. Barron, “Predicted squared error: a criterion for automatic model selection”, in S. Farlow, ed., Self-Organizing Methods in Modeling, Marcel Dekker, New York, 1984.

[8] R. A. Berk, “Statistical learning from a regression perspective”, Third edition, Springer, 2020.

[9] P. Bühlmann and Sara van de Geer, “Statistics for High-Dimensional Data”, Springer, 2011.

[10] チャールズ K. チュウイ（櫻井明・新井勉 訳），“ウェーブレット入門”，東京電機大学出版局，1993.

[11] A. J. Dobson and A. G. Barnett, “An introduction to generalized linear models”, CRC Press, 2008.

[12] D. L. Donoho and I. M. Johnstone, “Ideal spatial adaptation via wavelet shrinkage”, Biometrika, **81**, 425–455, 1994.

[13] D. L. Donoho and I. M. Johnstone, “Adapting to unknown smoothness via wavelet shrinkage”, J. Amer. Statist. Assoc., 90, 1200–1224, 1995.

[14] T. S. Ferguson, “A course in large sample theory”, Chapman & Hall/CRC, 1996.

[15] J. Friedman, T. Hastie and R. Tibshirani, “Regularization paths for generalized linear models via coordinate descent”, Journal of Statistical Software, **33**(1), 2010.

[16] 福島雅夫，“非線形最適化の基礎”，朝倉書店，2001.

[17] 舟尾暢男，“The R Tips 第 3 版”，オーム社，2016.

[18] W. Härdle, “Applied nonparametric regression”, Cambridge University Press, 1990.

[19] T. Hastie, R. Tibshirani and M. Wainwright, “Statistidcal learning with sparsity, The Lasso and Generalziations”, Chapman & Hall/CRC, 2015.

[20] 稲垣宣夫，“数理統計学”，裳華房，1990.

[21] W. James and C. Stein, “Estimation with quadratic loss”, Proc. Fourth Berkeley Symp. Math. Statist. Prob., **1**, 361–379, 1961.

[22] 寒野善博，土谷隆，“最適化と変分法”，丸善出版，2014.

[23] 川野秀一，松井秀俊，廣瀬慧，“スパース推定法による統計モデリング”，共立出版，2018.

[24] 小西貞則，北川源四郎，“情報量規準”，朝倉書店，2004.

[25] J. G. Liao, J. E. Cavanaugh and T. L. McMurry, “Extending AIC to best subset regression”, Comput. Stat., **33**, 787–806, 2018.

[26] S. G. Mallat, “A theory for multiresolution signal decomposition: the wavelet representation”, IEEE Transactions on Pattern Analysis and Machine Intelligence, **11**, 674–693, 1989.

[27] C. L. Mallows, “Some Comments on C_p”, Technometrics, **15**(4), 661–675, 1973.

[28] 間瀬茂，“R プログラミングマニュアル”，数理工学社，2002.

[29] P. McCullagh and J. A.Nelder, “Generalized linear models”, 2nd Edition, Chapman & Hall/CRC, 1989.

[30] 蓑谷千凰彦，“線形回帰分析”，朝倉書店，2015.

[31] 蓑谷千凰彦，“頑健回帰推定”，朝倉書店，2016.

[32] 蓑谷千凰彦，“回帰診断”，朝倉書店，2017.

[33] 持橋大地，大羽成征，“ガウス過程と機械学習”，講談社，2019.

[34] 中溝高好，“信号解析とシステム同定”，コロナ社，1988.

[35] 中野宏毅，山本鎮男，吉田靖夫，“ウェーブレットによる信号処理と画像処理”，共立出版，1999.

[36] 岡谷貴之，“深層学習”，講談社，2015.

[37] R. C. Rao, “Linear statistical inference and its applications”, 2nd Edition, John Wiley & Sons, 1973.

[38] N. Ravishanker and D. K. Dey, “A first course in linear model theory”, Chapman & HALL/CRC, 2002.

[39] 榊原進，“ウェーヴレット　ビギナーズガイド”，東京電機大学出版局，1995.

[40] 坂元慶行，石黒真木夫，北川源四郎，“情報量統計学”，共立出版，1983.

[41] 佐武一郎，“線形代数”，共立出版，1998.

[42] 佐和隆光，“回帰分析”，朝倉書店，1979.

[43] J. Q. Shi and T. Choi, “Gaussian process regression analysis for functional data”, Chapman & Hall/CRC, 2011.

[44] R. Shibata, “Selection of the order of an autoregressive model by Akaike’s information criterion”, Biometrika, **63**, 117–126, 1976.

[45] 瀧雅人，“これならわかる深層学習入門”，講談社，2017.

[46] 冨岡亮太，“スパース性に基づく機械学習”，講談社，2015.

[47] 梅津佑太，西井龍映，上田勇祐，“スパース回帰分析とパターン認識”，講談社，2020.

[48] W. N. Venables and B. D. Repley, “Modern applied statistics with S”, Springer, 2002.

[49] 和田成夫，“よくわかる信号処理”，森北出版，2009.

[50] 王金芳，“一般化線形モデル”，朝倉書店，2016.

[51] L. Wasserman, “All of nonparametric statistics”, Springer, 2006.

[52] H. Zou and T. Hastie, “Regularization and variable selection via the elastic net”, Journal of the Royal Statistical Society B, **67**(2), 301–320, 2005.

索　引

【著者紹介】

萩原　克幸（はぎわら　かつゆき）

［学歴］ 1995年豊橋技術科学大学大学院工学研究科情報工学専攻修了
［現職］ 三重大学教育学部教授
［学位］ 博士（工学）
［専門］ 機械学習と統計科学（主にモデル選択）
［著書］ 学習システムの理論と実現（共著，森北出版，2005）

入門 統計的回帰とモデル選択
——数理とＲによる仕組みの理解

Introduction to Statistical Regression and Model Selection: Toward the Understanding of Methods via Theory and R Implementation

2022 年 12 月 15 日　初版 1 刷発行

検印廃止
NDC 417

ISBN 978-4-320-11481-4

著　者　萩原克幸　© 2022
発行者　南條光章
発行所　**共立出版株式会社**
〒 112-0006
東京都文京区小日向 4-6-19
電話番号 03-3947-2511（代表）
振替口座 00110-2-57035
www.kyoritsu-pub.co.jp
印　刷
製　本　錦明印刷

一般社団法人
自然科学書協会
会員

Printed in Japan